机器学习算法评估实战

宋亚统◎著

人 民 邮 电 出 版 社
北 京

图书在版编目（CIP）数据

机器学习算法评估实战 / 宋亚统著. -- 北京 : 人民邮电出版社, 2021.5
ISBN 978-7-115-55240-2

Ⅰ. ①机… Ⅱ. ①宋… Ⅲ. ①机器学习－算法 Ⅳ. ①TP181

中国版本图书馆CIP数据核字(2020)第219673号

内 容 提 要

机器学习算法评估力求用科学的指标，对机器学习算法进行完整、可靠的评价。

本书详细介绍机器学习算法评估的理论、方法和实践。全书分为 3 个部分。第 1 部分包含第 1 章～第 3 章，针对分类算法、回归算法和聚类算法分别介绍对应的基础理论和评估方法；第 2 部分包含第 4 章～第 8 章，介绍更复杂的模型（如深度学习模型和集成树模型）的对比与评估，并且针对它们实际应用的业务场景介绍一些特有的评估指标和评估体系；第 3 部分包含第 9 章～第 11 章，总结算法评估的常用工具、技术及方法论，包括实用的可视化工具介绍，并讨论机器学习算法的本质。

本书适合机器学习专业相关从业者和算法工程师阅读，也适合想要从事人工智能和机器学习工作的人士学习和参考。

◆ 著　　　　宋亚统
　责任编辑　陈冀康
　责任印制　王　郁　焦志炜

◆ 人民邮电出版社出版发行　　北京市丰台区成寿寺路 11 号
　邮编　100164　　电子邮件　315@ptpress.com.cn
　网址　https://www.ptpress.com.cn
　雅迪云印（天津）科技有限公司印刷

◆ 开本：720×960　1/16
　印张：16.25
　字数：297 千字　　　　2021 年 5 月第 1 版
　印数：1 – 2 000 册　　　2021 年 5 月天津第 1 次印刷

定价：99.90 元

读者服务热线：(010)81055410　印装质量热线：(010)81055316
反盗版热线：(010)81055315
广告经营许可证：京东市监广登字 20170147 号

前言/PREFACE

写作这本书的背景

这是充满机遇的时代，也是充满挑战的时代；这是技术日新月异的时代，也是我们回归正统、找回真我的时代；这是互联网产业蓬勃发展的时代，也是互联网技术不断转型、不断创新的时代。

很多人都听说过互联网浪潮[1]的“下半场”。那么，什么是“下半场”？为什么互联网产业的发展会分为“上、下半场”？

首先，我们来说一说“上半场”都发生了什么。

过去的十年中，在人工智能技术和互联网思维的驱动下，做网购的天猫和京东、做餐饮的美团、做打车的滴滴、做租房的自如……这些互联网公司如雨后春笋般迅猛发展，公司业务几乎涵盖了人们衣食住行的方方面面。

但是，这些公司基本上不做实体产业，他们只是把线下的产品或服务通过互联网平台呈现在消费者面前，在商品或服务的提供商和消费者之间提供连接的纽带，这就是互联网思维。在这种运营模式背景下，这些公司需要对海量的数据进行分析和计算，以便更好地为商户或消费者服务。对于大数据处理这种数据量大、重复性高的工作，如果将其交给人来完成无疑是成本高昂且效率低下的，因此，机器学习技术也就成了完成这项工作的“不二之选”。

在互联网浪潮的“上半场”中，机器学习在各公司的业务实践中初露锋芒。从天猫的商品个性化推荐，到百度的语义识别，再到京东的无人配送，机器学习都发挥了不可替代的作用。机器学习的评估体系也承担了重要的任务，人们通过一些常规的指标，基本能够完成对算法质量的初步判断，从而使算法在应用中达到预期的效果。

然而，在互联网浪潮的“下半场”中，竞争逐渐激烈、市场趋于稳定，许多公司已经有了属于自己的一片“领地”。对于大公司，“下半场”更多地意味着“精耕细作”和“国际化”，“精耕细作”指进一步提升效率和降低成本，“国际化”则指将平台和世界接轨，真正将自己的品牌推向世界。而对于后入场的小公司，则意味着两条发展路线，一条是研发领先于市场的新技术和新产品，做尖端服务，这可能难度较大；另一条就是走精细化路线，专注于某一个垂直领域，也就是大公司的业务涵盖不到的业务场景，提供差异化服务。

无论是大公司还是小公司，在“下半场”的竞争中，对机器学习算法的研发都需要更加专业化和精细化。在机器学习算法评估的问题上，传统领域的很多指标不一定能适应新的领域，因此在新的领域中需要新的评估指标来提供特定业务场景下的个性化服务。而对于职场上的个体，掌握一套科学高效的评估理论，不仅可以大大提高自己的工作效率，也能更好地向上级领导展示自己的工作成果，在职场发展中取得事半功倍的效果。

什么是机器学习算法评估

随着科技的发展和普及，“机器学习”已经不再是一个高冷的技术名词。诸葛越在《百面机器学习》一书中对机器学习的定义是这样的：“机器学习指计算机通过观察环境，与环境交互，在吸取信息中学习、自我更新和进步。”

我们可以大致理解为，机器学习就是计算机通过模拟人的学习方法，对一些训练数据进行学习的过程。一旦计算机获得了相应的“知识”，就能够像人一样做出智慧的推导和判断。

机器学习算法评估就是用科学的指标，对机器学习算法进行完整、可靠的评价，并给出有条理的、可解释的结论的过程。

任何产业都需要一个合理的检测机制来判断这些产品是否合格。算法的评估就是互联网产业的一种检测机制，它告诉开发人员算法的可靠性和合理性等重要信息，作为算法能否上线应用的重要依据。

为什么需要算法评估

机器学习能在短短数年间广泛普及，与它的智能性、稳定性和可靠性是密不可分的，机器学习算法完善的评估体系正是这些优秀特性的可靠保障。一个优秀的算法在上线之前，一定要经过严密、周全的评估，才能在上线后发挥出令人惊叹的“人工智能之美”，正所谓“宝剑锋从磨砺出，梅花香自苦寒来”。

很多从业人员，尤其是职场新人，往往把模型的训练和算法的设计作为最重要的工作，却忽视了算法评估的重要性。然而，在很多领域，评估体系的构建甚至要先于算法设计。没有可靠的评估体系，算法即便研发出来也不具备上线服务的能力，因为没有人能保证它的可靠性。可以说，没有好的评估体系，就没有算法的广泛普及。

你真的会评估吗

有些从业人员会说，算法的评估不就是看算法的效果和性能吗？这些在刚入门的时候就学过啊。

然而，真正地将一个算法用于工业生产并产生巨大的商业价值，只依靠这些书本上学来的“指标”是远远不够的，因为在实际应用过程中，大部分指标只能反映算法的部分效果。如果不能合理地运用评估指标，不仅不能发现算法本身的问题，还可能得出错误的结论。

比如，当你在进行异常检测算法的评估时，假设次品出现的概率是 0.1%，如果算法把所有样本都预测为正品，准确率虽然也能保证 99.9%，但是这样的结果对于异常检测是没有任何意义的，因为这样的算法空有好看的准确率指标，却一个次品都识别不出来。再比如用于识别财务数据的图像识别系统，即使在 1 万张发票中只有 1 张把数字“8”误读为“6”，给使用方造成的损失也很可能是难以弥补的。

这些例子告诉我们，一个好的算法并不能只有一堆漂亮的数字指标，更关键的是它要符合实际的业务场景，能够应对现实环境中各种复杂的情况。因此，我们讲算法的评估，从来不是依靠一个或几个听起来“高大上”的评估指标，而是要依赖一个完整的、可靠的评估体系。一句话总结，即指标不重要，实用才可靠。

制定机器学习算法评估标准可以从以下 3 个方面入手。

（1）根据不同类型的算法制定不同的通用评估标准。比如，对于分类算法和回归算法，需要分别使用一套评估指标进行评估。

（2）对于实现原理不同的算法，需要分别制定评估标准。比如，在评估树模型和深度学习算法解决分类问题的效果时，除了使用分类算法的通用指标，还需要针对每一种算法定义评估指标。

（3）针对不同的业务场景制定评估标准。比如，用深度学习算法进行文本分类和路线排序，这两种业务本质上都是用深度学习算法解决分类问题，但是文本分类业务和路线排序业务的评估指标是有很大区别的。

评估体系的关键因素

实用性

算法能够上线的最基本条件就是要切合实际业务场景，因此，评估体系首先应该能够解释清楚一个算法是否能够解决实际的业务问题。

容错程度

评估体系应该告诉算法设计者，这个算法在什么情况下是一定适用的、不会出错的；在什么情况下不能保证准确性，需要采取其他“兜底”策略来补充。

性能

如果说实用性是决定算法是否有研发价值的标杆，那么性能评估则是决定算法是否能落地实施的准绳。无论一个算法的业务效果表现多么出色，如果性能不符合实际生产的需要，那么它也只是纸上谈兵。

可解释性

算法设计是一门学科，所有的数据指标都必须具备科学的依据才能成立，得到的评估结论不能轻易被上级领导和客户推翻。

表现形式

表现形式是直接决定你的算法评估结果能否被上级领导写入 PPT 的关键因素之一。评估结果能用图展示就不要用表，能用表展示就不要用文字，毕竟每个人都不愿意花费过多时间在复杂的文字阅读理解上。

本书的主要内容

本书分为 3 个部分。

第 1 部分为理论篇，包含第 1 章～第 3 章，是算法评估的理论基础，这一部分从算法的功能角度分类，针对分类算法、回归算法和聚类算法分别介绍对应的基础理论和评估方法。对于职场的老员工，这一部分知识可能耳熟能详，但是对于职场的新人，这一部分知识可能需要重点掌握。

第 2 部分为算法篇，包含第 4 章～第 8 章，介绍更复杂的模型（如深度学习模型和集成树模型）的对比与评估，并且针对它们实际应用的业务场景介绍该场景下特有的评估指标和评估体系。这些业务场景包括自然语言处理、基于位置的服务以及推荐算法等。读者可以根据实际业务需要重点阅读感兴趣的章节。

第 3 部分为工具篇，包含第 9 章～第 11 章，是对算法评估的常用工具、技术和方法论的总结，包括实用的可视化工具介绍，并讨论机器学习算法的本质。希望在学习完这一部分内容之后，读者能在工作和学习中得到效率和算法思想上的提升。

本书的目标读者

本书是机器学习和人工智能领域的专业图书，对于具备一定基础算法知识的读者，是一本能够提升实际操作能力和算法理解程度的书；对于刚入门机器学习和深度学习的读者，本书提供了大量的图片和表格，尽可能用通俗易懂的方式把难以理解的知识点讲解清晰，容易理解和记忆。因此，读者只要具备机器学习和统计学的基础知识，本书都可以作为其提升专业技能的“不二选择”。

根据我个人的经验，在工作和学习的过程中，经常困扰我的两个问题，一个是算法如何设计，另一个是算法如何评估。算法的设计有简有繁，最简单的时候甚至可以用一些规则来兜底。但是评估方案的设计从来马虎不得，因为任何算法都不可能不经过合理的评估就上线，未经评估就更谈不上为公司创造价值和推动社会发展。

更重要的是，作为一个算法工程师，在汇报工作时，评估结果是一定要展示的内容。可以说，算法的评估方案是决定算法能否上线应用的关键因素之一，没有被合理评估过的算法就是空中楼阁，或许好看，但不实用。因此，我想通过本书，把自己在学习、工作中总结的评估方法分享出来，让职场新人少走弯路，同时也是抛砖引玉，希望职场的前辈能多提出宝贵意见。

致谢

特别感谢我的父亲、母亲，感谢你们的养育之恩。在撰写本书的过程中，你们给了我很多鼓励和支持，还帮我减轻了很多生活上的负担。也感谢我的女朋友党洁琼在这段时间给了我诸多帮助。

在美团集团的工作经历，让我从中学到了很多，不仅包括专业知识，还包括技术视野和职场经验等。感谢美团集团的同事何仁清、郝井华、陈水平、江梦华、赵杰、陈丽影、李嘉伟、石佳、杜方潇和方芳对我的帮助和支持，和你们共事是一段愉快的经历。

感谢我的导师罗泽，是您引领我进入人工智能的殿堂，让我能在这片天地尽情地翱翔。

感谢我的同学和业界同行张凌寒，和你的学术交流让我受益匪浅。

感谢人民邮电出版社的陈冀康编辑、刘雅思编辑以及其他工作人员，你们的督促和帮助使得本书能够早日面世。

资源与支持

本书由异步社区出品，社区（https://www.epubit.com/）为您提供相关资源和后续服务。

提交错误信息

作者和编辑尽最大努力来确保书中内容的准确性，但难免会存在疏漏。欢迎您将发现的问题反馈给我们，帮助我们提升图书的质量。

当您发现错误时，请登录异步社区，按书名搜索，进入本书页面，点击“提交勘误”，输入错误信息，点击“提交”按钮即可（见下图）。本书的作者和编辑会对您提交的错误信息进行审核，确认并接受后，您将获赠异步社区的 100 积分。积分可用于在异步社区兑换优惠券、样书或奖品。

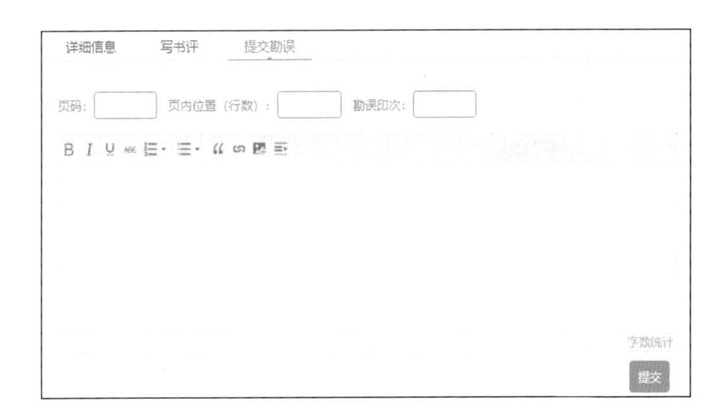

扫码关注本书

扫描下方二维码，您将会在异步社区微信服务号中看到本书信息及相关的服务提示。

与我们联系

我们的联系邮箱是 contact@epubit.com.cn。

如果您对本书有任何疑问或建议，请您发邮件给我们，并请在邮件标题中注明本书书名，以便我们更高效地做出反馈。

如果您有兴趣出版图书、录制教学视频，或者参与图书翻译、技术审校等工作，可以发邮件给我们；有意出版图书的作者也可以到异步社区在线投稿（直接访问 www.epubit.com/contribute 即可）。

如果您来自学校、培训机构或企业，想批量购买本书或异步社区出版的其他图书，也可以发邮件给我们。

如果您在网上发现有针对异步社区出版的图书的各种形式的盗版行为，包括对图书全部或部分内容的非授权传播，请您将怀疑有侵权行为的链接发邮件给我们。您的这一举动是对作者权益的保护，也是我们持续为您提供有价值的内容的动力之源。

关于异步社区和异步图书

“异步社区”是人民邮电出版社旗下 IT 专业图书社区，致力于出版精品 IT 图书和相关学习产品，为作译者提供优质出版服务。异步社区创办于 2015 年 8 月，提供大量精品 IT 图书和电子书，以及高品质技术文章和视频课程。更多详情请访问异步社区官网 https://www.epubit.com。

“异步图书”是由异步社区编辑团队策划出版的精品 IT 专业图书的品牌，依托于人民邮电出版社近 30 年的计算机图书出版积累和专业编辑团队，相关图书在封面上印有异步图书的 LOGO。异步图书的出版领域包括软件开发、大数据、AI、测试、前端、网络技术等。

异步社区

微信服务号

目录/CONTENTS

第1章　分类的艺术

分类算法是常用的一类机器学习算法，很多前沿技术都是基于分类算法实现的，如异常检测、语义识别、图像处理和语音处理等。从实现原理的角度来说，具体的分类模型有很多种，比如线性模型、树模型和神经网络模型等。正是因为分类算法的应用广泛性和模型多样性，研究人员很早就建立了一套针对分类算法的评估体系，这个体系也就成为机器学习评估领域的理论基础。本章我们就从分类算法开始介绍机器学习算法评估。

1.1　训练集和测试集的选择

对于分类问题的线下评估，训练集和测试集的选择是必不可少的步骤。

训练集，就是用于训练算法（模型）的数据集合，算法通过对训练集的学习和挖掘，来“培养”自己的“智慧”。

测试集，就是开发人员用于验证算法学习效果的数据集合。

通常测试集和训练集同属于一个完整的数据集合，开发人员通过不同的选择策略选择训练集和测试集，让它们发挥各自的作用。

构建训练集和测试集必须遵守以下两个原则。

（1）一致性

一致性即测试集的数据分布要和训练集保持一致，包括“特征数量”和“每个特征的数值分布”两个方面。

（2）完整性

完整性即测试集的数据数量和数据分布必须能够完整反映模型的真实指标，并且能够产生有统计意义的结果。

我们通过开源的鸢尾花数据集来对理论知识进行解释。该数据集中的鸢尾花品种有3类，分别为setosa、versicolor和virginica。分类依赖的特征有4个，分别为萼片长度、萼片宽度，花瓣长度、花瓣宽度。

下面的数据集是鸢尾花数据集的一小部分，前4列分别对应4个特征，最后一列代表鸢尾花的品种，也就是分类标签。

```
5.1,3.5,1.4,0.2, Iris-setosa
4.9,3.0,1.4,0.2, Iris-setosa
4.7,3.2,1.3,0.2, Iris-setosa
4.6,3.1,1.5,0.2, Iris-setosa
5.0,3.6,1.4,0.2, Iris-setosa
……
7.0,3.2,4.7,1.4, Iris-versicolor
6.4,3.2,4.5,1.5, Iris-versicolor
6.9,3.1,4.9,1.5, Iris-versicolor
5.5,2.3,4.0,1.3, Iris-versicolor
6.5,2.8,4.6,1.5, Iris-versicolor
……
6.3,3.3,6.0,2.5, Iris-virginica
5.8,2.7,5.1,1.9, Iris-virginica
7.1,3.0,5.9,2.1, Iris-virginica
6.3,2.9,5.6,1.8, Iris-virginica
6.5,3.0,5.8,2.2, Iris-virginica
……
```

我们先通过这个数据集来解释一下什么是训练集和测试集的一致性。

假设训练集为：

```
5.1,3.5,1.4,0.2, Iris-setosa
4.9,3.0,1.4,0.2, Iris-setosa
4.7,3.2,1.3,0.2, Iris-setosa

7.0,3.2,4.7,1.4, Iris-versicolor
6.4,3.2,4.5,1.5, Iris-versicolor
6.9,3.1,4.9,1.5, Iris-versicolor

6.3,3.3,6.0,2.5, Iris-virginica
5.8,2.7,5.1,1.9, Iris-virginica
7.1,3.0,5.9,2.1, Iris-virginica
6.3,2.9,5.6,1.8, Iris-virginica
6.5,3.0,5.8,2.2, Iris-virginica
```

假设测试集为：

```
4.6,3.1,1.5,0.2, Iris-setosa
5.0,3.6,1.4,0.2, Iris-setosa

5.5,2.3,4.0,1.3, Iris-versicolor
6.5,2.8,4.6,1.5, Iris-versicolor
```

这种划分方法会导致样本分布不一致，因为测试集中根本没有 virginica 这个品种的样本，无法检验 virginica 的分类效果。

还有一种划分方法也会导致样本分布不一致。

假设我们现在需要解决的是一个二分类问题，训练集和测试集的拆分效果如下。

假设训练集为：

```
5.4,3.9,1.7,0.4, Iris-setosa
4.6,3.4,1.4,0.3, Iris-setosa
5.0,3.4,1.5,0.2, Iris-setosa
4.4,2.9,1.4,0.2, Iris-setosa
4.9,3.1,1.5,0.1, Iris-setosa

7.0,3.2,4.7,1.4, Iris-versicolor
6.4,3.2,4.5,1.5, Iris-versicolor
6.9,3.1,4.9,1.5, Iris-versicolor
5.5,2.3,4.0,1.3, Iris-versicolor
6.5,2.8,4.6,1.5, Iris-versicolor
```

假设测试集为：

```
5.1,3.2,1.4,0.2, Iris-setosa
4.9,3.3,1.4,0.2, Iris-setosa
4.7,3.2,1.4,0.2, Iris-setosa

6.4,3.2,4.5,1.5, Iris-versicolor
6.4,3.1,4.5,1.5, Iris-versicolor
6.5,3.2,4.5,1.5, Iris-versicolor
```

我们可以看到，在测试集中，setosa 的每个样本的花瓣长度值都是 1.4，花瓣宽度值都是 0.2，这会导致花瓣长度和花瓣宽度这两个特征的值在测试集中的分布和在训练集中的分布严重不一致。当花瓣长度值不等于 1.4，或者花瓣宽度值不等于 0.2 时，模型的分类效果如何我们就无从得知了。像这样的数值分布不够多样化的训练集和测试集的划分方法，也是不可取的。

另外，如果训练集有 4 个特征，而测试集中少了某一个特征，会导致特征不一致，同样无法反映模型的真实效果。

下面我们来解释一下构建数据集的第二个原则——完整性。

在鸢尾花数据集中，每种类型的鸢尾花都有 50 个样本，完整的鸢尾花数据集共有 150 个样本，这在机器学习场景中属于小规模的数据集。一般样本数量小于 10 万的时候，我们将训练集和测试集划分的数量比例保持在 6：4～8：2 都是可以的；如果样本数量巨大，训练集和测试集的样本数量比例就相对没有那么重要，只要它们都能完整且一致地反映数据的真实分布就可以。对鸢尾花数据集来说，训练集和测试集的样本数量比例在 7 : 3 左右就比较合适。

训练集和测试集的选择方法有很多，下面我们来介绍几种常用且可靠的方法。

（1）留出法

留出法是比较简单也比较常用的方法，即从全集 S 中选择一定比例的样本作为测试集 C，剩下的作为训练集 T。选择时可以将数据集随机打乱排序，然后取其中若干比例（如前 30%）的样本作为测试集，剩下的是训练集；或者直接从全集 S 中无放回地随机抽样，直到达到一定比例为止，抽出来的样本作为测试集，剩下的样本作为训练集。

留出法的优点是操作简单，使用几行代码即可完成；缺点是当样本数量较少时，留出法的随机性可能无法保证测试集和训练集的一致性，也无法保证测试集的完整性。

（2）K 折交叉验证法

K 折交叉验证法是指将全集 S 分为数量均等的 K 份，每次选择其中的 K–1 份作为训练集，剩下的 1 份作为测试集，然后对这 K 份不同的训练集和测试集依次进行 K 轮实验，通过对每次实验的结果取均值和标准差来判断模型的效果。

如果 K 值是 10，那么训练集和测试集的比例就是 9 : 1；如果 K 值是 5，那么训练集和测试集的比例就是 4 : 1。

以 3 折交叉验证法为例，将全集 S 平均分为 A、B、C 共 3 个子集。每次实验对应的训练集和测试集如表 1.1 所示。

表 1.1　3 折交叉验证法

训练集	测试集
A、B	C
B、C	A
A、C	B

K 折交叉验证法相对留出法的优点是它的多轮验证机制。K 折交叉验证法通过对每次验证的结果求均值和标准差，能够有效地消除某一次验证时样本分布不均衡带来的估计偏差。

（3）采样法

采样法（boost trapping）与留出法的不同点在于，采样法是有放回地采样，然后把 n（n>0）次采样后仍未被选中的样本作为测试集。

那么问题来了，为什么是将 n 次采样后仍未被选中的样本作为测试集呢？如果

仍未被选中的样本数量为 0 怎么办?

这里涉及一个数学问题，即对一个集合，如果有放回地采样 n（$n>0$）次，那么一个样本在 n 次采样之后仍没被选中的概率是多少?

我们用极限的思维来求解。即求解 n 趋于正无穷时 $\lim\limits_{n\to+\infty}(1-1/n)^n$ 的值。

根据重要极限公式有：

$$\lim_{n\to+\infty}\left[\left(1+\frac{1}{-n}\right)^{(-n)}\right]^{-1}=\mathrm{e}^{-1}=1/\mathrm{e} \tag{1-1}$$

1/e 约等于 0.368，接近 1/3（0.33），也就是说 n 次采样之后仍然有 1/3 左右的样本不会被抽到。我们通过上文可以知道，将这个比例的样本数量作为测试集是相对合理的。

采样法也引入了样本选择的随机性，它会像留出法一样有一定的样本采样偏差，但是由于随机的过程更复杂，因此在小样本集合中划分测试集时，其一致性和完整性效果一般要优于留出法。

（4）交叉验证集 + 测试集法

还有一种比较经典的选择方法，是由机器学习领域专家吴恩达在他的课程中提出的，即交叉验证集 + 测试集的方法。这种方法主要用于模型选择，但是在模型评估方面也会给我们一定的启发。他的模型选择的基本步骤如下：

1）使用训练集训练出 n 个模型；

2）用 n 个模型分别对交叉验证集进行计算，得出交叉验证误差（代价函数值）；

3）选取代价函数值最小的模型；

4）用步骤 3）中选出的模型对测试集进行计算，得出推广误差（代价函数值）。

我们在评估模型的过程中也可以借鉴这种方法，先按留出法选取全集 S 的一部分（20% 左右）作为测试集 T，再将剩下的 80% 看作一个小的全集 S'，对集合 S' 按照 K 折交叉验证的方式分成训练集和交叉验证集。接下来通过交叉验证集初步验证模型的效果，最后用测试集进一步模拟评估模型上线后的真实效果。

为什么在训练集和测试集之间还要加入一个验证集呢? 这里需要解释两个概念。

第一个概念是超参数，大家都知道，机器学习模型有很多自带的学习参数，比如线性回归的变量权重 $\boldsymbol{w}$ 和偏置项 b，而超参数则是人工设定的、对模型的学习效率和学习效果起到影响作用的参数，这些参数不需要模型自己学习，而需要在训练的过程中不断进行人工调整。比如神经网络的隐藏层层数、每层的节点数量，还有树模型的深度、叶子节点的个数等。验证集存在的第一个作用就是帮助我们调整这些超参数。

如果用测试集优化这些超参数，模型会逐渐过拟合，过拟合的含义我们会在第2章详细介绍，这里可以暂时理解为模型对新数据的学习过于刻板，缺乏广泛适用性。这就是我们要介绍的第二个概念——信息泄露，通俗来说就是模型已经通过我们调整过的参数感知到了测试集的信息，等于对模型的测试提前“泄题”，于是测试集的测试结果将会比模型真实效果偏好。验证集的第二个作用就是信息隔离，在调整超参数的过程中，泄露的只是验证集的信息，测试集的信息仍然保存完好，从而能够得到更真实的模型效果。

如果你只选择一个训练集、一个验证集，就会导致虽然最后在测试集上表现得可以，但是泛化性不好。因此，我们需要用交叉验证集帮助调参，再用测试集进行模型效果的验证。

1.2 准召率和P-R曲线

准召率是精确率（Precision）和召回率（Recall）的统称。精确率和召回率是分类问题中常见的指标。通俗来说，精确率就是模型正确预测的正样本占全部预测为正的样本的比例，召回率就是模型正确预测的正样本占全部正样本的比例。准确率（Accuracy）也是一种常用的指标，它是指模型正确预测的正、负样本占全部样本的比例。

我们可以通过以下公式来表达：

$$\text{Precision} = \text{TP}/(\text{TP}+\text{FP}) \tag{1-2}$$

$$\text{Recall} = \text{TP}/(\text{TP}+\text{FN}) \tag{1-3}$$

$$\text{Accuracy} = (\text{TP}+\text{TN})/\text{TOTAL} \tag{1-4}$$

其中，TOTAL表示全集样本数量。

假设测试集样本数量为200个，其中正样本100个，负样本100个。

如果模型将正样本中的90个预测为正样本，10个预测为负样本，负样本中的5个预测为正样本，95个预测为负样本，那么精确率、召回率、准确率分别为：

$$\text{Precision} = 90/(90+5) \approx 94.74\%$$

$$\text{Recall} = 90/(90+10) = 90\%$$

$$\text{Accuracy} = (90+95)/200 = 92.50\%$$

模型预测值和真值之间的关系可以通过一个混淆矩阵来描述，如表1.2所示。

1）若一个实例是正样本且被预测为正样本，为真正样本（True Positive，TP）。

2）若一个实例是正样本，但是被预测为负样本，为假负样本（False Negative，FN）。

表 1.2　混淆矩阵

	T（真正值）	F（真负值）
P（预测正值）	TP	FP
N（预测负值）	FN	TN

3）若一个实例是负样本，但是被预测为正样本，为假正样本（False Positive，FP）。

4）若一个实例是负样本且被预测为负样本，为真负样本（True Negative，TN）。

需要解释的是，一个模型的精确率和召回率并不是一成不变的，当我们调整模型的分类阈值时，精确率和召回率就会随之不断地变化。我们通过以下案例来看一下。

图 1.1 所示 P-R 曲线表现的是随着分类阈值 p 变化，精确率和召回率的变化情况。分类阈值是指模型将一个样本判断为正样本和负样本的分割阈值。如在朴素贝叶斯模型中，如果模型将正样本概率 $p \geqslant 0.5$ 的情况预测为正样本，其余作为负样本，那么在这个分类阈值下计算出的精确率和召回率就是 P-R 曲线上的一个点。我们再继续调整分类阈值，将正样本概率 $p \geqslant 0.4$ 的情况预测为正样本，其余作为负样本，这时再计算出精确率和召回率，获得另一个点，直到计算出分类阈值属于集合 {0,0.1,0.2, 0.3,0.4,0.5,0.6,0.7,0.8,0.9,1.0} 中每个值时对应的精确率和召回率，我们就可以描绘出图 1.1 所示的 P-R 曲线。其中，AP 是 Average Precision 的缩写，即平均精确率。

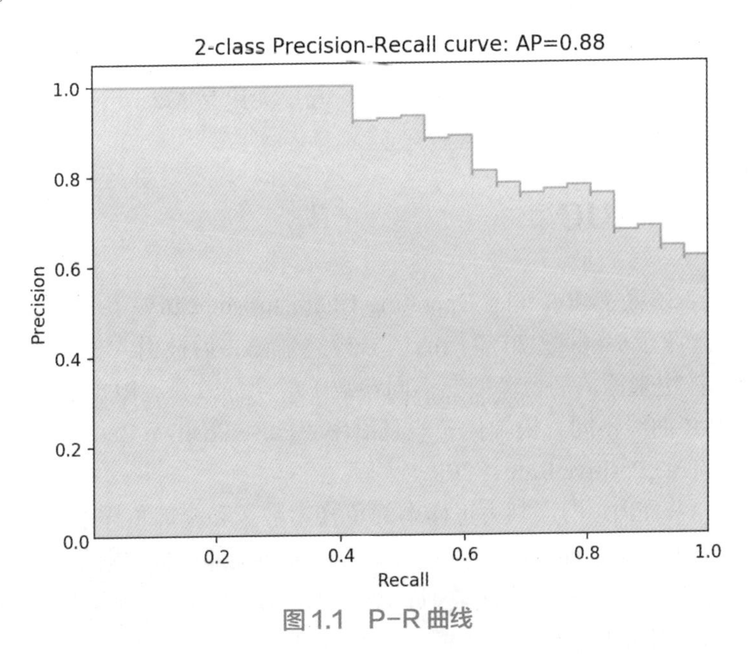

图 1.1　P-R 曲线

P-R 曲线中精确率和召回率相等的点称为平衡点，如图 1.2 所示，横轴表示召回率，纵轴表示精确率。在模型超参数优化过程中，精确率的提升往往带来召回率的下降，反之亦然，因此平衡点也就是通常我们认为的精确率和召回率的折中位置，在这一点上模型的效果达成的收益是全局最优的。在具体业务中还要考虑精确率和召回率哪个更重要。

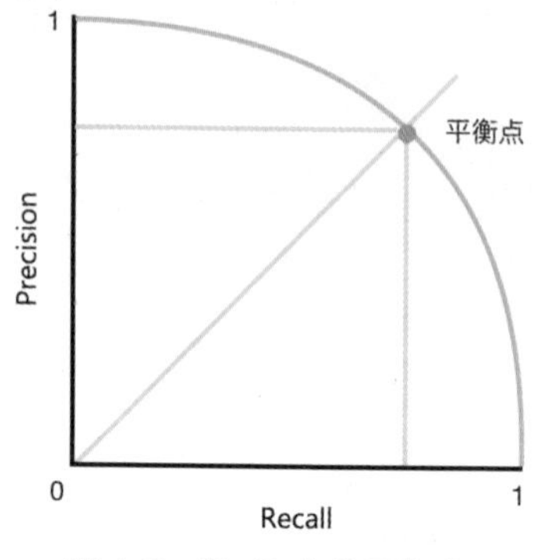

图 1.2 P-R 曲线平衡点

除了 P-R 曲线，还有一个指标能反映模型的全局性能，这就是 F_n-score，计算公式如下：

$$F_n\text{-score}=(1+n^2)\cdot\text{Precision}\cdot\frac{\text{Recall}}{n^2(\text{Precision}+\text{Recall})} \qquad (1\text{-}5)$$

当 n=1 时，F_n-score 就是我们常见的 F_1-score，F_1-score 表达的是精确率和召回率重要性都相同的情况下模型的整体分值，分值越高说明模型效果越好。F_2-score 表示召回率的重要性是精确率的 2 倍，$F_{0.5}$-score 则表示精确率的重要性是召回率的 2 倍。在具体业务中，F_n-score 是一个简单而又实用的评估指标。

对于多分类的情况，可以将 n 个类别的分类任务看作 n 个二分类问题。即计算每个二分类模型的 F_1-score 值，然后取平均值，这种评估指标又称为 Macro F_1-score。

和 Macro F_1-score 对应的，还有 Micro F_1-score。它也是将 n 分类问题看作 n 个二分类问题，但将每个二分类模型的精确率和召回率的分子分母对应相加，然后根据这个整体的精确率和召回率去计算 F_1-score。无论是 Macro F_1-score 还是 Micro F_1-score，都是分值越高，模型效果越好。

1.3 ROC和AUC

ROC 的英文全称为 Receiver Operating Characteristic Curve（受试者操作特征曲线）。这个概念源于 20 世纪 70 年代的信号检测理论，后被引入机器学习领域，像 P-R 曲线一样被用来评估一个模型在不同参数下的全局效果。ROC 的横轴和纵轴代表的含义与 P-R 曲线不同，横轴代表假真值率（False Positive Rate，FPR），纵轴代表真真值率（True Positive Rate，TPR）[2,3]。

FPR=FP/(TN+FP)，即误判为正样本的负样本数量和全部负样本数量之比。

TPR=TP/(TP+FN)，即判断正确的正样本数量和全部正样本数量之比。

ROC 的绘制方法和 P-R 曲线类似，我们也需要通过不断地调整分类阈值来计算每个分类阈值对应的假真值率（横轴）和真真值率（纵轴），然后在坐标平面中

描点连线，最后就得到了完整的 ROC。图 1.3 所示橙色曲线是 ROC，当分类阈值从 1 到 0 变化时，FPR 和 TPR 的值都逐渐增大；当分类阈值为 1 时，所有样本都被分类为负样本，即 FPR 和 TPR 都为 0；当分类阈值为 0 时，所有样本都被分类为正样本，即 FPR 和 TPR 都为 1。

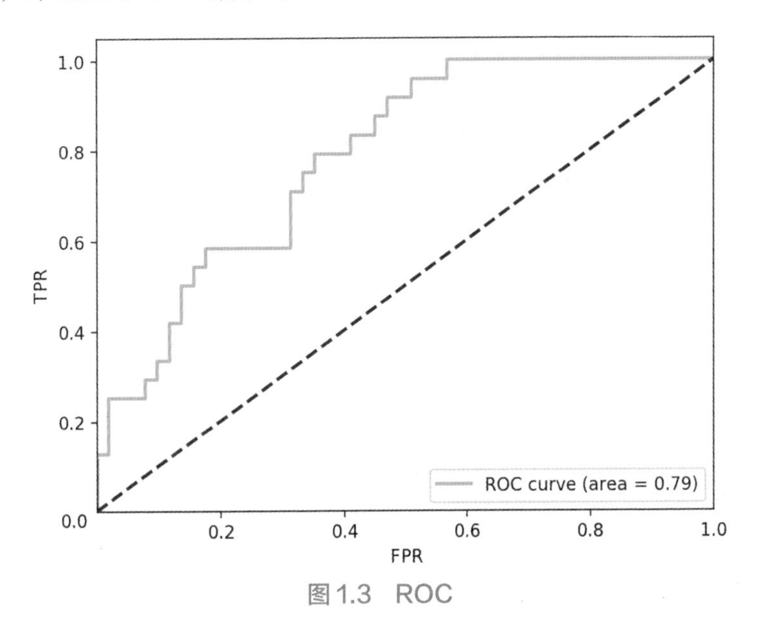

图 1.3　ROC

那么 AUC 又是什么呢？

AUC 的英文全称为 Area Under Curve（曲线下面积），即 ROC 与其下坐标轴围成的面积，图 1.3 中“area=0.79”即 AUC 的值。它能够量化地反映一个模型的整体性能。假设分类器的输出是样本属于正类的分数，则 AUC 的意义为，任取一对（正，负）样本，正样本分数大于负样本分数的概率。

AUC 既然是 ROC 与其下坐标轴围成的面积，显然这个面积的数值不会大于 1。又因为 ROC 一般都处于 $y=x$ 这条直线的上方，所以 AUC 的取值范围一般为 0.5～1。它的取值代表的含义如下。

1）AUC = 1，理想分类器，即在任何参数情况下都能做出百分之百正确的预测结果，但是现实中一般不存在理想分类器。

2）0.5 < AUC < 1，优于随机猜测的分类器，也是我们一般实际应用的模型，经过合理的优化可以直接应用。

3）AUC = 0.5，等于随机猜测，模型没有预测价值。

4）AUC < 0.5 比随机猜测效果还差，但是反向预测也存在一定的价值，实际生

产中常因误操作产生这种结果。

使用 AUC 作为评价标准是因为很多时候 ROC 并不能清晰地说明哪个分类器的效果更好，而作为一个数值，AUC 越大表示分类器效果越好。

那么 AUC 如何计算呢？主要有两种方法。

（1）简单拼接法

AUC 为 ROC 与其下坐标轴围成的面积，可以将阴影面积分段累加，总面积为每个小的梯形面积之和，计算公式如下：

$$\mathrm{AUC}=\frac{1}{2}\sum_{i=1}^{m-1}(x_{i+1}-x_i)(y_i+y_{i+1}) \tag{1-6}$$

其中 x_i 与 x_{i+1} 是横坐标（FPR），y_i 与 y_{i+1} 是纵坐标（TPR），m 代表实验的分类阈值个数。实际上 $x_{i+1}-x_i$ 就是小梯形的高，y_i+y_{i+1} 就是小梯形的上底与下底之和，两者相乘之后再乘以 1/2 就是小梯形的面积，多次实验计算得到的小梯形面积累加就得到了整个 ROC 下的面积，即 AUC。

（2）概率统计法

根据 AUC 的概念，只要能统计出任意正样本分数大于负样本分数的概率，就可以知道 AUC 的值。我们可以对 m 个正样本和 n 个负样本建立一个尺寸为 mn 的矩阵，然后统计矩阵中正样本分数比负样本分数高的数量 k，那么有

$$\mathrm{AUC}=k/(mn) \tag{1-7}$$

这种计算方法的时间复杂度较高，但是结果更精准。

以上就是 AUC 的计算方法。

既然 P-R 曲线和 ROC 都能反映模型的准召率关系以及模型的整体效果，那么它们之间有什么关联和区别呢？

其实 P-R 曲线和 ROC 本质上反映的都是召回率和精确率之间的关系。在 P-R 曲线中，随着正确识别的正样本（TP）增加，被误判的正样本（FN）会不断减少，但是被误判的负样本（FP）就会增加，也就是召回率增加，精确率反而会下降。

ROC 相对 P-R 曲线有一个显著的优点，那就是 ROC 不容易受到测试集样本分布的影响，而 P-R 曲线容易随着样本分布的变化发生较大的变动。

那么在多分类场景中，ROC 如何应用呢？

假设类别数量为 N，我们可以为 N 个类别分别绘制 N 条 ROC。

例如，假设有 3 个分别名为 X、Y 和 Z 的类，可以绘制一条针对 $\{X\}$ 和 $\{Y,Z\}$ 的 ROC、一条针对 $\{Y\}$ 和 $\{X,Z\}$ 的 ROC，以及一条针对 $\{Z\}$ 和 $\{X,Y\}$ 的 ROC。分别计算 AUC，判断针对特定类别的分类效果 [2]。

对于二分类的 ROC 和 P-R 曲线对比，最经典的案例莫过于 2006 年的论文 *An Introduction to ROC Analysis*[3] 中介绍的对比实验。

图 1.4（a）和图 1.4（b）是原始样本的 ROC 和 P-R 曲线，图 1.4（c）和图 1.4（d）是将负样本数量增加到原来的 10 倍后的 ROC 和 P-R 曲线[2]。其中，每幅图的实线和虚线分别代表两种不同的数据集。

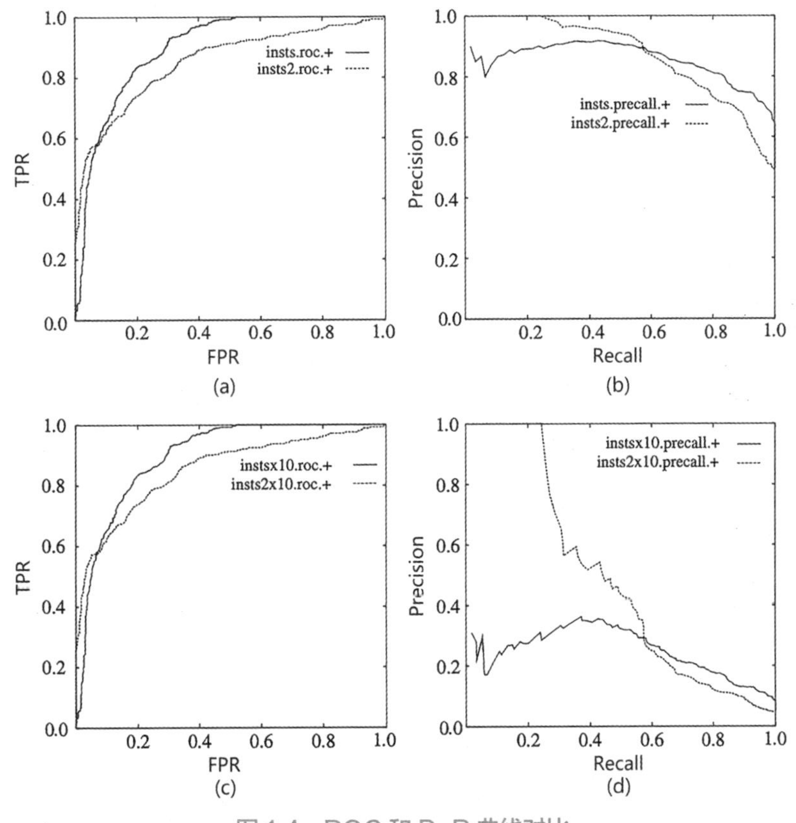

图 1.4　ROC 和 P-R 曲线对比

1）对比图 1.4（a）和图 1.4（c）的 ROC，负样本数量增加到原来的 10 倍后，两种数据集的 ROC 几乎没有变化。因为 ROC 的纵轴是 TPR，横轴是 FPR，当我们计算比值时，TPR 几乎不会发生变化，因为正样本数量没变，即 TPR 计算公式的分母不变，分子有可能因为负样本增加而略微减小；对于 FPR，负样本增加会直接导致它的分母变大，但是这个时候错分为正样本的负样本数量也会随之增加，也就是分子也会随之增加，只不过增幅不会比分母更大，整体来看 TPR 和 FPR 都会略微减小，ROC变化不大。因此，ROC可以避免正负样本不均衡带来的干扰，能更加有效地评估模型本身的效果[3]。

2）对比图1.4（b）和图1.4（d）的P-R曲线，我们可以看到负样本增加到原来的10倍后，P-R曲线变化是很明显的。因为P-R曲线的纵轴是精确率（Precision），横轴是召回率（Recall），负样本如果增加到原来的10倍，在召回率不变的情况下，模型必然会错误召回更多的负样本，所以精确率会大幅下降。因此P-R曲线对样本的分布比较敏感，不适合作为模型效果整体评估的工具。也正因为这一点，我们可以用它来检测样本是否均衡[3]。

综上所述，我们可以得到P-R曲线和ROC的一些应用场景，如广告排序和垃圾邮件识别等，在这些场景中，正样本的数量往往是负样本数量的1/1000，甚至1/10000。这时候针对不同的测试集，P-R曲线的变化就会非常明显，而ROC则能够更加稳定地反映模型本身的好坏。由于P-R曲线对正样本关注度比较高，对于严格的异常检测的场景，P-R曲线也是非常不错的选择。

需要注意的是，选择P-R曲线还是ROC是由实际问题确定的。如果研究者希望更多地看到模型在特定数据集上的表现，P-R曲线则能够更直观地反映其性能。

1.5 异常检测

在前言中我们提到，准确率这个指标是有一定局限性的，尤其是当正样本（P）数量和负样本（N）数量差异较大的时候。如P：N=99：1，即便模型把所有负样本都预测为正样本，都能保证99%的准确率，但是这样的模型没有任何意义。

对于异常检测，我们应该如何做算法评估呢？

首先我们对比异常检测和普通二分类有何区别，如表1.3所示。

表1.3 对比异常检测和普通二分类

	异常检测	普通二分类
负样本（普通样本）	数量极多，是正样本的10倍甚至更多	数量很多
正样本（异常样本）	数量极少	数量很多，与负样本相当
样本分布	两种样本分布明显不同：正样本类型分布很多，有些特殊样本甚至不在训练集和测试集里；负样本分布空间有限，容易识别	正负样本分布基本一致
特征分布	正负样本差异化明显，正样本有很多负样本不存在的特殊特征	正负样本分布基本一致

从表 1.3 中可以看出，在异常检测的情况下，正样本极多，负样本极少，我们把这种分布情况称为正负样本分布不均衡。此时，如果用准确率这一指标来评估异常检测，不仅识别不了未知的异常样本，训练集中已有的异常样本也很容易被误判为正常样本。所以，用准确率指标来评估异常检测是不合理的。

衡量异常检测算法效果最直接的指标就是精确率和召回率，即在评估模型判为异常样本的集合中，有多少是真正的异常样本，即 TN/(FN+TN)，而真正的异常样本又在全部异常样本中占多大比例，即 TN/(TN+FP)。

1.3 节也提到，在样本不平衡问题中，ROC 通常会给出一个较乐观的效果估计，所以这种情况下还是 P-R 曲线更好。因为当正负样本比例失调时，如正样本 1 个，负样本 100 个，ROC 变化不大，而 P-R 曲线更能反映出分类器性能的好坏。如果是对比两个分类器，因为只有一个正样本，所以在画 ROC 的时候变化可能不太大；但是在画 P-R 曲线的时候，因为要召回这一个正样本，所以哪个分类器同时召回的负样本更少，那个分类器就更好。差的分类器一般会召回更多的负样本，这样精确率必然大幅下降，分类器性能就可以对比出来了。

知识拓展

在训练模型时如何解决样本不均衡的问题呢?

样本不均衡问题一般有两种解决思路：一种是欠采样，另一种是过采样。

在异常样本分布复杂且数量较多，而正常样本分布比较简单的情况下，可以采用欠采样，即减少正常样本的数量，从而达到让异常样本和正常样本比例相近的目的。这种乐观的情况比较少见，更多的时候我们面对的是异常样本太少且总样本数量也不够多的情况，也就是说，正常样本不能减少，只能增加异常样本，也就是过采样。

过采样的方法有很多，如随机过采样、感知过采样和自适应过采样等。我们介绍一下比较常用的感知过采样 [4]。

感知过采样是一种比较保守的过采样方式，它的基本原理是增加异常样本的样本密度。如图 1.5 所示，假设样本有两个特征，分别为 f_1（横轴）和 f_2（纵轴）。首先从全部异常样本集合 X 中取出一个样本 x_1，依次计算 x_1 在特征空间中与其他异常样本 $\{x_2,x_3,x_4,\cdots,x_m\}$ 在每个特征维度的距离，得到一个距离矩阵 $\boldsymbol{D}_m$；然后在这些距离的中点位置生成一个新的样本点，得到 $m-1$ 个新样本。接着再取出 x_2，计算和剩余异常样本的特征距离，得到距离矩阵 $\boldsymbol{D}_{m-1}$，生成 $m-2$ 个新样本……最终得到一个新的异常样本集合，新集合的样本数量为 $m+(m-1)+(m-2)+\cdots+1=m(m-1)/2$[4]。

我们也可以在样本数量足够多的时候停止循环，或者在循环完毕之后再对新生成的样本做一次随机欠采样，这样就能够获取我们想要的异常样本。

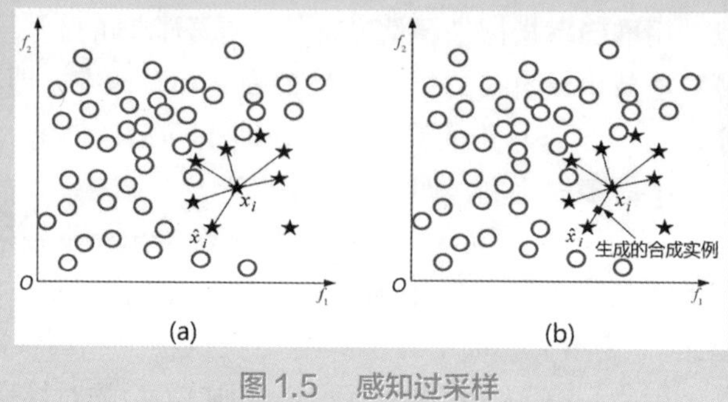

图 1.5 感知过采样

1.5 小结

本章主要介绍了分类问题的基础评估理论。

1.1 节先通过鸢尾花数据集解释了构建训练集和测试集的基本原则——一致性和完整性。接着介绍了构建训练集和测试集的具体方法，包括留出法、*K* 折交叉验证法、采样法和交叉验证集 + 测试集法。

1.2 节介绍了精确率、召回率和准确率的概念，同时分析了分类结果的混淆矩阵及其计算方法，然后进一步讲解了评估分类模型整体效果的直观方法——P-R 曲线及其绘制方法，最后给出了实用的模型评估指标 F_n-score。

1.3 节的主要内容是 ROC 和 AUC，我们介绍了 ROC 的计算方法和绘图过程，以及 AUC 的含义和计算方法，最后说明了 P-R 曲线和 ROC 的联系和区别。

1.4 节是分类问题的特殊场景——异常检测，我们介绍了异常检测适用的评估方法。

第 2 章　一个好的回归算法

回归算法也是很常用的一类算法，主要用于趋势预测。

分类算法和回归算法的区别主要体现在以下 3 个方面。

（1）输出的数据类型不一样

分类算法输出的数据类型是离散数据，也就是分类的标签。比如我们预测学生考试是否通过，预测结果是“考试通过”，或者是“考试不通过”，这就是离散数据。

回归算法大部分时候输出的数据类型是连续数据。如我们通过学习时间预测学生的考试分数，这里的考试分数是连续型数据。

（2）训练得到的模型不一样

分类算法得到一个决策面，用于对数据集中的数据进行分类。

回归算法得到一个最优拟合线，这个线条可以更好地接近数据集中的各个点。

（3）评估模型的指标不一样

在分类算法中，通常会将准确率作为指标，也就是预测结果中分类正确的数据占总数据的比例。

在回归算法中，我们用平均误差或者方差、偏差等指标来评估模型的好坏。

通过以上比较分析，我们可以看出，分类算法的评估指标在回归算法上一般是不适用的。本章我们就来看一看有哪些属于回归算法的评估指标。

2.1　ME 那些事

凡是用过回归算法的读者，最熟悉的评估指标莫过于“ME”了，ME 的英文全称是 Mean Error，译作平均误差。但是这个指标通常不用于直接评估回归算法的效果，真正被用来评估的是它的拓展指标，如 MAE、MSE 等。

首先来说一下第一个指标 MAE，英文全称是 Mean Absolute Error，译作平均绝对误差。MAE 是每个真实值和预测值的差的绝对值取平均值的结果，如公式（2-1）所示，其中 n 为样本数，y_i 为第 i 个样本的真实值，$f(x)_i$ 为第 i 个样本的预测值。

$$\text{MAE} = \frac{1}{n}\sum_{i=1}^{n} | y_i - f(x)_i | \tag{2-1}$$

MAE 反映的是样本预测值和真实值的整体差异，本身是一个笼统的指标。大多数情况下能够快速地给评估者一个对该模型的整体效果的反映，但是它无法刻画出模型的有偏性。如一个预测值偏高的模型和一个预测值偏低的模型的 MAE 很可能是一样的，但是这并不代表两个模型效果相同。MAE 反映的是一个模型的所有样本的整体情况，如果有明显的异常值，会对结果干扰比较大。

考虑异常值的影响，后来又引入了第二个指标——均方误差（Mean Square Error，MSE），如公式（2-2）所示。这个指标不同于 MAE 的地方在于它用平方代替了绝对值，这样做的好处是能够放大异常值的影响。

$$\text{MSE} = \frac{1}{n}\sum_{i=1}^{n} (y_i - f(x)_i)^2 \tag{2-2}$$

第三个直观的评估指标是均方根误差（Root Mean Square Error，RMSE）公式（2-2）有一个问题是会改变量纲，因为公式中有平方计算，如 y 值的单位是万元，MSE 公式计算出来的单位是万元的二次方，对于这个单位难以解释它的含义。为了消除量纲的影响，我们可以对 MSE 开方，得到均方根误差（RMSE），如公式（2-3）所示。

$$\text{RMSE} = \sqrt{\frac{1}{n}\sum_{i=1}^{n} (y_i - f(x)_i)^2} \tag{2-3}$$

可以看到 MSE 和 RMSE 二者是呈正相关的，MSE 值越大，RMSE 值也越大，所以在评价线性回归模型效果的时候，使用 RMSE 就可以了。

那如何比较不同量纲下模型的效果的好坏呢？这就需要用到回归模型的第四个评估指标：R 方值（R2_score，即 R^2），其计算公式如公式（2-4）所示。

$$R^2 = 1 - \frac{\sum_{i=1}^{n} (y_{\text{true}}^{(i)} - y^{(i)})^2}{\sum_{i=1}^{n} (y_{\text{mean}}^{(i)} - y^{(i)})^2} \tag{2-4}$$

其中，$y_{\text{true}}^{(i)}$ 是真实样本值，$y^{(i)}$ 是预测值，$y_{\text{mean}}^{(i)}$ 是真值的平均值。

R 方值的原理是：寻找一个参照物作为唯一的量纲，根据参照物计算 R 方值，这样既排除了数据集量纲的影响，又能够刻画模型的性能。

这个参照物就是数据均值模型。我们知道一个数据集中的样本是有均值的，房价数据集有房价均值，学生成绩数据集有成绩均值。现在我们把这个均值当成一个

基线模型（Baseline Model）。如果这个均值模型对任何数据的预测值都是一样的，那么可以想象该模型效果自然很差。基于此我们才会想从数据集中寻找规律，建立更好的模型。

通过 R^2 的取值，我们可以更好地理解它是如何评价模型好坏的。取值情况有如下几种。

R2_score = 1，达到最大值，即完美分类器，表示模型能够完美预测所有样本。现实中通常不会出现这种情况，但是可以通过不断地调整参数让模型逼近这个极值。

R2_score = 0。样本预测值基本等于均值，训练的意义没有体现出来。模型是一种接近兜底结果的模型，可以说不具备实用价值。

R2_score < 0，模型效果不如单纯取均值的效果，基本就是胡乱猜测，这种模型结果的出现一般意味着训练参数或特征配置出现了严重的错误。

R2_score 还可以进一步改进。如果分子和分母同除以样本数量 n，就能得到公式（2-5）。

$$R^2 = 1 - \frac{\sum_{i=1}^{n}(y_{\text{true}}^{(i)} - y^{(i)})^2 / n}{\sum_{i=1}^{n}(y_{\text{mean}}^{(i)} - y^{(i)})^2 / n} = 1 - \frac{\text{MSE}(y_{\text{true}}^{(i)}, y^{(i)})}{\text{Var}(y)} \quad (2\text{-}5)$$

公式（2-5）也就是 MSE 和方差 $\text{Var}(y)$ 的比值，这种计算法方法能够方便我们快速计算 R^2。

以上我们就介绍了评价回归模型常用的 4 个指标。

2.2　方差和偏差

方差（Variance）：描述预测值的离散程度，类似于概率论中的方差。方差越大，预测值的分布相对于预测值的均值也就越离散；方差越小，预测值相对于预测值的均值越靠拢。机器学习中的方差也能从侧面表述噪声对模型的影响。

偏差（Bias）：预测值与真实值之间的整体差距，偏差越大，预测值和真实值的距离越远，说明模型的学习能力不足。方差与偏差的关系如图 2.1 所示。

我们以射箭为例，第一行和第二行是低偏差和高偏差的对比效果，低偏差的时候，所有击中点的几何中心都接近红色的靶心，而高偏差的时候，击中点的几何中心则偏离靶心很远，也就是说结果偏离了目标。第一列和第二列是低方差和高方差的对比效果，可以看到，低方差的时候，无论击中点是否和靶心接近，它们的位置都很集中，即击中点相互之间的距离都很近，而高方差的时候，无论击中点是否接近靶心，它们的位置都很离散，即击中点相互距离较远。

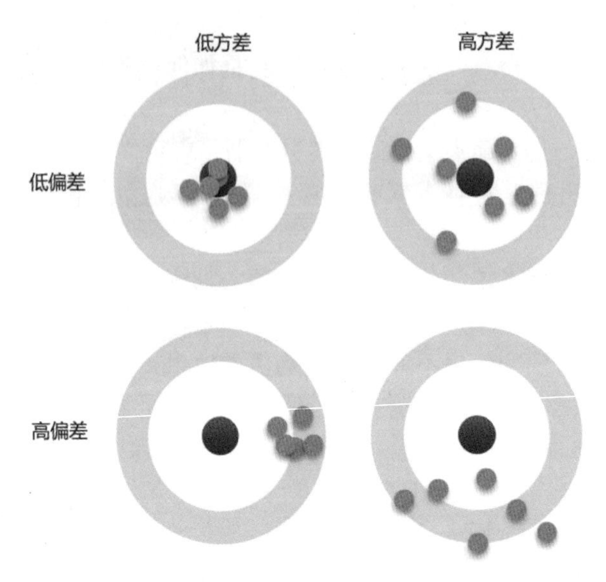

图 2.1　方差与偏差

2.3　欠拟合和过拟合

1. 欠拟合

欠拟合是指模型在训练集上训练不充分，没有足够知识和经验来获得足够小的训练误差，同时也得不到足够小的测试误差。

那么如何解决欠拟合呢？

（1）一般来说，随着训练轮次的增加，欠拟合程度会逐渐递减直至收敛，如果特征已经足够完备，那么只需要耐心等待模型训练完成即可。

（2）如果特征太少，不足以描述数据的真实分布，那么模型也无法依据这些特征学习到更多的内容。在深度学习中往往需要通过增加神经网络的深度或节点个数来减少欠拟合。

2. 过拟合

过拟合是模型训练过程中训练集误差远远小于测试集误差的一种现象。本质上来说，就是训练过程中使用了过度拟合训练集描述的实际问题的模型，导致模型在训练集上表现很好，但在测试集上表现很差[5]。模型被局限在训练集有限的定义域

里，无法对更多的数据进行合理的推断，也就是常说的“泛化能力差”。欠拟合、正常情况及过拟合 3 种训练效果的对比如图 2.2 所示，其中，x 表示自变量，y 表示因变量。图 2.2（a）是欠拟合的状态，可以看到，模型的直线并不能完整表达样本的分布；正常的拟合曲线应该像图 2.2（b），样本分布基本符合二次曲线；图 2.2（c）则是过拟合的状态，模型的曲线走势非常接近样本之间的连线，在实际预测时会导致训练集效果极好，而测试集效果很差的情况。发生过拟合时，训练误差和泛化误差（测试误差）的曲线对比如图 2.3 所示，随着模型复杂度或训练轮次增加，训练误差持续减小，但是泛化误差在减小到一定程度后反而增加。

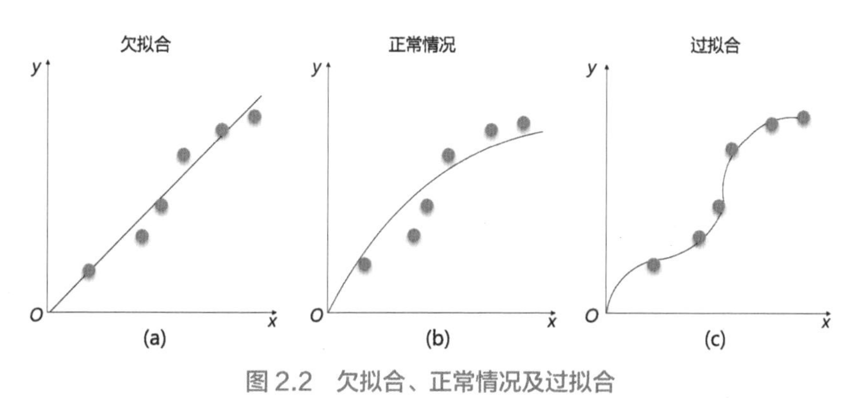

图 2.2　欠拟合、正常情况及过拟合

误差值
欠拟合
过拟合
泛化误差曲线
训练误差曲线
O
模型复杂度或训练轮次

图 2.3　发生过拟合时，训练误差和泛化误差的曲线对比

为什么会出现过拟合？造成过拟合的原因主要有以下几种。

（1）训练集样本有偏

训练集中正负样本比例如果失衡，那么模型预测结果自然会向样本数量多的类别倾斜，从而发生过拟合。

（2）训练集样本数量太少或特征数量太多

样本数量的多与少并没有严格的定义，只要样本数量和特征数量处在一个合适的比例就能达到很好的训练效果。但是，如果样本数量较少，而特征数量较多，会导致模型严重依赖现有的样本，造成过拟合。

（3）训练数据中噪声比例过高

噪声指训练数据中的干扰数据。过多的干扰会导致记录了很多噪声特征，而忽略了真实输入和输出之间的关系，从而导致过拟合。

（4）模型复杂度太高

从图 2.3 中可以看到，模型复杂度越高，越容易发生过拟合，复杂度越低，越容易发生欠拟合。也就是说，如果对一个分布简单的数据集使用了复杂度高的模型去拟合，那么大概率就会发生过拟合。

要想解决过拟合，需要在保证训练误差稳定的情况下降低测试误差，也就是让模型的泛化能力变强，这种方法称为正则化（Regularization）。2.4 节将具体讨论正则化方法。

2.4 正则化方法

正则化方法的目标是减轻过拟合，增强模型的泛化能力，从而减小泛化误差。通常来说，减轻过拟合有下面几种方法。

1．增加数据集样本

通常来说，过拟合产生的原因是过于依赖数据集中已有的数据样本，而对数据整体的分布没有正确地拟合。解决这个问题最根本的办法就是增加数据集样本，让模型学到更多的、更贴近真实分布的数据样本分布，这样模型就能够拟合出一个符合客观规律的曲线，从而减轻过拟合。

2．降低模型复杂度

2.3 节提到，模型复杂度过高而数据集分布过于简单会导致过拟合，那么降低模型复杂度自然就会减轻过拟合。图 2.2 所示的例子中，如果把拟合函数从高阶函数转化为二次函数，就不会再导致对样本的过拟合。

3．降低特征的数量

特征数量太多也是造成过拟合的主要原因之一，尤其是在特征数量大于样本数量的情况下。减少特征数量是一种非常必要的手段，主要方法包括人工筛选、自动筛选和模型筛选。

其中，自动筛选有封装器（wrapper）和过滤器（filter）两种方式。封装器是从特征全集中不断验证某个特征子集的模型效果，从而选择最佳特征子集的方法；而过滤器则是对单个特征根据特定准则进行排序（如 XGBoost 模型的特征覆盖率和信息增益），从而得到最有价值的特征子集的方法。

模型筛选主要是利用模型对特征进行选择，如通过空间降维筛选特征的主成分分析（Principal Component Analysis，PCA）算法，还有通过正则项筛选特征的 LASSO 模型等。

4. L1 / L2 正则化

L1 和 L2 正则化都是在原来的损失函数基础上加上一个权重组合公式，从而在每一轮迭代的过程中对参数向量进行约束，达到防止过拟合的目的。

（1）L1 正则化

L1 正则化项是权重 w_i 的绝对值之和与一个正则系数 λ/n 的乘积，其中 λ 是一个人工设定的可变系数，n 是样本数量。加入正则化项的模型损失函数为：

$$L = L_0 + \frac{\lambda}{n}\sum_{i=1}^{n}|w_i| \tag{2-6}$$

假设现在只有 w_1 和 w_2 两个特征权值，L1 正则化公式可以可视化为一个菱形，如图 2.4 所示。当参数通过损失函数在梯度下降过程中进行迭代时，该菱形会逐渐

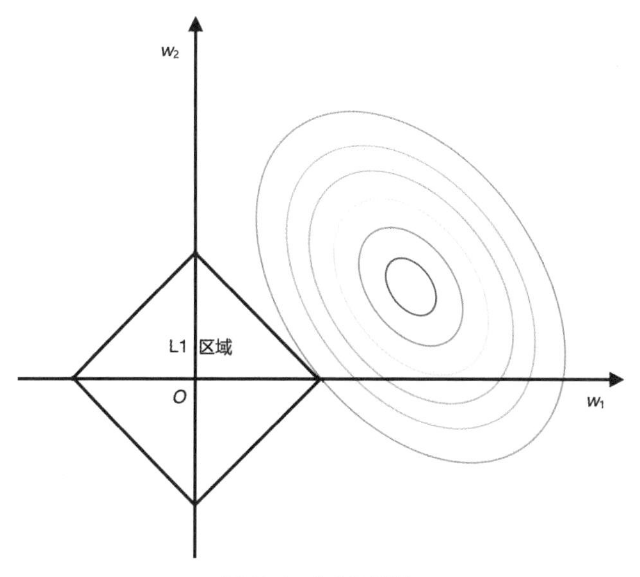

图 2.4　L1 正则化

从彩色边缘区域向中心区域下降。由于加上了 L1 正则化项的约束，也就是多了一个$(\lambda/n)\sum|\boldsymbol{w}|<L$的约束项，参数$\boldsymbol{w}$最终会迭代到蓝色曲线和$w_1$轴的 L1 区域边界顶点的位置，在这个位置上，$w_2$的值刚好为 0。换到更高维度的坐标系中，这个现象依然是存在的，这也就是 L1 正则化会产生稀疏解的原因。此处稀疏解指的是最优值中的一些参数为 0。L1 正则化的稀疏解可以应用于特征选择机制，从可用的特征子集中选择出有意义的特征 [6]。

（2）L2 正则化

L2 正则化项的计算方法是全部权重$\boldsymbol{w}$的平方和再乘以$\lambda/(2n)$。计算公式如下：

$$L = L_0 + \frac{\lambda}{2n}\sum_{i=1}^{n} w_i^2 \tag{2-7}$$

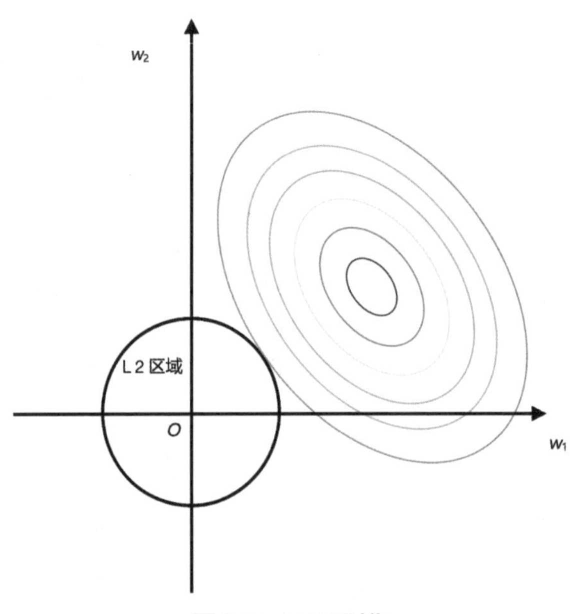

图 2.5 L2 正则化

从图 2.5 中来看，L2 正则化不会像 L1 正则化那样轻易地接触到顶点，但是由于 L2 圆形区域$(\lambda/2n)\sum\boldsymbol{w}^2<L$的约束项的限制，$\boldsymbol{w}$会随着迭代的进行而不断衰减到一个很小的值，也就是蓝色曲线和 L2 圆形边界的交点。更小的权重参数意味着模型的复杂度更低，对训练集的拟合刚刚好，不会过分拟合训练集，从而提高模型的泛化能力。

从约束项$(\lambda/2n)\sum\boldsymbol{w}^2<L$中也可以看出，正则项化系数$\lambda$的值越大，L2 正则

化项的图形的面积就越小，对参数 $\boldsymbol{w}$ 的限制能力就越强，模型就越不容易发生过拟合，L1 正则化项亦然。因此，我们可以通过调整 λ 的值来约束过拟合的程度 [7]。

5. Dropout

Dropout 是深度学习训练中间层的一种方法，相当于去掉了一部分隐藏单元。如图 2.6 所示，这个模型的隐藏层有两个神经元被随机地“删除”了，也就是将这些神经元的激活函数的输出设为 0，不参与当前的计算 [8]。

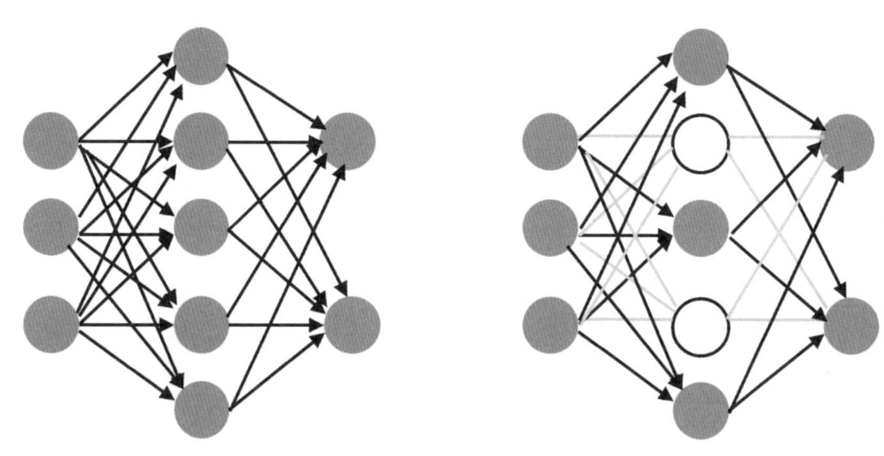

图 2.6　Dropout 示意

Dropout 通过去掉神经元来减轻过拟合的原理和 L1 正则化通过去掉特征来减轻过拟合的原理是不一样的，神经元并不能和特征等量齐观。

Dropout 能减轻过拟合有 3 个原因，第一个原因是神经元数量的减少降低了模型复杂度，前文我们分析过，复杂度降低可以减轻过拟合；第二个原因是减弱了神经元之间的关联，让模型不会过分关注某些特定的样本，从而减轻过拟合；第三个原因类似于 L2 正则化，对整体的特征进行了衰减，从而达到减轻过拟合的目的 [8,9]。

6. 提前终止训练

提前终止训练在很多模型中都很常见，如树模型的 XGBoost 和梯度提升决策树（Gradient Boosting Decision Tree，GBDT）模型，我们可以通过设置树的深度来提前终止训练。在深度学习中，学习的轮次越多越容易发生过拟合，因此也可以通过设定训练轮次来提前终止训练。

为什么提前终止训练能减轻过拟合呢？我们回到图 2.3，随着训练轮次的增加，模型的训练误差和泛化误差是同时下降的，到达一定训练轮次之后，训练误差继续下降，泛化误差反而开始上升，这个拐点就是终止训练的最好时机。如果这个时候提前终止训练，模型的过拟合程度是最低的。

2.5 回归算法的对比

2.5.1 线性回归

线性回归是基础的回归算法，它的思想也是很多分类算法和回归算法的基础。比如下文介绍的局部加权线性回归和岭回归，都是在线性回归的基础上演变而来的。

线性回归的算法思想很简单，就是用一条曲线去拟合数据的分布。当新的样本出现时，用拟合得到的曲线趋势预测新样本的函数值。

线性回归的函数模型一般形式为（设特征数量为 n）：

$$h_{\theta}(x)=\theta_0+\theta_1 x_1+\cdots+\theta_n x_n \tag{2-8}$$

为了求得参数向量 $\boldsymbol{\theta}$ 的值，我们一般用梯度下降法对样本进行循环迭代，最终拟合出最合适的 $\boldsymbol{\theta}$。

对 $\boldsymbol{\theta}$ 最合适的定义为：让拟合曲线和真实样本之间的误差尽量小，并且让曲线对未知样本有正确的预测能力。我们通过损失函数来描述拟合曲线和真实样本之间的误差，线性回归的损失函数为：

$$J(\boldsymbol{\theta})=\sum_{i=1}^{m}\frac{1}{2m}[h_{\boldsymbol{\theta}}(x^{(i)})-y^{(i)}] \tag{2-9}$$

其中，y 是真实标签，$h_{\boldsymbol{\theta}}(x)$ 是预测结果，目标可以描述为

$$\min J(\theta_0,\theta_1,\cdots,\theta_n)$$

也就是让损失函数最小。

求解方法主要有两种，一种是我们熟悉的梯度下降算法，另一种是解正则方程法。

梯度下降算法是根据损失函数的梯度下降方向，按照步长 α 去不断趋近极值。我们在 2.6 节将会详细介绍。

解正则方程法则是把公式（2-8）看作一个方程来求解。在求解过程中，为了消除正负误差值造成的影响，损失函数改为平方损失，即：

$$J(\boldsymbol{\theta})=\sum_{i=1}^{m}[h_{\boldsymbol{\theta}}(x^{(i)})-y^{(i)}]^2 \tag{2-10}$$

对损失函数求导，令导数为 0 便可求解出损失函数的极值。

矩阵计算推导如下，根据

$$J(\boldsymbol{\theta})=(\boldsymbol{Y}-\boldsymbol{\theta X})^{\mathrm{T}}(\boldsymbol{Y}-\boldsymbol{\theta X}) \tag{2-11}$$

对$\boldsymbol{\theta}$求导并令导数等于 0，得到

$$\boldsymbol{X}^{\mathrm{T}}(\boldsymbol{Y}-\boldsymbol{\theta X})=0 \tag{2-12}$$

解出

$$\hat{\boldsymbol{\theta}}=(\boldsymbol{X}^{\mathrm{T}}\boldsymbol{X})^{-1}\boldsymbol{X}^{\mathrm{T}}\boldsymbol{Y} \tag{2-13}$$

然而，对于 n 个特征和 m 个样本的集合，必然涉及矩阵求逆运算，而矩阵的逆并不一定都存在（如特征数量多于样本数量，矩阵不满秩），这也是解正则方程法的一个缺陷 [10]。

2.5.2 局部加权线性回归

局部加权线性回归的思想是，通过调整部分样本的权重来减小损失函数。越是离预测样本近的样本点，权重越大；越是离预测样本远的样本点，权重越小。

损失函数调整为：

$$J(\boldsymbol{\theta})=\sum_{i=1}^{m}w^{(i)}[h_{\theta}(x^{(i)})-y^{(i)}]^2 \tag{2-14}$$

其中，

$$w^{(i)}=\exp\left(-\frac{|x^{(i)}-x|}{2t^2}\right) \tag{2-15}$$

t 越大，对整个样本集合的影响面越宽，但是对预测样本周边的点的影响越不明显。t 越小，对预测样本周边的点的影响越明显，但对远处的点的影响越小。

局部加权线性回归是一个非参数算法。之前学习的（不带权）线性回归算法是有参数算法，因为它的参数集合是固定的、有限数量的，一旦我们拟合出 $\boldsymbol{\theta}$ 并存储后，也就不需要再保留训练数据样本来进行更进一步的预测了。局部加权线性回归需要保留全部训练数据，每次预测都将得到不同的参数 $\boldsymbol{\theta}$，即参数不是固定的。“非参数”意味着：我们需要保留用来代表假设 h 的内容，随着训练集的规模变化呈线性增长。可见局部加权线性回归以牺牲性能来实现模型效果优化 [10]。

2.5.3 岭回归

岭回归主要用于样本稀疏的情况，我们在 2.5.1 小节提到，在特征数量多于样本数量时，解正则方程法是不实用的，因为矩阵无法求逆。岭回归可以解决这个问题。

岭回归的本质是在求解 $\boldsymbol{\theta}$ 的自变量信息矩阵的主对角线元素上人为地加入一个非负因子 $\lambda\boldsymbol{I}$，这时矩阵就转化为非奇异矩阵，即：

$$\hat{\boldsymbol{\theta}}=(\boldsymbol{X}^{\mathrm{T}}\boldsymbol{X}+\lambda\boldsymbol{I})^{-1}\boldsymbol{X}^{\mathrm{T}}\boldsymbol{Y} \tag{2-16}$$

其中 $\boldsymbol{I}$ 是一个主对角线上的值全为 1 的对角矩阵，这也是岭回归中的“岭”的来源。

λ 值直接决定模型的方差：λ 值越大，方差越小；λ 值越小，方差越大。因此 λ 值的大小是决定岭回归效果的关键 [10]。

确定 λ 值时，可以采用交叉验证，选择模型输出效果最好的 λ 即可。交叉验证参考第 1 章。

2.6 梯度下降的对比

梯度下降是很多机器学习模型优化参数的经典算法，而且具备很可靠的数学理论基础。在不断的实践过程中，梯度下降还衍生出一系列优化后的变种，本节就来讨论梯度下降的原理以及它的各种演变形式。

2.6.1 一般的梯度下降

梯度下降的目的是求极值。上文提到，我们对损失函数求极值能够得到让损失函数最小的参数组合。对简单的损失函数来说（如只有一个或两个特征），我们可以直接解方程，但是对于特征维数众多、样本数量巨大的损失函数，解方程是不现实的。因此我们需要一种方法去近似地求解损失函数的极值，梯度下降是其中比较经典的算法。

梯度下降的思想很简单，算法从函数的任意一点出发，计算当前点的方向导数，从而得到梯度，梯度的负方向就是当前点下降到极值最快的方向。参数更新的公式如下：

$$\theta_{j+1}=\theta_j-\alpha\nabla J(\theta_j) \tag{2-17}$$

其中 $\nabla J(\theta_i)$ 是损失函数对参数的梯度，α 是步长。一般步长会设定一个非常小的值，让损失函数优化一小步，然后继续迭代。那么问题来了，为什么梯度的负方向

是函数任意点下降到极值最快的方向？

先来看一下方向导数的定义，方向导数本质上就是一个函数沿指定方向的变化率。一个函数对其自变量分别求偏导数，由这些偏导数组成的向量就是函数的梯度。梯度的方向就是方向导数变化最大的方向。

梯度的定义如下：设函数 $f(x,y)$ 在平面区域 D 内具有一阶连续偏导数，则对每一点 $P(x_0,y_0)\in D$ 都可以定义一个向量 $f_x(x_0,y_0)\boldsymbol{i}+f_y(x_0,y_0)\boldsymbol{j}$，称为 $f(x,y)$ 在 P 点处的梯度，记作 $\nabla f(x_0,y_0)$。其中向量 $\boldsymbol{i}$ 和向量 $\boldsymbol{j}$ 分别表示 x 轴和 y 轴分量。通俗来说，梯度就是等高线在点 (x_0,y_0) 处的法向量，如图 2-7 中的红色箭头所示。

“具有一阶连续偏导数”表示这个切点 P 的所有切线都在同一平面上，也就是说切点 P 存在一个切平面 C，那么这个切平面 C 和水平面 H 一定存在一条交线 l_1，并且其方向与梯度方向垂直。从切点 P 到 l_1 做垂线 l_2，这条垂线 l_2 就是最陡的方向。根据点到线的垂线定理，我们知道从一个点到指定直线的垂线只有一条，从点 P 最快下降方向或最快上升方向都只能沿着这条垂线前进。因此梯度负方向是下降到极值最快的方向，并且这个方向是唯一的。梯度下降原理如图 2.7 所示。

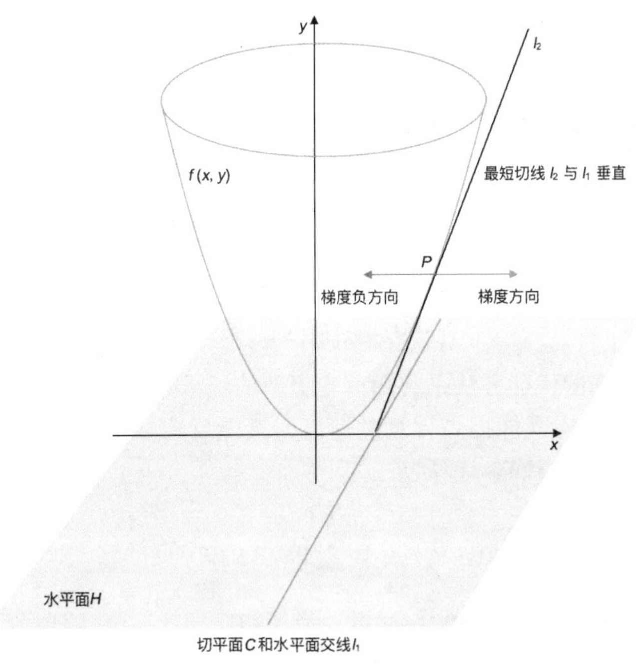

图 2.7 梯度下降原理

2.6.2 随机梯度下降和批量梯度下降

2.6.1 小节提到损失函数参数的更新公式（2-17）

$$\theta_{j+1}=\theta_j-\alpha\nabla J(\theta_j)$$

其中$\nabla J(\theta_j)$可以通过对损失函数的每个参数求偏导数得到，我们以平方损失函数为例对线性回归推导迭代函数，推导过程如下：

$$\begin{aligned}\frac{\partial}{\partial\theta_j}J(\boldsymbol{\theta})&=\frac{\partial}{\partial\theta_j}\frac{1}{2}[h_{\boldsymbol{\theta}}(\boldsymbol{x})-\boldsymbol{y}]^2\\&=[h_{\boldsymbol{\theta}}(\boldsymbol{x})-\boldsymbol{y}]\frac{\partial}{\partial\theta_j}[h_{\boldsymbol{\theta}}(\boldsymbol{x})-\boldsymbol{y}]\\&=[h_{\boldsymbol{\theta}}(\boldsymbol{x})-\boldsymbol{y}]\frac{\partial}{\partial\theta_j}\left[\sum_{i=0}^{n}\theta_j^{(i)}x^{(i)}-y^{(i)}\right]\\&=\sum_{i=0}^{n}[h_{\boldsymbol{\theta}}(\boldsymbol{x})-\boldsymbol{y}]x^{(i)}\end{aligned}\qquad(2\text{-}18)$$

可以看到，在梯度下降过程中，一般的全量梯度下降需要用全部的样本的预测值和真实值的残差来更新参数$\boldsymbol{\theta}$。这种方法只适用于样本数量比较小的情况，当样本数量很大时，模型的效率将会变得很低。为了解决更新效率的问题，引入了随机梯度下降。随机梯度下降在每次迭代的时候只用一个样本的残差来更新参数，这样计算速度会快很多，但是因为一个样本的残差值很小，迭代速度会比较慢，相对于全量梯度下降，随机梯度下降可能需要很多轮的迭代才能收敛。用一个样本也无法描述这个样本集合的分布，在此基础上有人提出了批量梯度下降，计算公式如下：

$$\theta_{j+1}=\theta_j-\alpha[h_{\boldsymbol{\theta}}(\boldsymbol{x})-\boldsymbol{y}]x_j^{(i)}\qquad(2\text{-}19)$$

批量梯度下降的优化方法是将每一轮更新的样本数量从 1 个调整为几十个（一般为 30 ～ 50）。这样既能提高计算的速度，又能反映整个数据集的分布，也就是说更新的方向也更加精确。计算公式如下：

$$\theta_{j+1}=\theta_j-\alpha\frac{1}{b}\sum_{k=i}^{i+b-1}[h_{\boldsymbol{\theta}}(\boldsymbol{x})-\boldsymbol{y}]x_j^{(k)}\qquad(2\text{-}20)$$

其中，b 是样本数量（30 ～ 50）。注意，为了能让梯度下降找到最小极值，损失函数最好是凸函数，也就是极值唯一，否则容易陷入局部极小值，无法让模型的性能达到最优。

那么，如果损失函数不能优化为凸函数，该如何防止陷入局部极小值呢？这就

需要引入动量梯度下降。

2.6.3 动量梯度下降

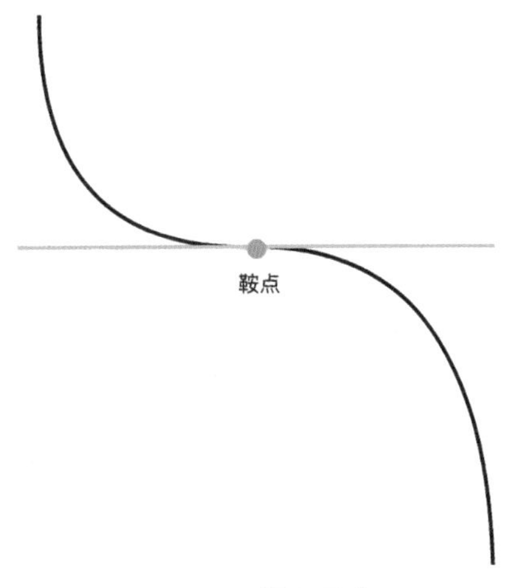

图 2.8 鞍点示意

除了局部极小值问题之外，常规的梯度下降还存在鞍点停滞的问题。什么是鞍点？鞍点就是在连续且可导的函数的某个单调区间上，导数为 0 却不是极值点的位置，如图 2.8 所示。马鞍面是一种经典的鞍点。

因为导数为 0，梯度下降就无法迭代，所以算法就会停滞在这一点无法继续优化。

动量梯度下降采用一种增量更新的机制，也就是说，它的梯度优化方向不是仅依靠当前梯度的方向，而是将前面所有梯度（历史梯度）和当前梯度叠加。因此，即使当前梯度为 0，历史梯度也大概率不为 0，那么就可以极大地降低算法陷入局部极小值的风险。计算公式如下：

$$\boldsymbol{v}_{j+1} = \rho\boldsymbol{v}_j + \nabla J(\theta_j) \tag{2-21}$$

$$\theta_{j+1} = \theta_j - \alpha\boldsymbol{v}_{j+1} \tag{2-22}$$

其中 $\nabla J(\theta_j)$ 仍然是当前梯度，$\boldsymbol{v}_j$ 是历史梯度的加权和，权重是 ρ。也就是说第一个公式是一个递归嵌套公式，第二个公式中的 $\boldsymbol{\theta}$ 更新是历史梯度向量之和 $\boldsymbol{v}_{j+1}$ 再乘以步长 α 的结果。

动量梯度下降便有了两个参数 ρ 和 α，ρ 的作用是让越远的梯度权重越小，越近的梯度权重越大，这样既可以保证当前更新的结果与只用当前梯度更新的结果相差不会太多，又能够妥善解决鞍点和局部极小值的问题。

2.6.4 AdaGrad、RMSProp和Adam

图 2.9 步长太大导致无法收敛

在解决鞍点和局部极值问题之后，还有一个问题需要解决，那就是设置学习率的值的问题。如果学习率 α 的值设得太大（步长太大），就会导致迭代的曲线不断抖动，永远不能收敛，如图 2.9 所示；而学习率 α 的值太小又会导致收敛速度太慢并且容易陷入局部极小值。

我们希望的学习率 α 是这样的：一开始稍微大一些，参数尽快地向最小值趋近并且跳过一些局部极小值；到后面变得小一些，防止出现无法收敛的情况。因此就需要设定一种让学习率α科学地动态调整的方法，这就是AdaGrad，计算公式如下：

$$n_t = n_{t-1} + g_t^2 \tag{2-23}$$

$$\Delta\theta_t = -\frac{\eta}{\sqrt{n_t + \epsilon}} g_t \tag{2-24}$$

AdaGrad设置的学习率是一个动态变化的值，它的每一步迭代也是递归进行的。g_t是目标函数关于当前参数的梯度。新的变量n_t等于所有的历史梯度的模的平方和，t表示迭代次数，再经过两个参数η和ϵ的调整，得到每一步的学习率：其中η的作用是调整初始值的大小，η越大，初始值越大；ϵ是一个大于0小于1的值，它的作用是防止初始梯度的平方和为0导致分母为0。变量n_t的作用是让学习率的分母随着迭代次数的增加而不断增大。这样就达到了让学习率动态调整的目的。

AdaGrad的特点是在迭代前期将学习率放大（分子 > 分母），随着迭代次数的增加，后期将学习率缩小。梯度的调整作用随着迭代次数逐渐减小，并且每次迭代都有不同的学习率。

AdaGrad最大的缺点是学习率衰减的速度比较快，因为每次分母增加的大小约等于一个梯度的模，分母增加的速度比较快，最终会导致训练提前结束，没有收敛到最小值。

解决这一问题的算法是RMSProp，它将AdaGrad进行了优化，分母的变量不再是梯度的平方和，而是像动量梯度下降一样增加了权重w，计算公式如下：

$$n_t = wn_{t-1} + (1-w)g_t^2 \tag{2-25}$$

这个w是迭代次数的倒数，也就是说学习率分母中的变量n从梯度平方和的累加值变成了梯度平方的平均值。学习率分母中的变量n将大大减小，学习率也就不会减小得太快。

Adam是梯度下降的“集大成者”，它将动量梯度下降和RMSProp进行了整合，集成了两者的优点，因此在深度学习上得到了普遍的应用。它的公式如下：

$$\begin{aligned} m_t &= \beta_1 \cdot m_{t-1} + (1-\beta_1) \cdot g_t \\ v_t &= \beta_2 \cdot v_{t-1} + (1-\beta_2) g_t^2 \\ \theta_t &= \theta_{t-1} - \alpha \cdot m / (\sqrt{v} + \epsilon) \end{aligned} \tag{2-26}$$

公式（2-26）第一行是动量梯度下降的逻辑，区别是对历史梯度和当前梯度都

做了加权再相加，这一步主要是控制整合后梯度的方向。

第二行是 RMSProp 的逻辑，将动量梯度下降的结果进行衰减，衰减的幅度是历史梯度平方的均值。这一步主要是对梯度的大小进行控制，随着迭代次数的增加，梯度下降的幅度也会越小。

第三行是更新目标参数的逻辑。其中，α 是初始步长，后面的分式是最新得到的梯度。

知识拓展

回归模型常常用于预测分析，或者趋势拟合，但是这和“回归”到底有什么关系呢？

回答这个问题要追溯到 19 世纪，当时在英国有位统计学家，叫作弗朗西斯 · 高尔顿（Francis Galton），他同时也是一个社会生物学家。他在做统计学调研的时候发现，孩子的身高往往和其父母的身高有某种规律。高尔顿调研了上千个家庭的父母身高和儿子的身高，发现对于父亲身高低于男性平均身高的家庭，儿子倾向于比父亲高，但是对于父亲身高高于男性平均身高的家庭，儿子却倾向于比父亲矮。高尔顿不禁吃惊，他认为这是自然界的一种约束规律，能够控制物种的体型保持在一个稳定的平均值，并在平均值周围不停波动。因此，高尔顿把这种自然现象称为“回归”。到后来，科学家把这种拟合数据趋势的方法统称为“回归模型”，也暗含寻找数据本质规律的意义。这一名称便一直沿用至今。

2.7 小结

回归算法就像一个黑盒，输入一个样本，模型返回一个函数值。实现这一功能的基础正是回归算法的基础模型——线性方程，因此我们在 2.1 节介绍了 ME 相关的基础评估指标。这些指标能够帮助我们快速、定量地判断模型的质量。

这些回归算法的评估指标不如分类算法的多，但回归算法的很多推导过程是机器学习思想的典型代表。2.2 节、2.3 节和 2.4 节介绍的方差、偏差、欠拟合、过拟合以及正则化等概念其实也适用于大多数其他机器学习算法。

2.5 节介绍了几种典型的回归模型。这部分我们阐述了回归算法迭代过程中的损失函数和优化方法，其中提及的梯度下降机制也是机器学习模型优化的经典。

2.6 节是各种梯度下降的对比。一般的梯度下降根据梯度负方向是函数向极值下降最快的方向这一原理，通过每次计算当前的梯度来近似求解令损失函数最小的参数组合。但是这种梯度下降存在 3 个问题，一是样本量太大的时候迭代速度很慢；二是容易陷入导数为 0 的局部极小值和鞍点停滞；三是迭代步长（即学习率）不能灵活变化，容易造成无法收敛或收敛过快的情况。针对这些问题，我们引入了 5 种优化方法，其中随机梯度下降和批量梯度下降优化了更新效率问题，动量梯度下降解决了导数为 0 找不到迭代方向的问题，AdaGrad 和 RMSProp 解决了学习率不变的问题。最后介绍的 Adam 将以上算法的优点进行了整合，成为目前深度学习最流行的优化方法之一。

第3章 “硬核”聚类

分类算法和回归算法本质上都属于监督学习，对于没有真实标签的数据，分类算法和回归算法是无法处理的，但是聚类算法可以根据数据的分布来划分数据集。通过调整参数，聚类算法还可以把数据集划分成用户理想的状态。本章我们就从聚类算法入手，系统介绍无监督学习的评估方法。

3.1 无监督学习

我们在第1章和第2章介绍的算法评估都是基于监督学习的，那么什么是监督学习？我们首先解释一下什么是“监督”。“监督”就是指机器在自学习的过程中是否有先验知识进行校验和比对。这些先验知识可以是人工标注的标签（Label），也可以是样本天然存在的属性，如颜色、长度和质量等。无监督学习是指对数据集无先验知识，即样本没有标签，不知道样本的归属关系，仅依靠数据集的分布或样本之间的关系来为数据集划分类别的一种机器学习方法。

无监督学习应用的场景往往有以下几种特点：

1）数据集的分布和归属关系没有先验知识；

2）人工进行分类或标注样本效率低或成本高；

3）机器能够进行批量运算或批量处理。

无监督学习的主要算法包括主成分分析、特征映射、空间切分和聚类算法等。其中，聚类是最常用、最典型的无监督学习算法，在文本处理、推荐系统和基于位置的服务中都有广泛的应用。

例如，当我们要对大量未知短文本进行分类时，最初我们并不知道这些短文本都包含哪些类型的内容。这时候就需要聚类算法进行初步的分析，大致分出几种典型的类别，下一步再通过人工对这几大类短文本进行样本选择和标注，从而得到初步的结果。

再如推荐系统的场景中，如果你想进行初始化的分类，那么巨大的客户量和繁多的商品类别肯定是无法通过人工标注的。这时候，我们可以通过对客户和商品提取相应的内在属性，然后进行聚类，就能大致得到不同的类别，从而帮助开发人员解决推荐系统的冷启动问题。

按照实现原理的不同，聚类算法可以分为很多类别，最常见的有两大类：一类是基于密度的聚类，代表算法是 DBSCAN；另一类是指定类别数量的聚类，代表算法是 K-means。

其他聚类算法还有基于层次的聚类、基于网格的聚类和基于生成式模型的聚类等。

这些聚类算法虽然实现原理各不相同，但是评估的原则是基本一致的，即适合业务场景。不同的业务场景需要匹配不同的算法；如果我们知道类别的数量，就需要用指定类别数量的聚类算法；如果不知道类别的数量，最好是基于密度或者生成式模型来初始化类别标签。在 3.2 节，我们来具体讨论聚类算法的特点和评估指标。

3.2 聚类算法的评估指标

聚类算法基于无监督学习，注定不能像分类算法和回归算法那样有一个明确的学习目标，甚至聚类的对象本身就是没有规则的。聚类算法的评估需要分为聚类前和聚类后两个部分进行：第一部分，判断数据集的随机性，即是否有聚类的必要条件；第二部分，判断聚类后的效果。首先我们来看一下聚类前的评估——随机性判定。

3.2.1 霍普金斯统计量

随机性判定最经典的指标之一是霍普金斯统计量（Hopkins Statistic）。霍普金斯统计量告诉我们数据集 R 遵循数据空间的均匀分布的概率。从聚类评估角度来说，它可以评估给定数据集是否存在聚类趋向性，即是否均匀分布。如果一个数据集是均匀分布的，虽然也可以产生聚类结果，但该结果没有意义。聚类的前提是数据集是非均匀分布的。

霍普金斯统计量的数值分布在区间 [0, 1]。当该数值在 [0.01, 0.3] 时，表示数据结构是有某种规律的分布；该数值为 0.5 时，表示数据是均匀分布的；当该数值在 [0.7, 0.99] 时，表示聚类趋势很强。

霍普金斯统计量 H 的计算步骤如下。

- 从数据集R中随机抽取n个点$p_1,p_2,\cdots,p_n$。对每个点p_i，我们找出p_i在R中的最邻近点p_j，并令x_i为p_i与p_j之间的距离，即x_i=min{distance(p_i,p_j)},$p_i \in R$。
- 在数据集R的定义域中随机生成n个点$q_1,q_2,\cdots,q_n$，将构成的数据集记作R'。对每个点q_i，我们找出q_i在$R'-\{q_i\}$中的最邻近点q_{i-j}，并令y_i为q_i与q_{i-j}之间的距离，即$y_i=\min\{\text{distance}(q_i,q_{i-j})\}$，$q_i\in R'$。

霍普金斯统计量 H 的计算公式如下：

$$H=\frac{\sum_{i=1}^{n}y_i}{\sum_{i=1}^{n}x_i+\sum_{i=1}^{n}y_i} \tag{3-1}$$

如果 R 是均匀分布的，则$\sum_{i=1}^{n}y_i$和$\sum_{i=1}^{n}x_i$将会很接近，因而 H 大约为 0.5。如果 R 是高度倾斜的，则$\sum_{i=1}^{n}y_i$将显著地大于$\sum_{i=1}^{n}x_i$，因而 H 将接近于 1。

3.2.2 类簇的数量

对于一个存在聚类趋势的数据集，类簇的数量是决定算法效果的重要因素。除了对类簇的数量有特殊要求的业务场景，一般来讲，研发人员都需要设置合理的指标判断类簇的数量。实现这种功能的指标有很多，这里选取两个适用性强的指标进行介绍。

第一个指标是误差平方和（Sum of Squared Error，SSE），计算公式如下：

$$\text{SSE}=\sum_{i=1}^{n}w^i[y_i-H(x)^i]^2 \tag{3-2}$$

这个指标通常用于计算回归算法的整体误差，这里我们也可以用来计算每个聚类效果的整体误差，但是计算公式要做如下修改：

$$\text{SSE}=\sum_{k=1}^{m}\sum_{i=1}^{n}w^i(y_i-C_k)^2 \tag{3-3}$$

其中 C_k 是每个类簇的中心点，m 是类簇的数量，n 是样本的数量。也就是说，这里的误差不是预测值和样本真值的差，而是样本和类簇中心的距离。当类簇数量变化时，误差平方和也会随之变化，一般情况下类簇数量越多，误差平方和越小，当类簇数量等于样本数量时，误差平方和为 0。在误差平方和随类簇数量变化的过程中，通常有一个类簇数量值是使误差平方和下降最快的点，这个点称为“肘点”（Elbow Point）[11]。

我们用 Sklearn 的 make_blobs 方法生成的数据集和聚类算法 K-means 来进行实验。首先生成一个有 3 个类簇的数据集，然后分别计算当 K-means 设定聚类数量为 2 ～ 10 时的误差平方和，最终结果如图 3.1 所示。

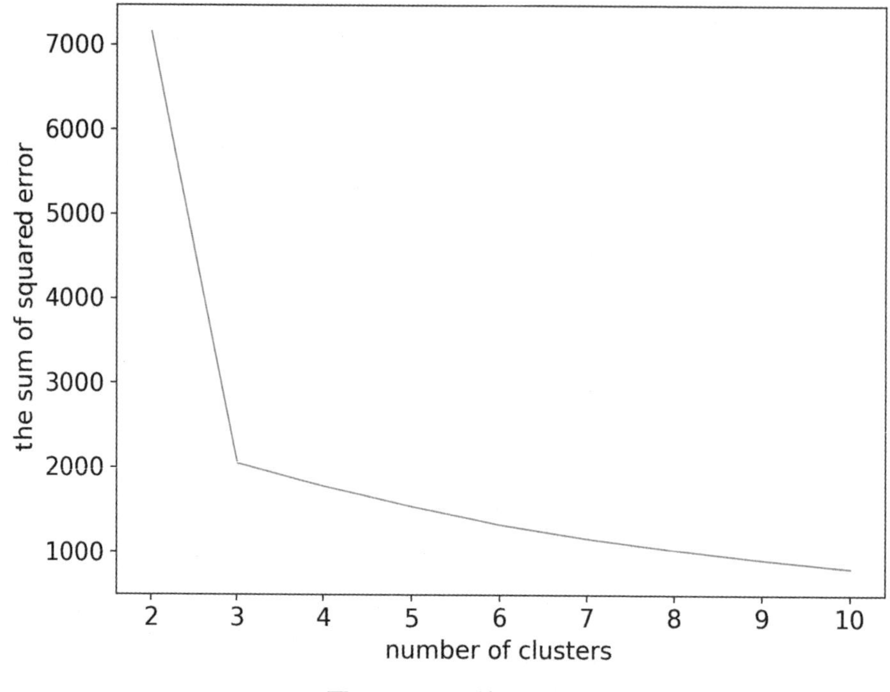

图 3.1　SSE 结果示例

我们可以从图中看到 3 个信息：1）随着类簇数量（number of clusters）的增加，误差平方和不断下降；2）随着类簇的数量增加，误差平方和降低的斜率越来越小；3）在类簇的数量为 3 时，误差平方和下降速度最快，因此类簇数量 =“3” 就是肘点，也就是我们要找的最佳类簇数量。实验代码如下。

```
import matplotlib.pyplot as plt
from sklearn.cluster import KMeans
from sklearn.datasets import make_blobs

plt.figure(figsize=(8, 6))
n_samples = 1000
random_state = 150
X, y = make_blobs(n_samples=n_samples, random_state=random_state)
sse = []
index = []
# 计算不同类簇数量对应的误差平方和
for i in range(2, 11):
    n_clusters = i
```

```
        cls = KMeans(n_clusters=n_clusters, random_state=random_state)
        y_pred = cls.fit_predict(X)
        sse.append(cls.inertia_)
        index.append(i)
    plt.plot(index, sse, linewidth=1)

    # 设置图表标题，并给坐标轴加标签
    plt.title("SSE range", fontsize=24)# 未在图 3.1 中展示图表标题
    plt.xlabel("number of clusters", fontsize=14)
    plt.ylabel("the sum of squared error", fontsize=14)

    # 设置刻度标记的大小
    plt.tick_params(axis='both', labelsize=14)
    plt.show()
```

另一个反映类簇数量和聚类效果关系的指标是轮廓系数（silhouette coefficient），计算公式如下：

$$s(i)=\frac{b(i)-a(i)}{\max[a(i),b(i)]} \tag{3-4}$$

其中 $a(i)$ 表示类簇内整体距离，$b(i)$ 表示类簇之间的整体距离，$s(i)$ 取值区间为 $[-1,1]$。轮廓系数值越大，说明簇内的内聚性越好，聚类效果越好。轮廓系数不仅给出合理的类簇数量，同时也是反映聚类效果的重要指标，通常我们可以计算多个聚类算法或者某个算法下不同参数的轮廓系数，用来选择模型和参数。用轮廓系数来进行类簇数量的选择，本质上就是用轮廓系数帮助调整类簇参数。我们仍然通过上文的数据集进行轮廓系数推荐类簇数量的实验，如图 3.2 所示。

可以看到，也是在类簇数量为 3 时轮廓系数达到了峰值，所以最佳类簇数量为 3。实验代码如下。

```
import matplotlib.pyplot as plt
from sklearn.cluster import KMeans
from sklearn.datasets import make_blobs
from sklearn import metrics

plt.figure(figsize=(8, 6))
n_samples = 1000
random_state = 150
X, y = make_blobs(n_samples=n_samples, random_state=random_state)
slt = []
index = []
```

```
# 计算不同类簇数量对应的轮廓系数
for i in range(2, 11):
    n_clusters = i
    cls = KMeans(n_clusters=n_clusters, random_state=random_state)
    labels = cls.labels_
    value = metrics.silhouette_score(X, labels, metric='euclidean')
    slt.append(v)
    index.append(i)
    index.append(i)
plt.plot(index, slt, linewidth=1)

# 设置图表标题，并给坐标轴加标签
plt.title("SSE range", fontsize=24)# 未在图 3.2 中展示图表标题
plt.xlabel("number of clusters", fontsize=14)
plt.ylabel("silhouette coefficient", fontsize=14)

# 设置刻度标记的大小
plt.tick_params(axis='both', labelsize=14)
plt.show()
```

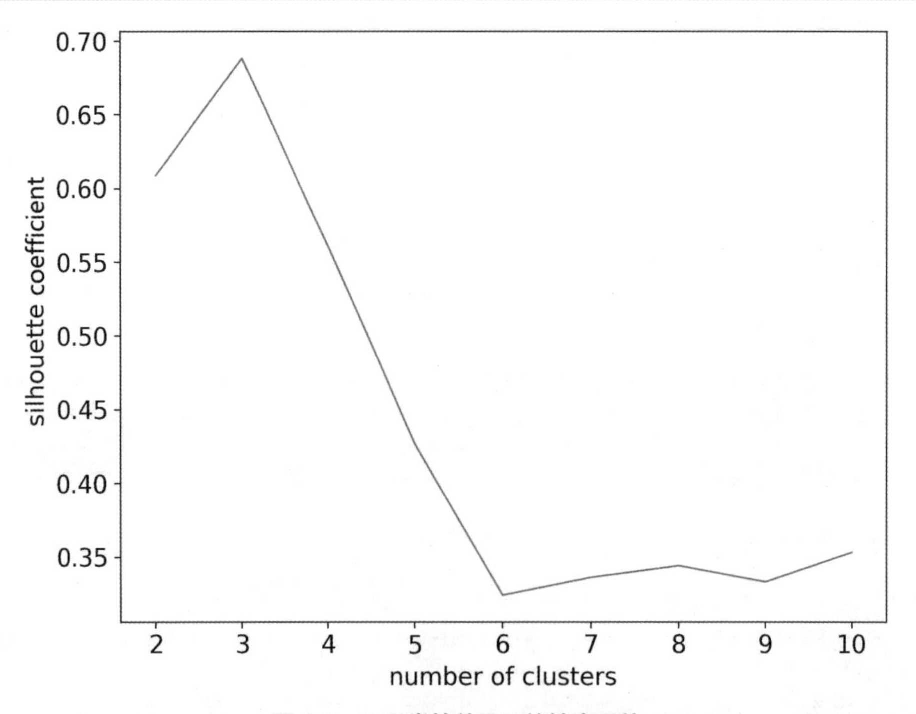

图 3.2　不同类簇数量下的轮廓系数

3.2.3 聚类效果

一般情况下，我们希望聚类效果是“高内聚”的。所谓高内聚就是指每个类簇的内部样本之间的差异比较小。另外，我们不愿意看到样本在每次运行聚类算法之后所属的类别发生变化，也就是说，我们更希望看到一个稳定的结果，因此，评估聚类算法通常从“内聚性”和“稳定性”两个指标来进行。

1．类簇的内聚性

首先我们先看一下类簇的内聚性评估。如果想判断聚类结果的某一个单独类簇的聚合效果，我们可以采用“回归法”。

通过 3.2.2 小节的分析，我们知道对于一个指定的类簇，所有样本的分布存在一定的趋势，而且一定存在一个类簇中心。回归法就是以类簇中心为基准计算所有样本相对类簇中心的趋向性。

我们通过二维的类簇来介绍这种方法。我们定义一个类簇 A，效果如图 3.3 所示。

第一步，确定趋势步长 r。如判定用户对一个主题的兴趣度，步长为 5 以内表示非常感兴趣，步长为 5 ～ 10 表示一般感兴趣，步长为 10 ～ 15 表示一般，步长为 15 以上表示反感。那么我们可以将类簇中的样本对应到每个步长区间去。

第二步，确定每个步长区间的样本个数。如类簇 A，假设其 [0, 5) 区间有 6 个样本，$x_0=6$；[5, 10) 区间有 5 个样本，$x_1=5$；[10, 15) 有 3 个样本，$x_2=3$；[15, +∞) 区间有 1 个样本，$x_3=1$。

第三步，根据公式 $\mathrm{Conf} = w_0x_0+w_1x_1+w_2x_2+w_3x_3$ 计算变量系数（w_0,w_1,w_2,w_3）。根据直观感觉，我们知道前两个区间的样本对类簇中心的趋势是正向的，最后一个区间的样本对类簇中心的趋势是负向的，因此 w_0 和 w_1 是正值且 $w_0>w_1$，而 w_3 是负值，w_2 没有趋向性，系数应该接近 0。

那么该如何计算变量系数的值呢，这里用到了回归的思想。首先需要人工标注少量样本：

```
[6, 5, 3, 1  ] 1
[1, 2, 0, 1  ] 1
[2, 2, 3, 4  ] 0
[4, 8, 3, 1  ] 1
[7, 5, 3, 15 ] 0
[2, 1, 8, 4  ] 0
……
```

然后按照我们都熟悉的回归算法的训练过程算出合适的变量系数向量。

以类簇 A 为例，样本向量为 $\boldsymbol{x}_a$=[6, 5, 3, 1]，如图 3.3 所示，设计算出的变量系数向量为 $\boldsymbol{w}$ =[5, 3, –1, –4]。

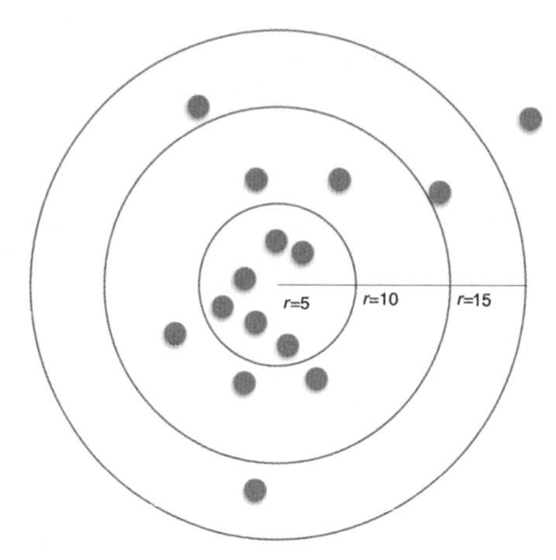

图 3.3　置信度计算图示 1

那么类簇 A 的内聚得分为 Conf=$\boldsymbol{wx}_a$=[5, 3, –1, –4] × [6, 5, 3, 1] =38。再来看一个类簇 B，如图 3.4 所示，$\boldsymbol{x}_b$ = [1, 3, 5, 6]，Conf=$\boldsymbol{wx}_b$= [5, 3, –1, –4] ×[1, 3, 5, 6]= –15。

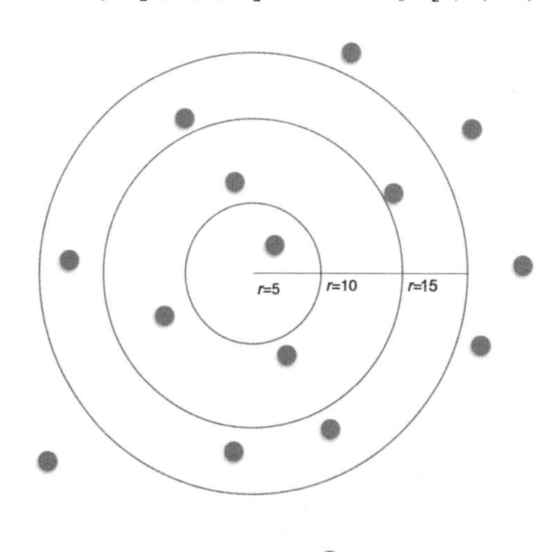

图 3.4　置信度计算图示 2

从类簇 A 和类簇 B 的样本分布图可以看到，得分高的类簇 A 比较聚合，负分的类簇 B 分布比较离散。如果我们认为 Conf 大于 0 是可以接受的，那么我们可以

知道类簇 A 是一个优质类簇，而类簇 B 不是一个合适的类簇，甚至它的样本可能是随机分布的。

还有一个能反映内聚性的指标是“纯度”（Purity），它通过计算每个类簇内部同类型样本的数量和比例来判断一个聚类算法的整体内聚效果 [12]。

如图 3.5 所示，如果我们以“边数”这一特征来计算聚类效果的纯度，那么类簇 1 中的多数类是正方形，有 5 个（square=5），类簇 2 中多数类是圆形，有 8 个（circle=8），两个类簇的总样本量是 16，那么纯度 =(5+8)/16=13/16=81.25%。纯度指数越接近 1，说明从这个特征角度来看，聚类的效果越好。

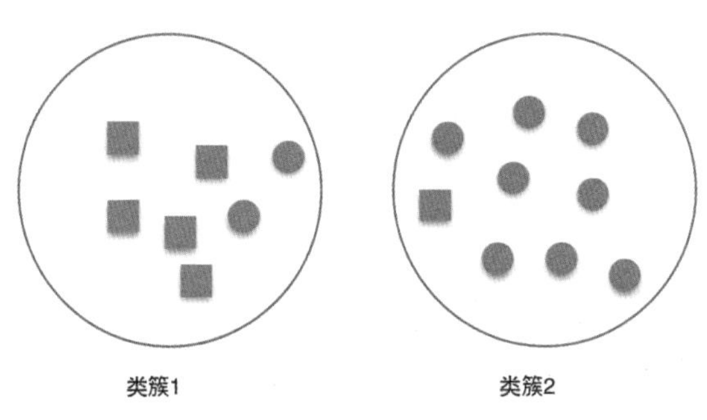

图 3.5 纯度示例

但是，纯度的计算结果有一定的局限性，当类簇的数量达到一定量级的时候，纯度的结果会接近 1，尤其当每个样本各自成为一个类簇时，纯度就等于 1，导致各个算法之间的效果对比没有区分度。

因此我们引入一个新的指标——标准化互信息（Normalized Mutual Information，NMI）。这个指标来自信息论，但是在机器学习领域有广泛的应用，在这里我们通过各个类簇的标准化互信息来判断聚类的整体效果 [12]。

首先介绍一下互信息（Mutual Information，MI），互信息是一个统计信息损失程度的指标，计算公式如下：

$$I(A;B)=\sum_{b\in B}\sum_{a\in A}p(a,b)\log_2\left[\frac{p(a,b)}{p(a)p(b)}\right] \tag{3-5}$$

其中，a、b 是两个信息变量，互信息用来表达它们之间相互影响之后的不确定程度。

举例来讲，当一个信号源发出信号 A，接收地收到信号 B 时，由于噪声和各种传导损失，信号 B 和信号 A 之间会有一定差异，那么我们在知道信号 B 的情况下有多大概率了解信号 A 呢？假设发出信号 A 的概率是 $H(A)$，接收到信号 B 的概率

是 $H(B)$，在这里 $H(A)$ 和 $H(B)$ 也叫作边缘熵。那么在了解信号 B 的情况下了解信号 A 就是一个条件概率，或者叫作条件熵 $H(A|B)$。对于 A 和 B 的联合熵 $H(A,B)$，中间仍然存在的不确定信息就是互信息，即[12]

$$I(A;B)=H(A)-H(A\,|\,B)=H(B)-H(B\,|\,A) \tag{3-6}$$

互信息和边缘熵、条件熵、联合熵的关系如图 3.6 所示。

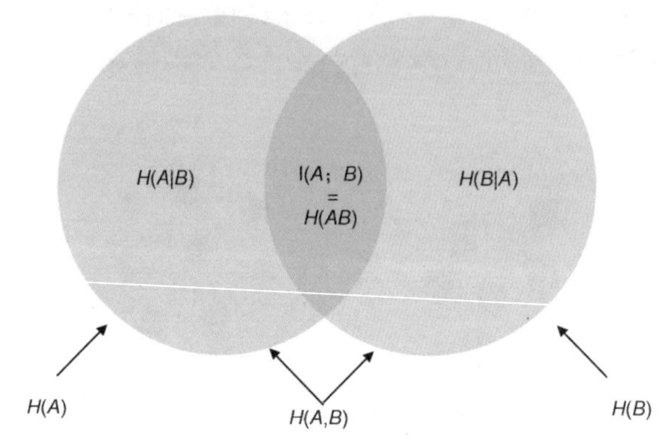

图 3.6　互信息和熵的关系

因为熵的链式法则：

$$H(A,B)=H(A)+H(B\,|\,A)=H(B)+H(A\,|\,B) \tag{3-7}$$

所以有：

$$I(A;B)=H(A)+H(B)-H(A,B) \tag{3-8}$$

根据熵的定义：

$$H(A)=\sum_{a\in A}p(a)\log_2\frac{1}{p(a)} \tag{3-9}$$

由公式（3-8）和公式（3-9）得到：

$$\begin{aligned}I(A;B)&=\sum_{a\in A}p(a)\log_2\frac{1}{p(a)}+\sum_{b\in B}p(b)\log_2\frac{1}{p(b)}-\sum_{a\in A,b\in B}p(a,b)\log_2\frac{1}{p(a,b)}\\&=\sum_{a\in A,}\sum_{b\in B}p(a,b)\log_2\frac{1}{p(a)}+\sum_{a\in A,}\sum_{b\in B}p(a,b)\log_2\frac{1}{p(b)}+\sum_{a\in A,}\sum_{b\in B}p(a,b)\log_2 p(a,b)\\&=\sum_{b\in B}\sum_{a\in A}p(a,b)\log_2\left[\frac{p(a,b)}{p(a)p(b)}\right]\end{aligned} \tag{3-10}$$

标准化互信息在互信息的基础上做了一个归一化操作，将互信息的值维持在[0,1] 区间。计算公式如下：

$$NMI = \frac{2I(A,B)}{H(A)+H(B)} \tag{3-11}$$

其中$I(A;B)$是互信息，$H(A)$ 和 $H(B)$ 是信息熵。

除以信息熵的和的好处是，当类簇数量 C 逐渐趋近于样本数量 N 时，互信息会不断增大，当 C=N 时达到最大值，但是 C=N 时的聚类效果是没有意义的，而标准化互信息的分母——熵就起到矫正这个问题的作用。当 C 不断增大时，分母也会同时增大，因此，只有当类簇的数量在合理的范围内时，标准化互信息才能取得最大值[12]。

2．类簇的稳定性

聚类算法的稳定性是指每次运行聚类算法时都有唯一的最优解。我们举例来看，如图 3.7 所示。

在这个例子中，数据点是蓝色点，这些数据分布本身属于 4 个类簇。如果我们让聚类算法的类簇数量 k=2，那么我们就可以有两个最优解，一个采用水平虚线分（切法一），另一个采用竖直实线分（切法二），两次聚类直观效果都很好，但是对同样的数据的聚类结果完全不同，因此，这样的聚类效果就是不稳定的。如果 k=4，那么很明显，把数据按照圆的范围进行聚类得到的结果就是最好且唯一的，所以 k=4 就是这种情况下的最稳定的参数。还有一种特殊情况也是最稳定的，那就是 k=1，但是这种情况没有聚类意义，我们认为这是初始态[13]。

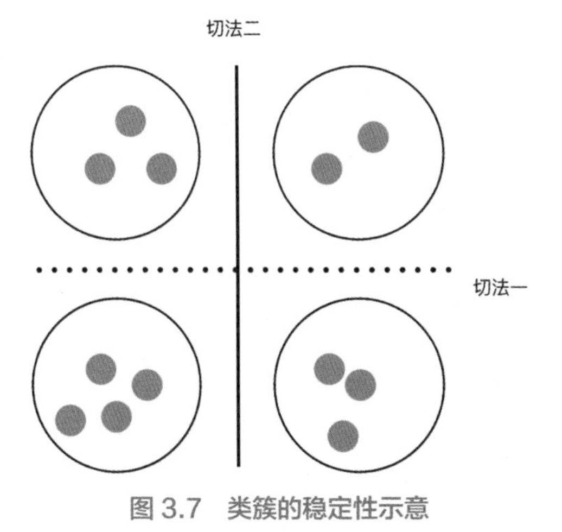

图 3.7 类簇的稳定性示意

稳定性计算有很多种方法，论文 *Clustering stability: an overview*[14] 中总结了一种比较经典的算法。

输入：给定类簇数量的聚类算法 A，原始数据集 S。

1）根据原始数据集 S 产生 n 个不同的数据集 $S_1,S_2,\cdots,S_n$（利用取样或者加噪声等方法）。

2）对于 $b=1,2,\cdots,n$，对数据集 S_b 用算法 A 聚类两次，得到聚类结果 C_b、C'_b。

3）对于 C_b、C'_b，计算不同聚类结果之间的距离 $d(C_b, C'_b)$。

4）将所有组间类簇的距离进行累加，然后除以数据集数量的平方来表示聚类的不稳定性，计算公式如下：

$$\text{Instability} = \frac{1}{n^2}\sum_{b=1}^{n} d(C_b, C'_b) \tag{3-12}$$

这种计算方法类似于回归模型的 MSE 思想，主要是整体定量地计算两次聚类结果的差异。

3.3 聚类算法的对比

聚类算法的类别很多，有基于密度的聚类、基于层次的聚类、指定类簇数量的聚类，还有基于概率统计的聚类等。市面上很多书对这些算法都有着详细的介绍，本书主要从各个聚类算法的特点出发加以对比，希望能帮助读者留下一个整体的印象。

3.3.1 基于密度的聚类

基于密度的聚类最具代表意义的算法是 DBSCAN。它生成类簇的主要原理是通过判断点聚集的密度和连通性逐渐确定类簇的范围，直到不符合密度和连通性的条件时才停止。主要的阈值包括密度半径 eps 和最小密度数量 n。最小密度数量越大聚成的类簇越多，因为 n 越大，表示连通性的条件越严格，类簇越不容易蔓延；而 eps 越大聚类条件越宽松，也就容易生成单个类簇样本数量比较大而类簇总数量比较少的类簇集合 [15]。

DBSCAN 原理如图 3.8 所示。假设 eps=x，n=5，那么实线圆和虚线圆所包围的样本点就属于同一个类簇。因为以 x 为半径的圆内都包含了 5 个及以上的点，且它们的圆心又分别在对方圆的范围内，这两个圆的关系就称为强连通，DBSCAN 就是通过这种强连通关系来判断剩余样本是否属于当前类簇。如果其余样本都不满足条件，那么就随机选择一个样本作为圆心，重新开始蔓延。

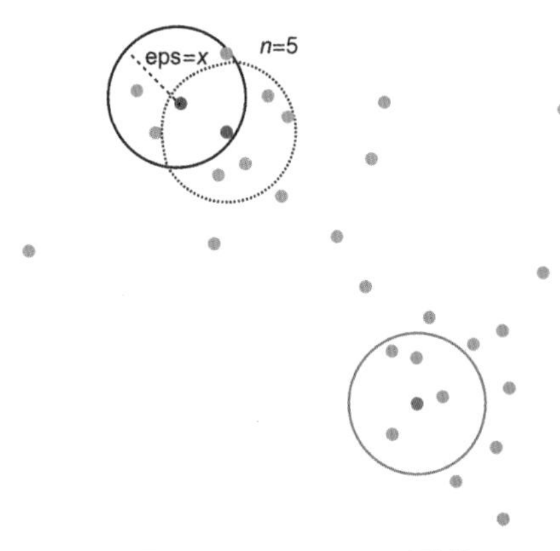

图 3.8 DBSCAN 原理

基于密度的聚类算法有以下几个显著的优点。

1）不需要设置类簇数量。算法可以根据数据的分布自动探索合适的类簇数量，减少人工经验的成本。

2）对噪声不敏感。基于密度的聚类算法会自动区分核心样本和噪声样本，不容易受到噪声的干扰，从而大大提升算法的稳定性。

3）不受样本分布形状的影响。无论样本是线形分布还是圆形分布，基于密度的聚类算法都可以轻易地分辨类簇的形状，对相邻类簇的干扰很小。

一个算法的优点往往也是其最致命的弱点，当样本的密度发生变化时，DBSCAN 的稳定性就会大打折扣，甚至聚集出很多不应该出现的类簇。在和样本数量相关的场景下，DBSCAN 往往不能达到理想的效果。

3.3.2 K-means

K-means 是典型的需要人工设定类簇数量的聚类算法，大致流程如下。

1）设定最终类簇数量 K，并给数据集随机初始化 K 个中心点。至于类簇数量应该是多少，可以参考 3.2.2 小节。

2）计算每个样本点和 K 个中心点之间的距离并贴标签，规则是如果样本 x_i 和中心 p_i 最近，就认为 x_i 属于 p_i。

3）当所有样本都找到属于自己的中心点之后，重新计算每个类簇的中心点。

4）重复步骤 2）和步骤 3），直到每个样本点所归属的类簇不再变化为止。

K-means 的整个计算流程只有样本之间的相似度计算，时间复杂度为 $O(n)$，是聚类算法中最快的算法之一，因此使用非常广泛 [16]。

K-means 也有几个缺点。一个缺点是类簇的数量必须是人工设定的。虽然这看起来并不是很困难，但是在很多空间场景下，人工往往无法区分到底有多少个类簇。更多的时候，我们还是希望算法能够自动完成类簇的区分。另一个缺点是，K-means 的聚类中心是随机选择的，因此在不同的起点，算法运行可能产生不同的聚类结果[16]。

K-medians 是一种和 K-means 相似的聚类算法，K-means 使用均值计算类簇中心，而K-medians用中位数计算聚类中心。这样做的好处是不容易受离群点的影响，但是对样本量比较大的数据集，其计算速度会比 K-means 慢很多，因为计算中位数一定会涉及排序算法，所以它的复杂度一般高于 $O(n\log_2 n)$。

3.3.3 基于层次的聚类

层次聚类算法分为两种，一种是自上而下聚类，另一种是自下而上聚类。

自上而下的聚类思想比较简单，类似于用一个树模型，通过不同的特征将数据集进行分裂，最后得到若干个子集[15]。

自下而上聚类稍微复杂一些，初始状态时，算法认为每个样本就是一个单独的类簇，然后算法需要人工指定一个相似度计算方法去计算不同样本之间的距离，算法通过这个距离，依次将最近的样本进行合并，最终得到若干个类簇。具体计算法方法如下。

1）初始状态下，每个点都是一个单独的类簇。设类簇数量为 K，样本数量为 n，那么此时有 $K=n$。分别计算样本间距离，得到 $n(n-1)/2$ 个距离，将此作为距离集合 A_1，计算的时间复杂度为 $O(n^2)$。计算距离的公式根据情况自行选择，一维空间可以用直线距离，二维平面可以用欧氏距离或者直线距离。

2）从所有距离值中选择距离最小的两个样本进行合并，合并之后取其中心点作为新的样本重复步骤 1）的操作，更新得到第二轮的距离集合 A_2。然后再聚合拥有最小的距离的样本，并更新中心点作为新样本，进入下一轮循环。

3）重复步骤 2）直到所有的样本都参与进来合成一棵树，或者达到需求的类簇数量为止。通过这种方式，我们可以选择最终类簇的数量。

层次聚类算法不需要人工指定类簇的数量，对计算距离方法的选择也不敏感，并且它有非常好的可解释性，同一类样本为什么能聚合到一起在层次结构中一目了然，这个优点是其他聚类算法不具备的。它的缺点在于时间复杂度比较高，通常是 $O(n^3)$，因此层次聚类更多出现在实验场景中，工业实践中比较少见。

3.3.4 基于概率的聚类

基于概率的聚类包括核密度估计（Kernel Density Estimation，KDE）和高斯混合模型等。这些聚类方法的原理都是用概率分布函数去拟合数据分布，从而根据数据的分布概率来进行聚类。

（1）核密度估计

在介绍核密度估计之前，先介绍一下密度估计的问题。由给定样本集合求解随机变量的分布密度函数问题是概率统计学的基本问题之一，解决这一问题的方法包括参数估计和非参数估计。

参数估计又可分为参数回归分析和参数判别分析。参数估计常见的算法有朴素贝叶斯和最大似然估计等，它的主要思想是通过设定一些概率参数来让模型拟合数据的分布。和回归算法不同的是，参数估计本质上是一种生成式模型，即依赖于先验概率来拟合数据的分布；回归算法属于判别式模型，预测的依据是后验概率。参数估计虽然可解释性和可操作性都比较强，但是由于数学模型较复杂，往往和现实分布有较大差异，导致参数估计的实用性并不强，因此引入了非参数估计。

非参数估计也称为核密度估计。由于核密度估计也属于判别式模型，根据已有的数据分布来设计模型进行拟合，因此往往可以收到不错的效果。

KDE 的主要思想是：通过一个窗口参数将定义域分割成若干个小区间，在这些小区间内部拟合出一个近似高斯分布，然后整体上把这些小区间的分布进行叠加，从而得到整体分布。KDE 最适合的应用场景是一维数据聚类，如一条线上的某些特殊点密度分布等。

（2）高斯混合模型

高斯混合模型（Gaussian Mixture Model，GMM）被誉为万能分布近似器，它拥有很强的数据建模能力。GMM 使用若干个高斯分布的加权和作为对观测数据集进行建模的基础分布，而由中心极限定理我们知道，大量独立同分布的随机变量的均值在进行适当标准化之后依然收敛于高斯分布，这使得高斯分布具有普适性的建模能力，继而奠定了使用高斯分布作为主要构成部件的 GMM 进行数据建模的理论基础[17]。它的主要计算步骤如下。

1）和 K-means 一样，需要首先设定类簇的数量 K。

2）随机初始化每个类簇的正态分布参数。拟合每个类簇的正态分布，计算每个样本属于某个特定类簇的概率。判断的原则是：样本越靠近正态分布的中心，它就越可能属于该类簇。因为对于正态分布，我们假设大多数数据都靠近类簇的中心。

3）基于步骤 2）计算的概率，为每个类簇的正态分布重新计算一组新的参数，类似于 K-means 重新计算类簇中心点。

4）重复执行步骤 2）和步骤 3），直到收敛。

相对于 K-means，GMM 有两个优势。第一，GMM 使用高斯分布来判断确定类簇中心，判断样本属于某个类簇的标准依赖于协方差和概率；而 K-means 只依赖于直线距离，导致 K-means 有较大的局限性。第二，GMM 可以通过设置标准差的参数来改变类簇的形状，而 K-means 没有这样的机制。在实际应用中，很多非圆形的类簇让 K-means 无能为力，而 GMM 能够拟合各种各样的数据分布[17]。

3.4 小结

聚类算法的作用在机器学习算法中是其他算法难以取代的，聚类算法的无监督学习特质决定了这类算法有着广阔的应用空间。

为了介绍聚类算法的本质，我们在 3.1 节介绍了什么是无监督学习，在 3.2 节介绍了聚类算法的评估指标，因为聚类算法不像分类算法和回归算法那样先去训练一个模型，然后把模型当作一个黑盒来使用，而是先确定聚类方法，然后在应用的过程中去评估，所以聚类算法的评估要分步骤依次进行。这些步骤分别是评估聚类的可行性、聚类的类簇数量以及聚类的效果。在 3.3 节我们对比了各种聚类算法的特点，其中 DBSCAN 和层次聚类算法不需要指定类簇的数量，K-means 和基于概率的聚类算法的性能优势比较大。使用高斯混合模型的聚类在核密度估计的基础上，将高斯分布的加权和在二维空间进行拓展，具有较强的普适性。

第4章　慧眼识天下——深度学习算法原理对比

说到算法，就不能不提深度学习。从近十年被广泛使用以来，深度学习从众多的机器学习算法中脱颖而出，突破了一个又一个机器学习算法的瓶颈，在计算机视觉、智能翻译、语音识别和无人驾驶等尖端的工业领域都取得了重大突破。除此之外，深度学习最具魅力的地方还在于它是一个黑盒模型，它的特征提取策略和优化过程有很多难以理解的环节。本章我们就用通俗易懂的方式由浅入深地介绍深度学习。希望读者学完本章能对深度学习的原理和评估有一个整体的认识。

4.1　卷积神经网络

卷积神经网络（Convolutional Neural Network，CNN）给人一种“高大上”的感觉，不仅仅因为名字里的“神经网络”显得很智能，也因为“卷积”两个字容易让人想起《复变函数和积分变换》中的卷积操作。然而卷积神经网络真的那么难吗？接下来我们就来看一看让人谈之色变的卷积神经网络。

4.1.1　简单的卷积神经网络

本小节没有抽象的公式和概念，也没有复杂的推导，我们希望用几张图来展示卷积神经网络有趣的一面。我们从一个最简单的数据集开始。

卷积神经网络最擅长解决的问题是图像识别，所以我们就用两张简单的图来构建一个能够区分它们的神经网络，如图4.1所示。

每张图由4个格子组成，红色区域为“1”，蓝色区域为“0”，可以把每个格子看成一个像素点，它们可以代表我们平时常用的左斜杠和右斜杠符号。我们的目的是让计算机通过这些像素点对两张图进行区分，最简单的办法是把它展开成一行，如图4.2所示。

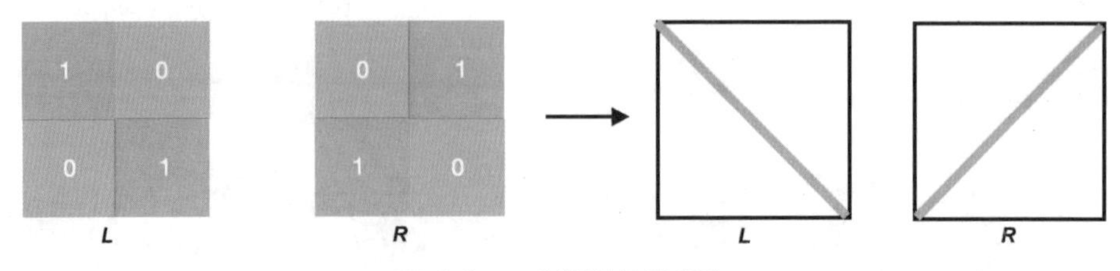

图 4.1　一个简单的数据集

如果每一行直接求和，那么得到的和都是 2，直接相乘得到的积都是 0。可见，简单的四则运算不能区分它们。我们想到了矩阵的运算，如果把这两个序列看成两个矩阵，那么 $\boldsymbol{L}$=[1, 0, 0, 1]，$\boldsymbol{R}$=[0, 1, 1, 0]，只要找到另一个区分矩阵，和它们相乘就可以将之区分。既然两个矩阵的行列数相同，那么我们也可以用相同的行列数的矩阵与它们相乘，如 $\boldsymbol{M}=[1, -1, -1, 1]^{\mathrm{T}}$，则 $\boldsymbol{LM}=2$，$\boldsymbol{RM}=-2$，这样两张图就能够被区分出来。

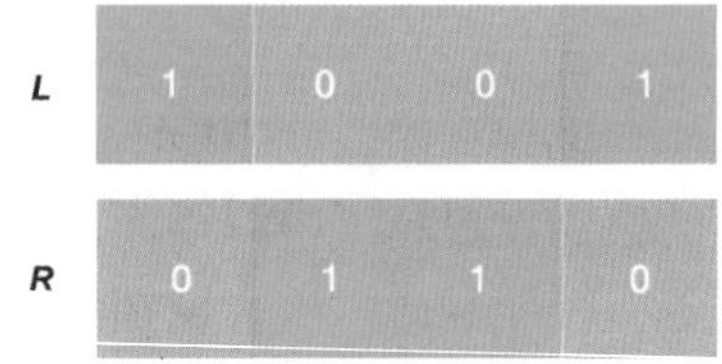

图 4.2　数据集的另一种表示

用网络节点来表示，如图 4.3 所示。

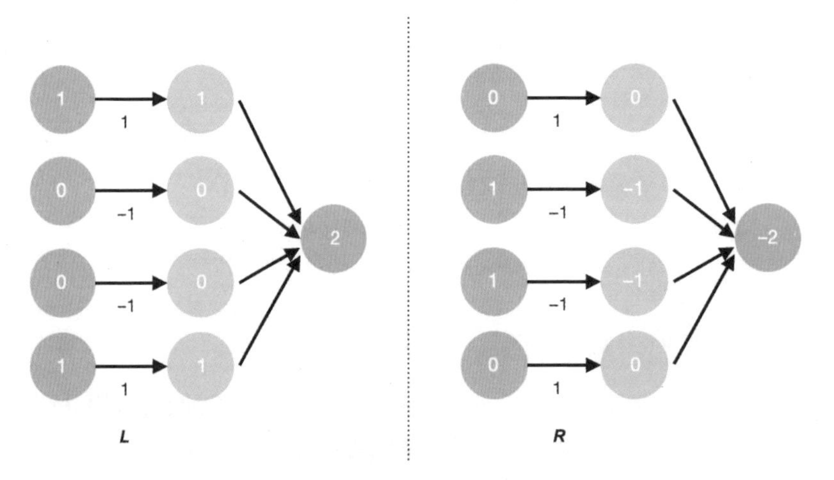

图 4.3　全连接网络

上面的例子是卷积神经网络的一种极端情况，我们把一个像素点当作一个卷积核，转换成一个新的矩阵（4×1），然后通过一个全连接神经网络进行分类。最终实现了区分两张图的目的。

再来看一种复杂的情况，如图 4.4 所示。

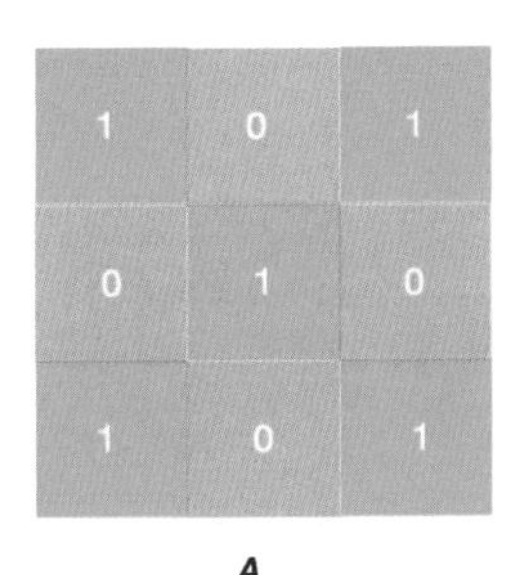

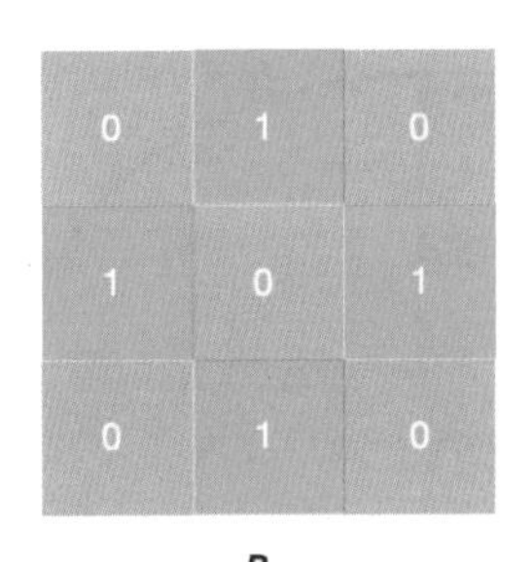

A　　*B*

图 4.4　一个更复杂的数据集

每张图有 9 个格子，红色区域为“1”，蓝色区域为“0”，红色和蓝色交替出现。如果我们把红色区域看作一个图形，那么 ***A*** 中的图形就是一个字母“X”，***B*** 中的图形就是一个字母“O”。那么如何让计算机区分这两张图呢？当然，我们还可以把它们展开成一维向量，用累加进行区分，但是这并不是一个通用解法，在图片像素点是偶数的时候完全无效（如第一个例子，累加的和都是 2）。所以我们还是用卷积的办法进行求解。

这里的卷积核 ***M*** 就是第一个例子中的矩阵，不过这里我们整合成 2×2 形式，如图 4.5 所示。

图 4.5　卷积核 *M*

先从第一张图开始，用前 4 个像素分别和卷积核相乘，得到结果“2”，如图 4.6 所示。

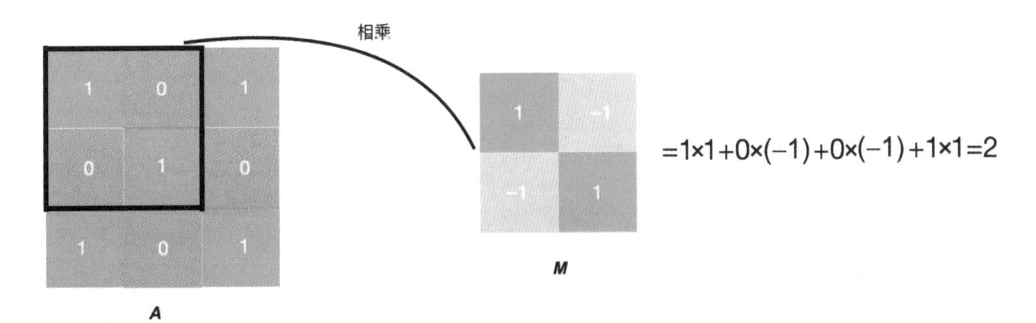

图 4.6　卷积操作 1

再将卷积核右移，计算下一个单元，得到结果“–2”，如图 4.7 所示。

依次遍历图左下角的 4 个像素和右下角的 4 个像素，最终得到的结果矩阵如图 4.8 所示。

整个流程如图 4.9 所示。

同理，对于另一张图，得到卷积结果矩阵，如图 4.10 所示。

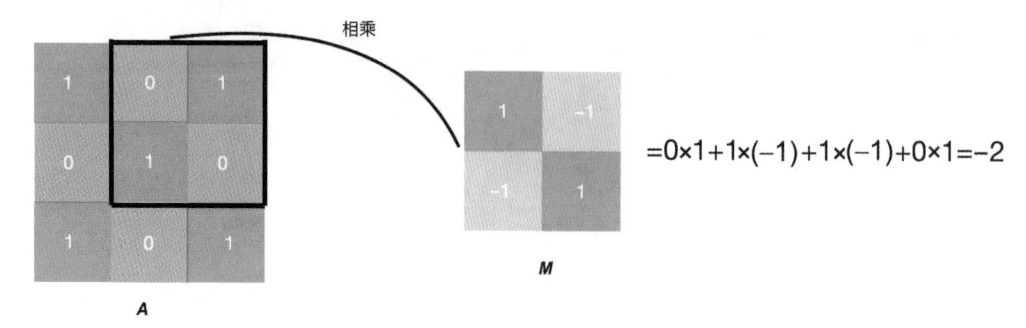

图 4.7 卷积操作 2

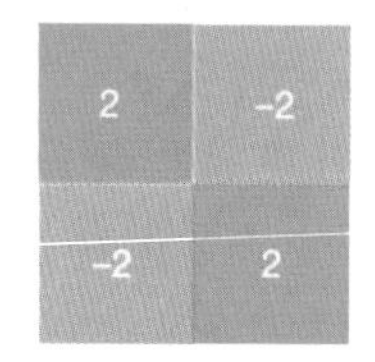

图 4.8 卷积结果矩阵 *A′*

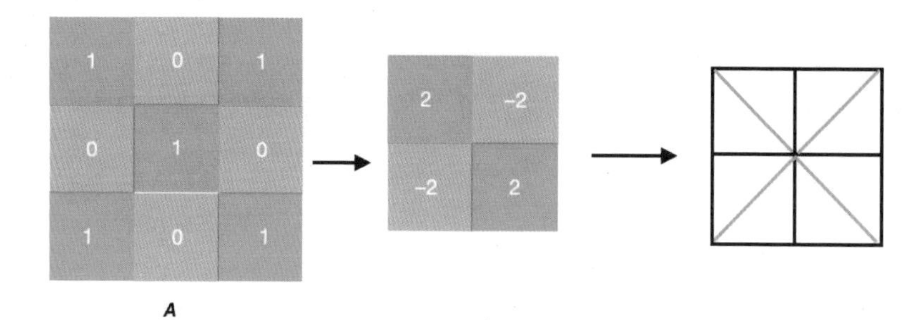

图 4.9 卷积结果为字母“X”

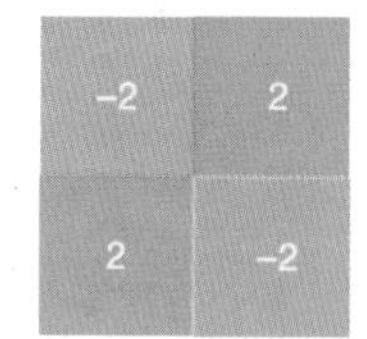

图 4.10 卷积结果矩阵 *B′*

整个流程如图 4.11 所示。

再用矩阵 ***A′***、***B′*** 点乘 ***M***，得到：

$$result_A=2\times1+(-2)\times(-1)+(-2)\times(-1)+2\times1=8$$
$$result_B=(-2)\times1+2\times(-1)+2\times(-1)+(-2)\times1=-8$$

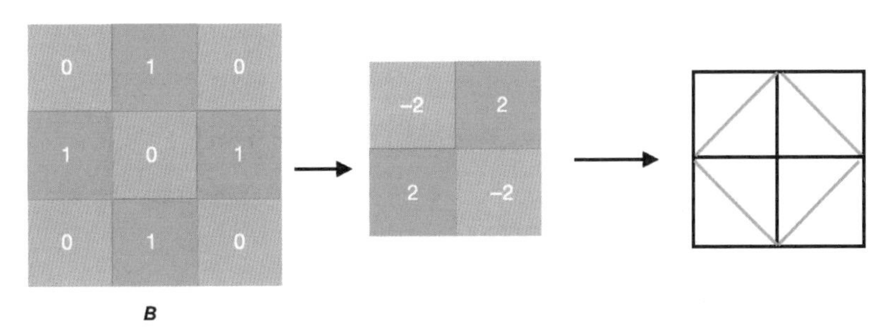

图 4.11 卷积结果为字母“O”

这样我们通过卷积的方法对上面的两张 3×3 的图做出了区分。

如果是 4×4 的情况，我们可以把卷积步长调整为 2，即每次移动两个像素点，最终可以实现同样的效果。

4.1.2 详解卷积神经网络

工业级的卷积神经网络比 4.1.1 小节的例子要复杂得多，但是本质上的架构都是相同的。本小节我们来讲解卷积神经网络的具体原理。

卷积神经网络整体上分为以下几个基本层次结构：

1）卷积层；

2）池化层；

3）全连接层；

4）激活函数。

这几个层次结构中的操作可以重复出现，必要时也可以连续使用。但是一般情况下，第一步都是卷积操作，池化操作在卷积操作之后，而全连接和激活函数的操作一般在最后出现。下面我们先介绍卷积层。

1．卷积层

在 4.1.1 小节我们已经了解了卷积的运行机制，这里我们主要讲解它的原理。

卷积层和全连接层的作用一样，都是为了提取特征，但是使用卷积层最直接的目的是减少参数。假设一张图像的尺寸是 1000 像素 ×1000 像素，那么就要有一百万个节点，再进行全连接就有 10^{12} 个参数。如果我们用一个 10×10 的卷积核，因为共用一个卷积核，所以卷积核的参数是共享的，那么参数数量就是 $10^6\times100=10^8$。参数数量只有全连接方式的 $1/10^4$[18,19]。

另外，参数共享之所以有效，也是因为图像数据的区域独立性，如人像中眼睛的像素点只和附近的像素点相关，和远处的像素点（如下巴、嘴唇）之间并没有强关联性，所以图像不同的局部可以与附近像素点用同一套参数提取特征。

我们在 4.1.1 小节对提取特征的过程做了演示。卷积核是一个滑动窗口，在图像上从左到右、从上到下依次滑动，滑动过程中提取每个窗口内的信息，并传达到下一层网络。滑动的步长可以人为设定：对于小的图像，步长要尽量小；对于大的图像，可以适当增大步长，提高运算性能。

在卷积核滑动的过程中，还会遇到尺寸缩减的问题，就是每经过一个卷积层，输出数据的尺寸都会比输入数据小。如我们 4.1.1 小节的例子，一个 3 × 3 的矩阵经过 2 × 2 的卷积核卷积之后就变成了 2 × 2 的矩阵。

解决尺寸缩减的办法是外扩边框填充默认值，也称为 Padding[18,19]，如图 4.12 所示。在 3 × 3 矩阵外扩一圈数据，默认值为 0，那么经过一个 3 × 3 的卷积核后，得到的还是一个 3 × 3 矩阵。

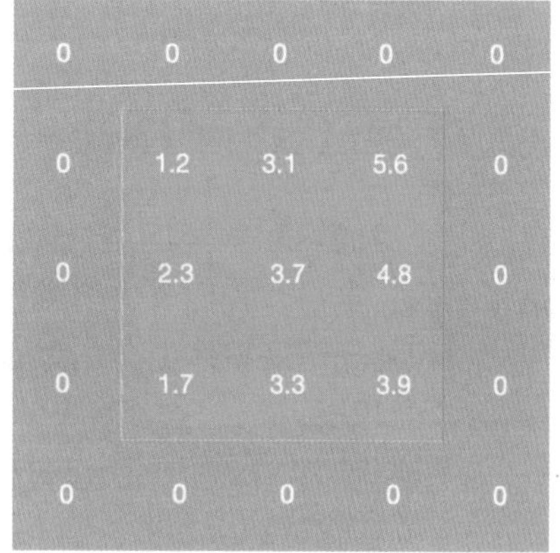

图 4.12 填充示例

输入矩阵尺寸、卷积核尺寸和输出矩阵尺寸之间存在如下关系：输出矩阵尺寸 = 输入矩阵尺寸 − 卷积核尺寸 +1。

上文介绍的是单通道卷积的情况，如果是多通道情况，我们可以用多个卷积核来实现。

每一组卷积核有 3 个卷积核，分别对应 3 个通道，每个卷积核各自有一套参数，各个通道做完卷积操作之后，再进行对位相加，就得到了一个 28 × 28 × 1 的矩阵。如果我们用 3 组不同的卷积核进行卷积操作，就会得到 3 个 28 × 28 × 1 的矩阵，如图 4.13 所示。

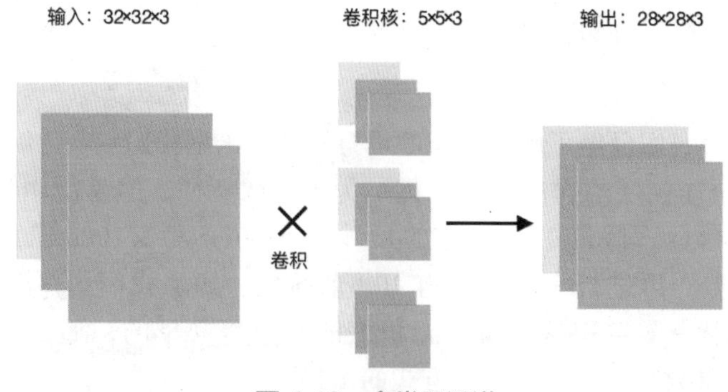

图 4.13 多卷积通道

下面做一个小测试：如果输入层是 3 通道，卷积核是 3 × 3，输出层是 10 通道，

那么卷积层有多少参数呢？

答案是 $3\times(3\times3)\times10=270$，第一个 3 表示输入 3 通道，中间的 3×3 是卷积核尺寸，最后的 10 是输出通道数，因此总参数量是 270。

2．池化层

池化（Pooling），顾名思义，就是把东西放在池子里混合的意思。池化层也是一个神奇的变换层，但是这一层并不像卷积层那么复杂。池化的目的主要是消除次要信息，避免过拟合。一般来讲，池化有两种实现方式，第一种是最大值池化，第二种是平均值池化[19]。我们先来说最大值池化。

池化也有一个核结构，这里暂且称之为池化核，它会像卷积核一样对图像进行扫描。

池化与卷积有两点不同：第一，池化核并不是和图像扫描区域做内积，而是去扫描区域的最大值或平均值作为输出结果；第二，卷积层默认扫描步长是 1，而池化层默认扫描步长是 2，并且池化层扫描步长一般和池化核的宽度相同。

整体来看，卷积更注重保留信息，而池化则更注重筛选信息。

扫描步长是 2 的最大值池化如图 4.14 所示。池化核扫描完左上角第一个窗口的 4 个像素后，提取最大值 3.7，然后直接跳过 2 个像素，扫描右上角 4 个像素，接着向下跳过 2 个像素直接扫描左下角 4 个像素，以此类推，得到最终结果。如果输入数据的行列不能被池化核的行列数整除，那么也不做填充，多余出来的行或列直接舍弃。

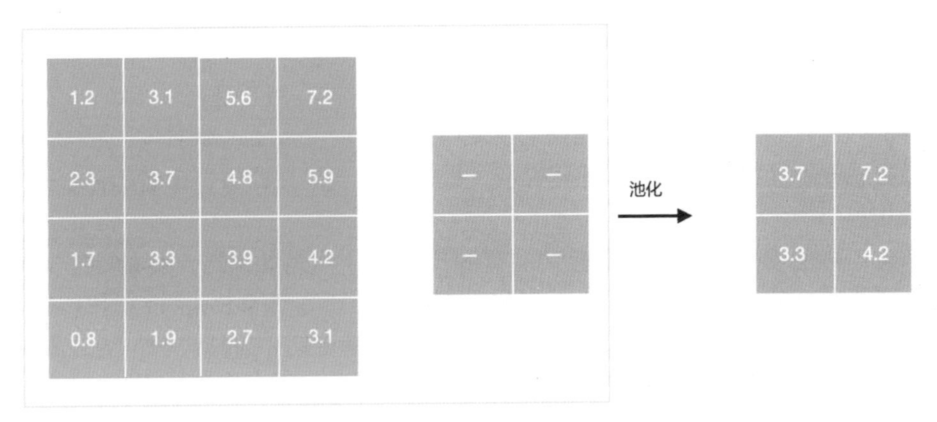

图 4.14 最大值池化

还有一种方式是平均值池化，也就是取扫描窗口内的数据的平均值作为输出结果，如图 4.15 所示。

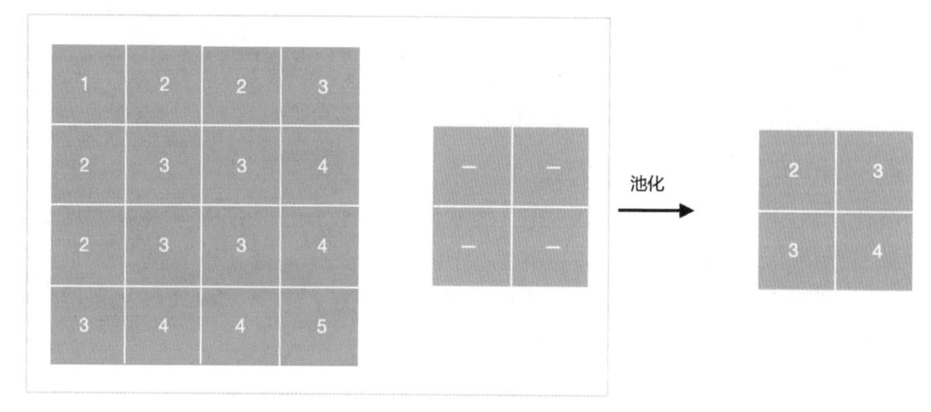

图 4.15 平均值池化

总结一下，池化层有以下特点：

1）池化核对输入数据的扫描不重叠，无填充；

2）不存在需要求导和优化的参数；

3）池化层参数为步长和池化核的尺寸；

4）主要目的是防止过拟合，增加平移健壮性，同时减少数据运算量，但也会有微弱的数据损失。

3. 全连接层

全连接层是将上一层的输出神经元和下一层全部神经元做全连接。全连接要求输入必须是一维向量，因此对于多通道的情况，需要将所有通道的数据展开成一维向量，再做全连接[18,19]。

全连接层的全部操作都是简单的线性变换，目的是对数据的格式做整理，没有太多特殊的含义。需要注意的是，全连接层将数据展开成了一维向量，意味着全连接层之后就不能再进行卷积和池化操作，因此，全连接往往出现在卷积神经网络的最后几步[18,19]。

全连接层参数较多，需要耗费的资源比较多，但是如果这一步的参数设置合理，还能起到防止过拟合的作用。例如我们在第 2 章提到的 Dropout 操作，通过将某些连接的参数设为 0，可以消除某些次要特征，达到防止过拟合的目的。

总结一下，全连接层有以下特点：

1）通过线性变换对数据进行整合梳理，方便下一步使用数据；

2）不能出现在卷积层和池化层之前；

3）数据从矩阵变成一维向量；

4）参数量巨大，需要优化，优化过程能够防止过拟合。

4．激活函数

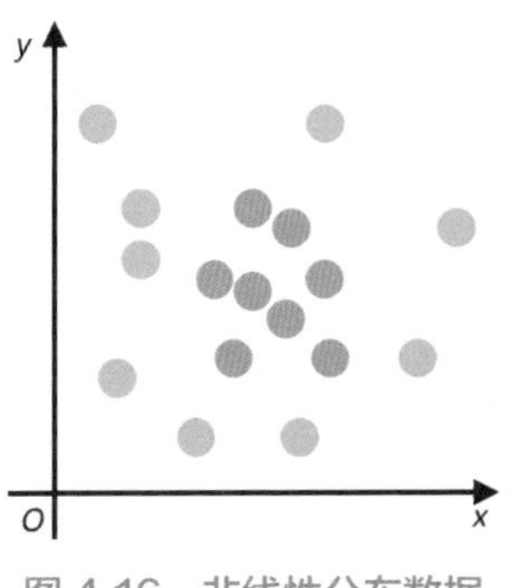

图 4.16 非线性分布数据

激活函数共有 4 个作用。第一个作用是填补线性变换能力的缺陷。线性函数具有可加性和齐次性，任意线性函数连接都可以等价为一个单一线性函数，因此无论多么复杂的线性公式都不能拟合非线性分布的数据，如图 4.16 所示。

平面上任意直线都不能将两类点很好地分隔，所以这个时候就必须引入非线性变量。

第二个作用是输出区分性较强的结果，例如将两个相近的值分开到某个分类阈值的两端，常见的中心阈值有 0、0.5 等。这样便于对数据进行类别区分。

第三个作用是控制值域，也就是把输出结果限制在某个有限的区间，这样才能通过误差计算不断优化损失函数。

第四个作用是方便求解，就是在大部分定义域内可导，最好有二阶导数，这样才能保证优化的过程中梯度始终和输入函数相关。例如线性函数经过一阶求导就变成常数了，所有输入的数据在导数中都无法体现，更新也就失去了意义，所以必须保证导数中有输入数据的存在。

激活函数有很多种，如图 4.17 所示。每一种激活函数都有各自的特点，能够起到不同的作用，下面依次进行介绍。

sigmoid 是我们最熟悉的激活函数之一，它在逻辑斯谛回归中的作用想必大家已经耳熟能详。它的特点是只会输出正数，以及靠近 0 的输出变化率最大。它最大的优点是输出数值可以反映结果的概率，但是它的缺点也很明显，就是计算复杂，因为它存在一个 e^x 项，数据量越大，效率问题越明显。计算公式如下：

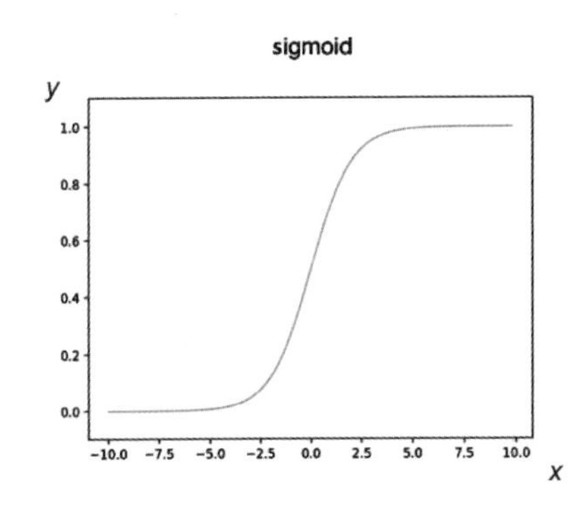

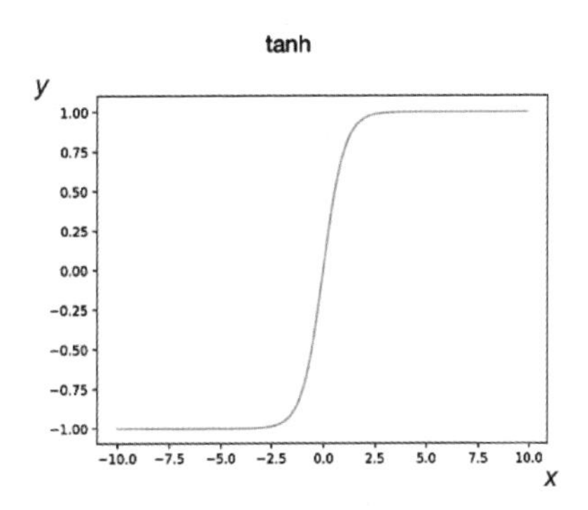

图 4.17 常用的激活函数

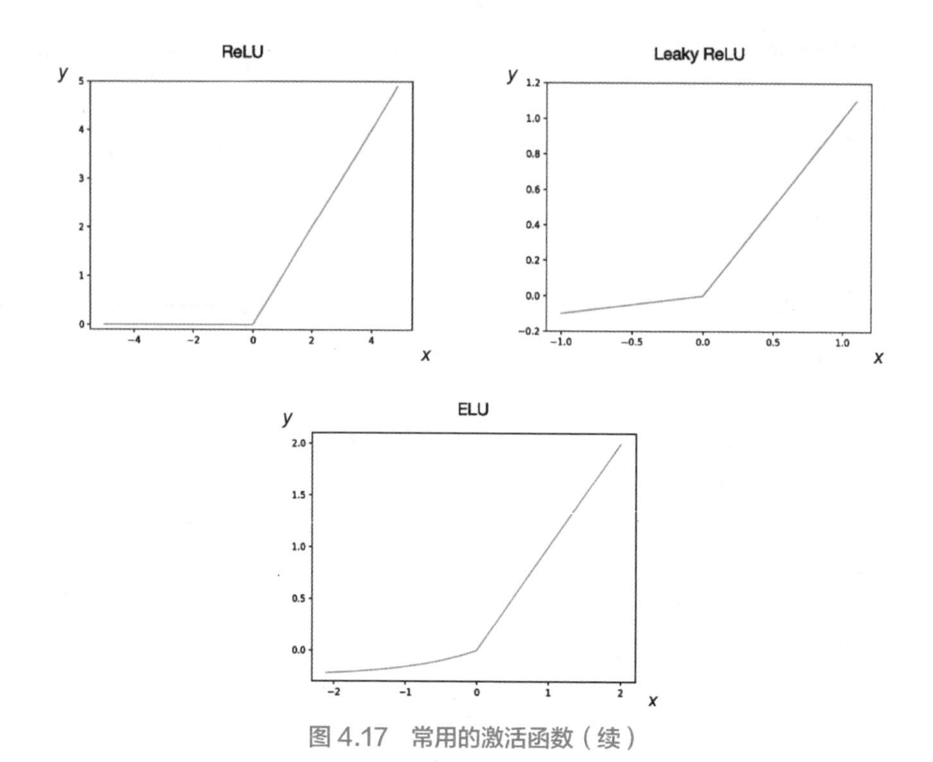

图 4.17　常用的激活函数（续）

$$\mathrm{sigmoid}(x)=\frac{1}{1+\mathrm{e}^{-x}}=\frac{\mathrm{e}^{x}}{1+\mathrm{e}^{x}} \tag{4-1}$$

和 sigmoid 不同的是，tanh 输出可以是负数，而且值域分布在 (–1, 1)，能够明显表示输出的类别。它的缺点也是计算复杂，不适合大量数据的运算。计算公式如下：

$$\tanh(x)=\frac{\mathrm{e}^{x}-\mathrm{e}^{-x}}{\mathrm{e}^{x}+\mathrm{e}^{-x}} \tag{4-2}$$

它还可以转化为：

$$\tanh(x)=\frac{\mathrm{e}^{x}-\mathrm{e}^{-x}}{\mathrm{e}^{x}+\mathrm{e}^{-x}}=\frac{1-\mathrm{e}^{-2x}}{1+\mathrm{e}^{-2x}}=2\mathrm{sigmoid}(2x)-1 \tag{4-3}$$

ReLU 计算公式如下：

$$f(x)=\max(0,x) \tag{4-4}$$

它的输入只能大于 0，因此它不适合输入数据含有负数的场景，但是对于图片格式的数据，ReLU 就是非常好的选择。因为图片数据只有正值，而且 ReLU 计算非常简单，适合大量数据的计算。它有一个明显的缺点，即在 x=0 时不可导，这在优化参数时会遇到问题。

另外，这里还需要解释一个问题，卷积神经网络学习图像的时候，本来都是正值，经过 ReLU 转化后还如何能起到非线性变化的作用呢？

那是因为神经网络在训练之前或者训练过程中还要进行批量归一化。如果用下面的归一化公式：

$$y=\frac{x-\operatorname{avg}(x)}{\max(x)-\min(x)} \tag{4-5}$$

则值域在 [−1, 1]，这样 ReLU 就会对其中的负值进行过滤，保留正值的结果。但是这样也会有数据损失的风险。

Leaky ReLU 解决了 ReLU 值域恒大于 0 的问题，结果中会出现负值，但是它同样在 0 点不可导。计算公式如下：

$$y_i=\begin{cases} x_i & x_i \geqslant 0, \\ \dfrac{x_i}{a_i} & x_i<0 \end{cases} \tag{4-6}$$

ELU 完美解决了 ReLU 值域恒大于 0 的问题，而且在 0 点可导，性能介于上述各个激活函数之间，是一种不错的选择。计算公式如下：

$$f(x)=\begin{cases} x & x_i \geqslant 0, \\ \alpha(\mathrm{e}^x-1) & x_i<0 \end{cases} \tag{4-7}$$

5．卷积神经网络的完整结构

最后来看一下完整的卷积神经网络结构，如图 4.18 所示。

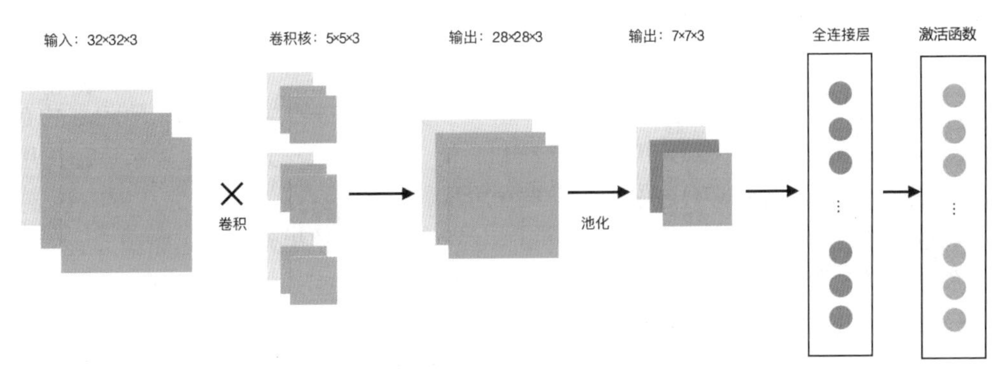

图 4.18　完整的卷积神经网络结构

这是一个简单但完整的卷积神经网络，它只有一个卷积层和一个池化层，通过一个全连接层整理之后，再经过激活函数得到最终结果。

4.2 循环神经网络

4.2.1 图解RNN

循环神经网络（Recurrent Neural Network，RNN）包含多个输入源（如 ***W*** 和 ***X***）和多个输出（如 ***W*** 和 ***E***），数据在各个节点之间转换，最终得到我们要的输出结果，如图 4.19 所示，这种表现形式比较抽象，所以下文将采取一种更通俗的方式来介绍 RNN。

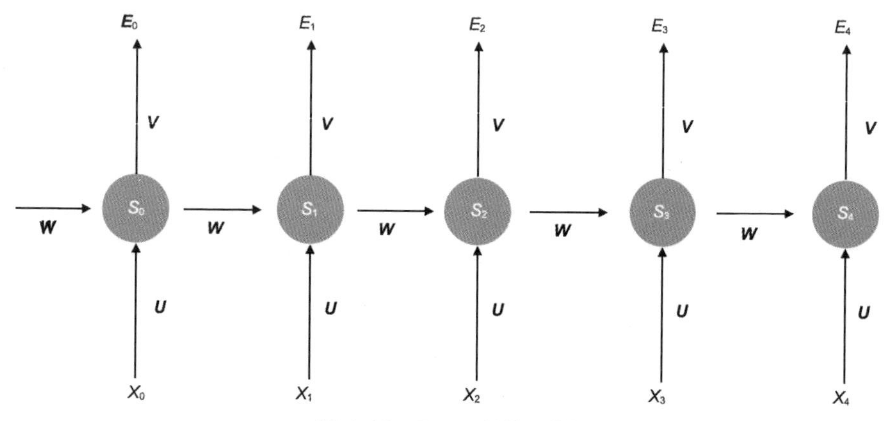

图 4.19　RNN 结构示例

下面这个小例子将告诉我们 RNN 的运行原理，但并不涉及训练过程，详细的训练步骤和相关公式我们会在例子之后介绍。

先来介绍一下我们的数据集，假设有一位喜欢运动的同学小明，他有 3 个爱好：打网球、打篮球和睡觉，而且我们观察发现，他要进行某种运动和他的心情有关。为了让 RNN 模型去识别不同的运动和心情，我们用 3×1 的向量表示运动，用 2×1 的向量表示心情，对应关系如图 4.20 所示。

这种用一维向量表述实体的做法就称为独热编码，这里先提出这个概念，第 5 章会做具体介绍。我们通过这个简单的数据集来讲解 RNN 的运行机制，首先来看一种最简单的情况。

假设小明同学的运动习惯是这样的：第一天打网球，第二天打篮球，第三天在宿舍睡懒觉。也就是说他的运动序列有一定的顺序关系，就像我们平时最常用的“我——吃——饭”的主谓宾关系。训练 RNN 的目的就是让它理解并学会这种顺序关系，最后达到通过今天的运动内容来推测明天的运动内容的目的。

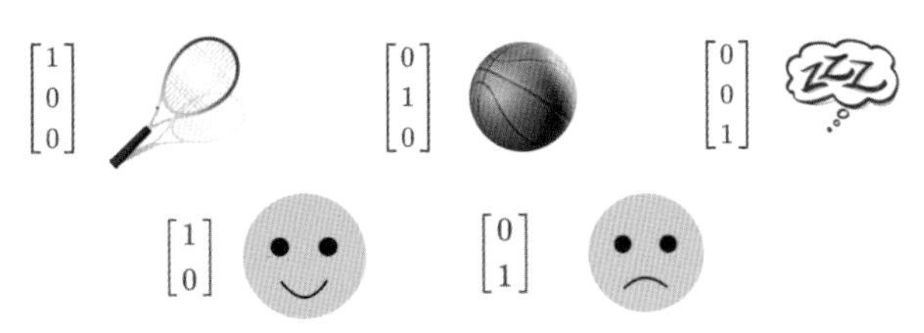

图 4.20 RNN 的简单数据集

这个问题并不难，我们只需要一个变换矩阵 ***W*** 就可以做到，矩阵 ***W*** 的形式如下：

$$\begin{bmatrix} 0 & 0 & 1 \\ 1 & 0 & 0 \\ 0 & 1 & 0 \end{bmatrix}$$

例如今天小明去打了网球，那么明天的运动内容可以按如下方式计算：

$$\begin{bmatrix} 0 & 0 & 1 \\ 1 & 0 & 0 \\ 0 & 1 & 0 \end{bmatrix} \times \begin{bmatrix} 1 \\ 0 \\ 0 \end{bmatrix} = \begin{bmatrix} 0 \\ 1 \\ 0 \end{bmatrix}$$

那么他明天的运动内容就是打篮球。

这个矩阵就可以构成 RNN 的一个节点，我们通过这个节点成功预测了小明同学明天的运动内容。这个节点进行的简单的变化如图 4.21 所示。

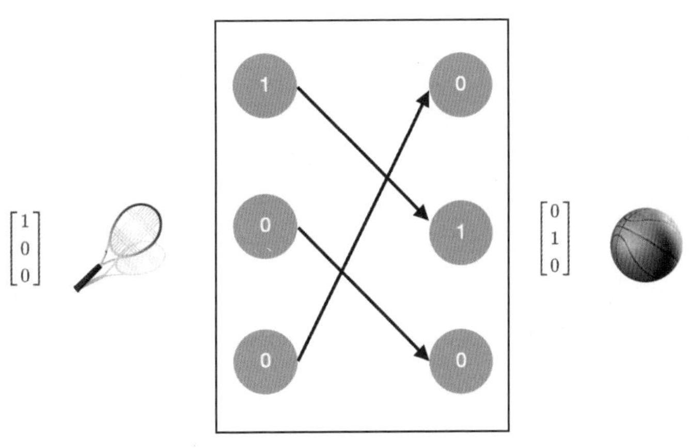

图 4.21 简单的线性变换

对这 3 种运动来说，它们对应的下一天预测输出如图 4.22 所示。

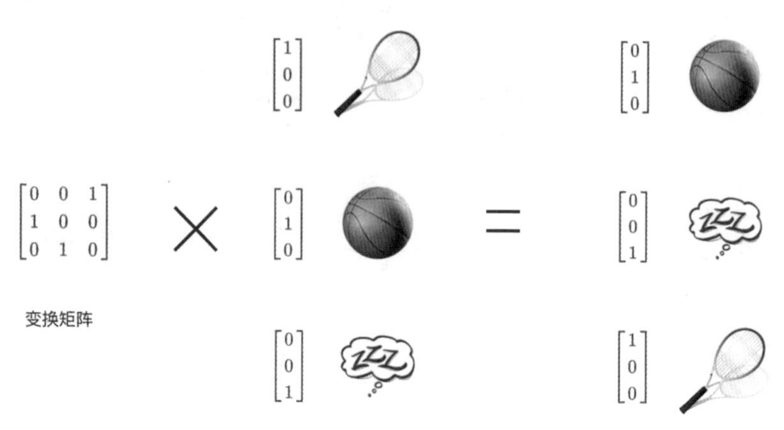

图 4.22　变换矩阵的效果

上文提到，小明的运动习惯不仅有顺序规律，而且还和他当天的心情有关系，如果他心情好，那么他就重复昨天的活动，如果他不太开心，那么他就换一种运动。

如图 4.23 所示，小明第一天选择了打网球，这一天他心情不错，所以第二天他又选择了打网球，但是第二天他心情不好了，所以第三天换了一种运动——打篮球，可是第三天，他心情还是不好，于是第四天干脆在宿舍睡觉……

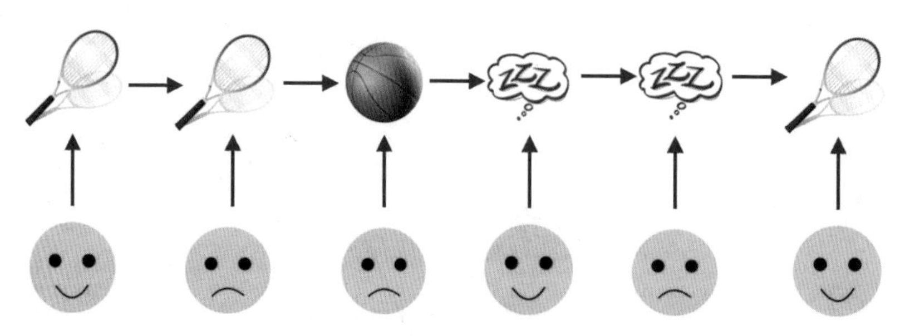

图 4.23　当前状态的影响

到这里，是不是开始觉得这个规律和我们的 RNN 模型有点像了呢？没错，这就是 RNN 的最简单的表现形式——通过上一层输入和当前状态来决定当前层的输出。

我们已经找到了小明心情不好的时候变换下一种运动的变换矩阵，那么如何表达他心情好的时候第二天的运动内容呢？

这里当然是用对角矩阵，如下面的 3×3 对角矩阵。我们知道对角单位矩阵的特点是乘以任意同维度的矩阵 N，输出一个矩阵 N'，且 $N==N'$。

$$\begin{bmatrix}1&0&0\\0&1&0\\0&0&1\end{bmatrix}$$

例如我们用对角矩阵去乘以网球向量：

$$\begin{bmatrix}1&0&0\\0&1&0\\0&0&1\end{bmatrix}\times\begin{bmatrix}1\\0\\0\end{bmatrix}=\begin{bmatrix}1\\0\\0\end{bmatrix}$$

得到的仍然是网球向量，这样我们就通过对角矩阵预测了小明心情好的时候第二天的运动内容。

下面我们通过这些简单的节点来实现一个 RNN 模型。

第一步，找到预测下一个运动内容的矩阵，这一步已经完成，我们通过图 4.24 所示的变换矩阵来实现对任意当前运动内容预测第二天的运动内容的功能，这里的变换矩阵前三行是他心情好的时候的变换形式，后三行是他心情不好的时候的变换形式，变换矩阵乘以当前的运动状态得到的结果矩阵记作 $\boldsymbol{B}$，如图 4.24 所示。

第二步，表达不同心情（见图 4.25）对预测运动内容的不同影响，如图 4.26 所示。

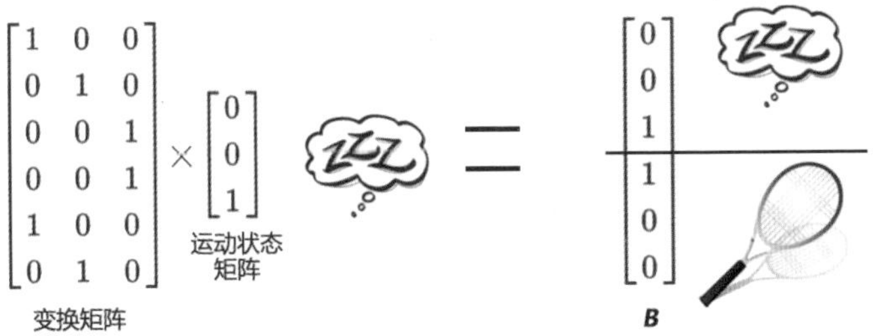

$$\begin{bmatrix}1&0&0\\0&1&0\\0&0&1\\0&0&1\\1&0&0\\0&1&0\end{bmatrix}\times\begin{bmatrix}0\\0\\1\end{bmatrix}=\begin{bmatrix}0\\0\\1\\1\\0\\0\end{bmatrix}$$

图 4.24　RNN 的第一步——数据的转换

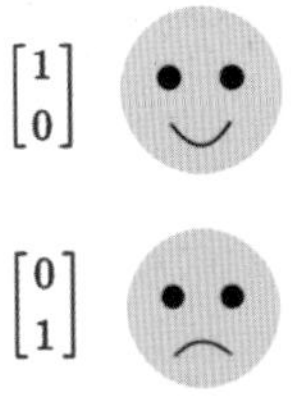

$$\begin{bmatrix}1\\0\end{bmatrix}\quad\begin{bmatrix}0\\1\end{bmatrix}$$

图 4.25　两种状态

$$\begin{bmatrix}1&0\\1&0\\1&0\\0&1\\0&1\\0&1\end{bmatrix}\times\begin{bmatrix}0\\1\end{bmatrix}=\begin{bmatrix}0\\0\\0\\1\\1\\1\end{bmatrix}\qquad\begin{bmatrix}1&0\\1&0\\1&0\\0&1\\0&1\\0&1\end{bmatrix}\times\begin{bmatrix}1\\0\end{bmatrix}=\begin{bmatrix}1\\1\\1\\0\\0\\0\end{bmatrix}$$

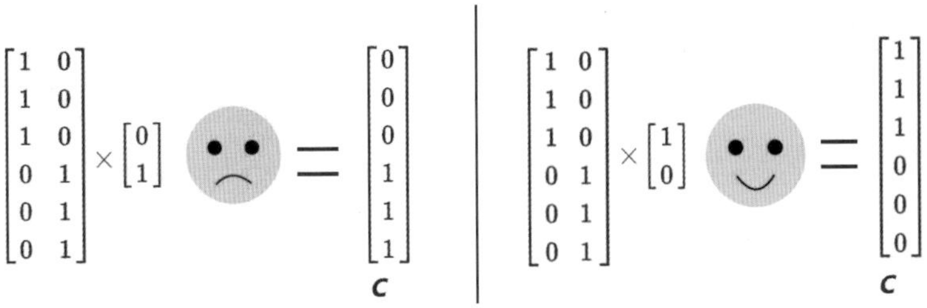

图 4.26　RNN 的第二步——状态转换

这一步得到的矩阵 **C** 对应上一步的结果矩阵 **B**。不同的是，矩阵 **B** 代表小明对下一次运动内容的各种选择，前 3 行表示下一次运动的内容和本次运动相同，后 3 行表示下一次运动的内容和本次运动不同；而矩阵 **C** 代表运动是否变化，$[0, 0, 0, 1, 1, 1]^T$ 表示让运动内容“变”，$[1, 1, 1, 0, 0, 0]^T$ 表示让运动内容“不变”。

第三步，将动作和方向结合，最简单的方式莫过于直接求和，到这一步我们所有的操作都是线性变换，得到一个抽象的结果矩阵。假设当前小明的心情不太好，前一天在宿舍睡了一天觉，那么参与运算的矩阵就是心情不好时运动内容变化的动作矩阵——$[0, 0, 0, 1, 1, 1]^T$，以及睡觉对应的第二天的运动内容矩阵——$[0, 0, 1, 1, 0, 0]^T$。运算结果矩阵记作 **R**，如下所示。

$$\begin{bmatrix}0\\0\\0\\1\\1\\1\end{bmatrix}+\begin{bmatrix}0\\0\\1\\1\\0\\0\end{bmatrix}=\begin{bmatrix}0\\0\\1\\2\\1\\1\end{bmatrix}$$

第四步，用非线性变换和线性变换求解最终结果，转化成具体的结果矩阵。第三步得到的矩阵 $[0, 0, 1, 2, 1, 1]^T$ 不能直接反映第二天运动内容的结果，因此需要一个非线性变换来提炼出模型可以识别的结果。我们通过和正确的结果矩阵 $\boldsymbol{M}=[0, 0, 0, 1, 0, 0]^T$ 进行对比，发现“1”的位置是第三步输出结果矩阵中的最大值的位置，而输出结果矩阵中的其他值的位置对应的值都是“0”，因此我们可以做一个非线性变换。令输出矩阵最大值的位置为“1”，其余都为“0”。我们把这个变换命名为 $f(x)$，那么有

$$f(\boldsymbol{R})=\boldsymbol{M} \tag{4-8}$$

这一步结果为：

$$\begin{bmatrix}0\\0\\0\\1\\0\\0\end{bmatrix}$$

可以看到，这个结果已经非常接近最后的真实结果。再做一个简单的线性变换就可以得到模型可以识别的运动编码，如图 4.27 所示。

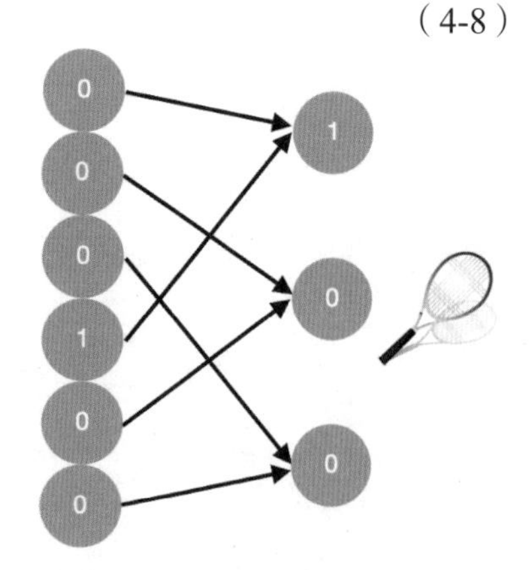

图 4.27　最后一层线性变换

到这里我们就完成了一个简单的 RNN 模型，这个模型通过小明第一天的运动内容、内容顺序和每一天的心情，预测他未来每一天的运动内容序列。每一层 RNN 模型的单元可以用图 4.28 来表示，其中蓝色节点为输入或输出状态；绿色节点是中间运算得到的隐状态，没有具有含义；红色节点表示进行某种计算。

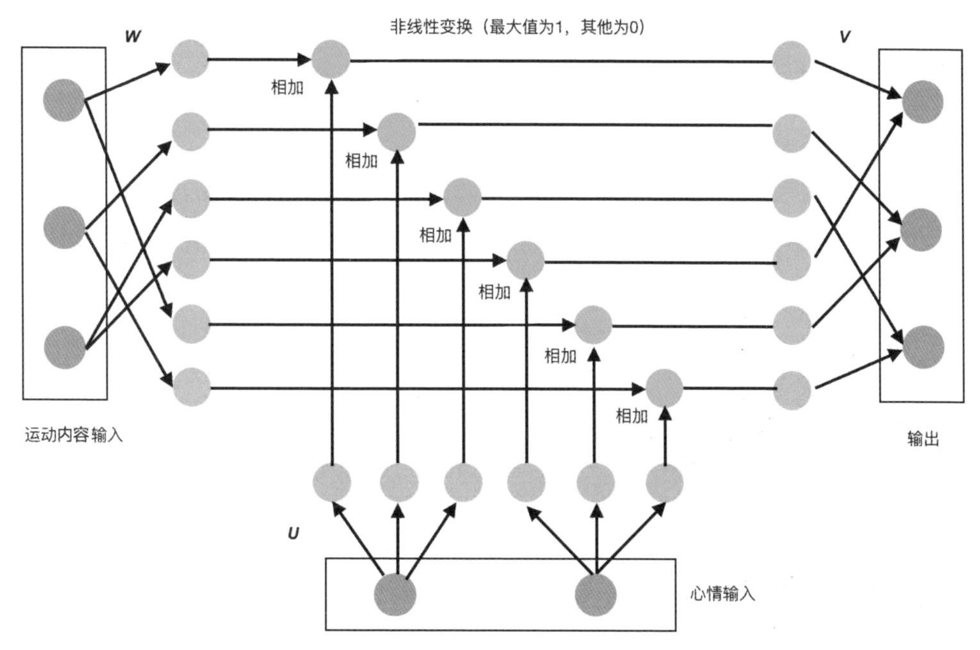

图 4.28　单层的 RNN 单元

总结一下上面例子中 RNN 预测单元的结构。

1）运动内容输入（第一列蓝色节点）通过变换矩阵 $\boldsymbol{W}$，生成未来可能的运动内容（第一列绿色节点），心情输入（最下方蓝色节点）通过转换矩阵 $\boldsymbol{U}$，生成表示运动是否发生变化的向量（最下方绿色节点）。

2）未来可能的运动内容向量和表示运动是否发生变化的向量相加，产生抽象的结果（图中红色节点）。

3）通过非线性变换，得到图右边绿色节点，也就是输出结果的隐状态，最后再加上一个线性变换，输出模型可以识别的结果矩阵（最右边蓝色节点）[19]。

这样一个结构就是一层简单的 RNN，也就是图 4.19 中的一层 S 节点。

4.2.2　RNN 的训练

本小节我们来具体看看 RNN 的训练过程。如果只看 RNN 中的一层，去掉上

一层 $\boldsymbol{SW}$ 输入，那么 $\boldsymbol{X} \to \boldsymbol{S} \to \boldsymbol{E}$ 其实就是一个普通的全连接神经网络。也就是说，RNN 是在全连接神经网络的基础上，将上一个隐藏状态也作为当前的输入，通过结合上一步的隐藏状态和当前的输入，不断地迭代，从而获得学习序列数据的能力。

RNN 整个训练过程分为正向传播和反向传播两部分。

正向传播就是从左到右，依次把上一层 $\boldsymbol{S}_{t-1}$ 训练完毕，再将隐藏节点输入下一层，和输入 $\boldsymbol{X}_t$ 共同训练 $\boldsymbol{S}_t$ 的过程。输出的 E_t 是当前层的训练误差，直到每一层都训练结束。可以分为 4 个步骤。

1）把 RNN 看作普通全连接神经网络，设置初始默认值，并输入第一层训练数据 $\boldsymbol{X}_0$，得到隐藏节点 $\boldsymbol{S}_0$ 和第一层训练误差 E_0。设 t 为当前 RNN 的网络层数，T 为总层数，则当前 t=0。

2）将 $\boldsymbol{S}_0$ 和 $\boldsymbol{X}_1$ 分别与参数矩阵相乘，训练参数得到新的隐藏节点 $\boldsymbol{S}_1$ 和训练误差 E_1。计算公式如下：

$$\boldsymbol{S}_1 = \boldsymbol{W}\boldsymbol{S}_0 + \boldsymbol{U}\boldsymbol{X}_1 \tag{4-9}$$

$$E_1 = \boldsymbol{V}\boldsymbol{S}_1 \tag{4-10}$$

3）对 $t \in [0, T-1]$ 循环执行步骤 2），得到 $E_0, E_1, \cdots, E_{T-1}$。注意，每一步的参数矩阵 $\boldsymbol{W}$、$\boldsymbol{U}$、$\boldsymbol{V}$ 都是一样的。

4）计算总的误差值。误差计算公式如下：

$$E(y, \hat{y}) = \sum_{t=0}^{T-1} E(y_t, \hat{y}_t) \tag{4-11}$$

上文介绍的正向传播过程是针对最简单的实时多对多的循环神经网络，对于很多 RNN 变体，如多对一、一对多、非实时多对多的场景，其训练过程与上述的训练过程大体类似，只需要微小的变换就能实现。例如多对一的情况，只需要设置前 T–1 步的误差 E 为 0，在最后一步计算训练误差即可。对于非实时多对多和多对一的情况，我们将在下文介绍。下面先看一下反向传播。

反向传播是通过训练误差反向推导参数。因为每一层的参数都是共享的，所以在反推结束后，需要将每一步的导数加起来作为更新的数值，以参数矩阵 $\boldsymbol{W}$ 为例，计算公式如下：

$$\frac{\partial E}{\partial \boldsymbol{W}} = \sum_{t=T-1}^{0} \frac{\partial E_t}{\partial \boldsymbol{W}} \tag{4-12}$$

对于参数矩阵 $\boldsymbol{V}$ 和 $\boldsymbol{U}$，更新方式比较简单，因为它们每一层的计算结果只和当前层输入有关，但是对于参数矩阵 $\boldsymbol{W}$，却存在一个循环嵌套的关系。假设我们使用了 n 层 RNN 节点，首先我们用链式法则（The Chain Rule）将 $\boldsymbol{W}$ 的偏导数展开，得到：

$$\frac{\partial E_n}{\partial \boldsymbol{W}} = \frac{\partial E_n}{\partial \hat{y}_n} \frac{\partial \hat{y}_n}{\partial s_n} \frac{\partial s_n}{\partial \boldsymbol{W}} \tag{4-13}$$

假设此时的激活函数如下：

$$s_n = \tanh(\boldsymbol{U}x_t + \boldsymbol{W}s_{n-1}) \tag{4-14}$$

那么再根据链式法则可以得到：

$$\frac{\partial E_n}{\partial \boldsymbol{W}} = \sum_{k=0}^{n} \frac{\partial E_n}{\partial \hat{y}_n} \frac{\partial \hat{y}_n}{\partial s_n} \left(\prod_{j=k+1}^{n} \frac{\partial s_j}{\partial s_{j-1}} \right) \frac{\partial s_k}{\partial \boldsymbol{W}} \tag{4-15}$$

我们知道 tanh 输出在 (–1, 1)，累乘越多，数据越接近于 0，这样就会导致梯度消失，即越远的步骤梯度贡献越小。如果换成其他激活函数，还可能导致梯度爆炸，即越远的步骤梯度贡献越大 [19]。

比较常用的解决方案是分批计算梯度。假设我们有一个 16 层的 RNN，在反向传播时可以每 4 层做一个反向传播，最后再整合结果，更新 $\boldsymbol{W}$ 参数。

4.2.3　RNN 的变化形式

1．多隐藏层 RNN

4.2.2 小节介绍的 RNN 单元都只有一个隐藏层，在训练过程中可能存在学习不到位的情况，因此有人模仿卷积神经网络对 RNN 做出了改进。将每个 RNN 单元增加更多的隐藏层，如图 4.29 中的蓝色节点，在隐藏层向上传递数据的过程中，可以对数据进行线性或非线性变换，从而更好地拟合训练数据。每个单元横向也同时存在传递关系，但必须是同层的隐藏节点向下一层单元传递，横向的传播仍然是递归调用 [20]。

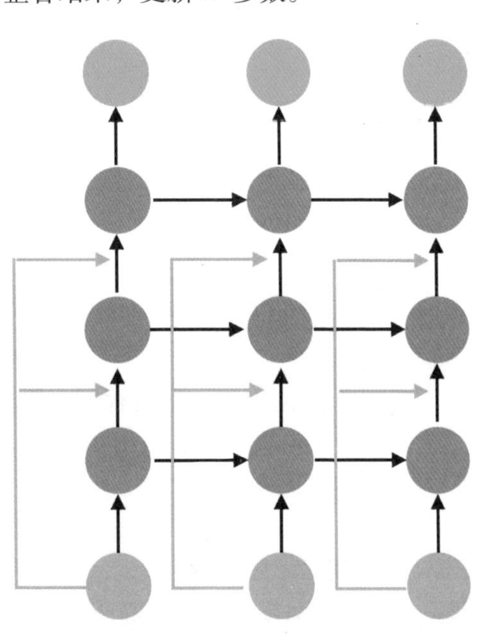

图 4.29　多隐藏层 RNN

还有一种改进方法是增加残差连接，

如图 4.29 中绿色箭头所示的部分。设初始输入数据为 $\boldsymbol{X}$，第一个隐藏层输出为 $F(\boldsymbol{X})$，第二个隐藏层输入数据为 $G(\boldsymbol{X})$，如果是普通的神经网络，那么 $G(\boldsymbol{X})=F(\boldsymbol{X})$，但是这里加入了原始输入数据，因此下一层的输入就变为 $F(\boldsymbol{X})$ 和 $\boldsymbol{X}$ 的线性叠加。

2．双向 RNN

双向 RNN 的原理是在每个 RNN 单元都增加一个隐藏层，如图 4.30 的绿色节点。它们和原来的隐藏层没有任何连接，作用是从后向前递归调用，让神经网络学习序列数据未来的数据，也就是反向训练。在正向学习中，从左到右是正向传播，从右往左是反向传播，而反向学习则恰恰相反。单向 RNN 只有正向学习，没有反向学习，而双向 RNN 则既有正向学习，又有反向学习[20]。

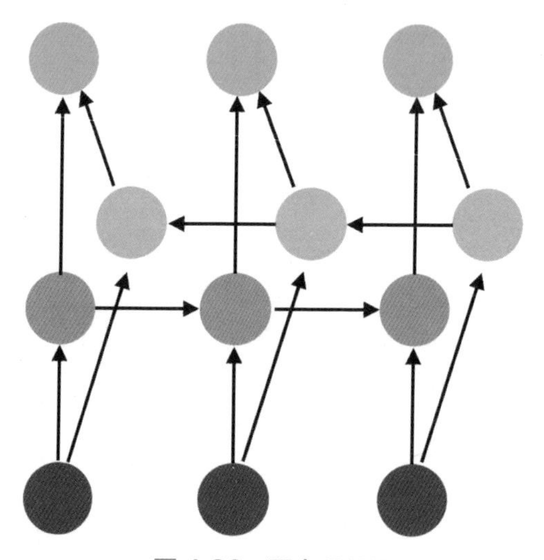

图 4.30　双向 RNN

4.3　更实用的模型

RNN 模型的出现，一定程度上解决了序列数据的学习问题，但是它的缺点也是比较明显的。具体来看，RNN 存在两方面不足：第一，梯度消失问题，随着递归的累积，前面的节点权重越来越小，反向传播过程中的优化算法甚至起不到优化作用，虽然可以通过分批训练来实现效果提升，但是根本问题并没有解决；第二，RNN 难以训练，序列数据往往都是复杂而数量庞大的，RNN 的结构相对这些数据集来讲结构相对简单，没有筛选信息的机制，因此效果经常不理想，这也是业界在实际生产中很少用 RNN 的原因。本节将介绍一些实用的神经网络，它们都是基于

RNN 模型演变而来的，能够针对不同的业务问题实现很好的效果。

4.3.1　LSTM

首先必须介绍一下长短期记忆（Long Short-Term Memory，LSTM）网络，它是 RNN 的升级版。LSTM 并不像多层 RNN 和双向 RNN 一样单纯增加隐藏层的节点，它更注重训练过程中的优化方法，直接针对 RNN 的弱点去改进数据的流通方式，通过增加一些神经元结构来解决梯度消失和训练难的问题[21]。

普通 RNN 和 LSTM 的结构对比如图 4.31 所示。

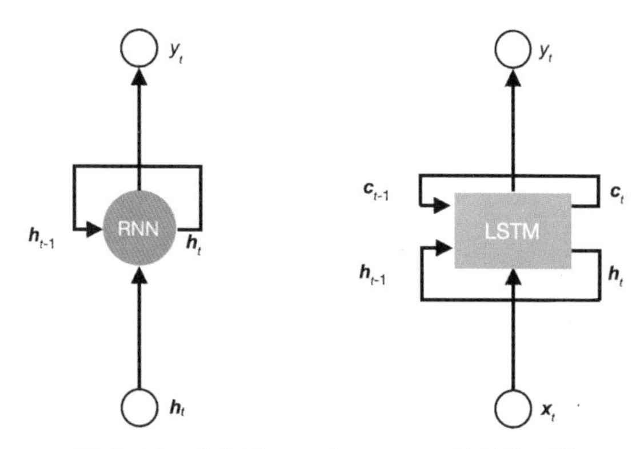

图 4.31　普通 RNN 和 LSTM 的结构对比

相比 RNN 只有一个递归传输状态 $\boldsymbol{h}_t$，LSTM 有两个传输状态，一个 $\boldsymbol{c}_t$ 即 Cell State、一个 $\boldsymbol{h}_t$ 即 Hidden State。RNN 中的 $\boldsymbol{h}_t$ 对应 LSTM 中的 $\boldsymbol{c}_t$。

其中传递下去的 $\boldsymbol{c}_t$ 改变得很慢，通常输出的 $\boldsymbol{c}_t$ 是上一个状态传过来的 $\boldsymbol{c}_{t-1}$ 加上一些数值。而 $\boldsymbol{h}_t$ 在不同节点下往往会有很大的区别。

首先使用当前输入 $\boldsymbol{x}_t$ 和上一个状态传递下来的 $\boldsymbol{h}_{t-1}$ 共同训练得到 3 个门控状态。

遗忘门：

$$\boldsymbol{f}_t = \sigma(\boldsymbol{U}_f \boldsymbol{h}_{t-1} + \boldsymbol{W}_f \boldsymbol{x}_t) \tag{4-16}$$

记忆门：

$$\boldsymbol{i}_t = \sigma(\boldsymbol{U}_i \boldsymbol{h}_{t-1} + \boldsymbol{W}_i \boldsymbol{x}_t) \tag{4-17}$$

输出门：

$$\boldsymbol{o}_t = \sigma(\boldsymbol{U}_o \boldsymbol{h}_{t-1} + \boldsymbol{W}_o \boldsymbol{x}_t) \tag{4-18}$$

最后整理输出结果：

$$\boldsymbol{h}_t = \tanh(\boldsymbol{c}_t) \cdot \boldsymbol{o}_t \tag{4-19}$$

其中，$\boldsymbol{f}_t$、$\boldsymbol{i}_t$、$\boldsymbol{o}_t$是由拼接向量乘以权重矩阵之后，再通过一个激活函数 sigmoid 转换成 0 ～ 1 的数值，来作为一种门控状态。$\boldsymbol{h}_t$则是将结果通过一个激活函数 tanh 转换成 –1 ～ 1 的值（这里使用 tanh 是因为这里是将$\boldsymbol{h}_t$作为输入数据，而不是门控信号）。“·”表示矩阵中对应的元素相乘，因此要求两个相乘矩阵是同型的。“+”则代表同型矩阵加法。

LSTM 内部逻辑主要有 3 个部分，如图 4.32 所示。

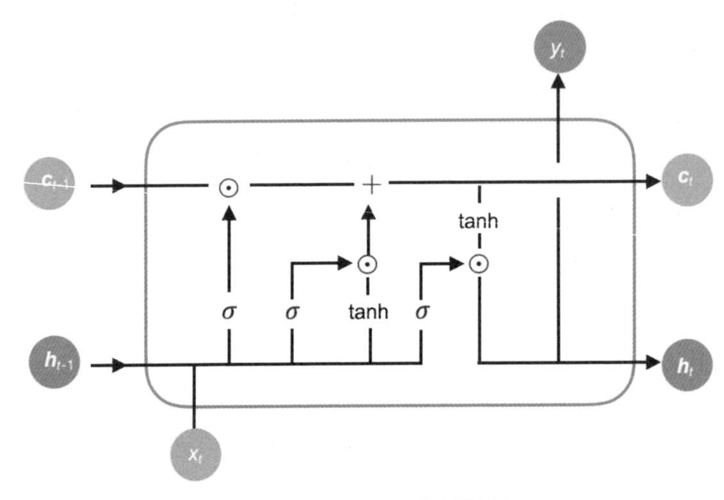

图 4.32　LSTM 内部逻辑

1）遗忘门部分。这一步主要作用是对上一个单元传进来的数据进行选择性忘记。这里通过对信息的权重进行调整来达到遗忘次要信息的目的，计算公式如下：

$$\boldsymbol{k}_t = \boldsymbol{c}_{t-1} \cdot \boldsymbol{f}_t \tag{4-20}$$

具体来说是将通过计算得到的$\boldsymbol{f}_t$（f代表 forget）作为遗忘矩阵，接着和上一层传入的状态 $\boldsymbol{c}_{t-1}$的对应元素相乘，将次要信息权重减小[21]。

2）记忆门部门。这一步主要是对输入$\boldsymbol{x}_t$进行选择记忆，和 1）中不同的地方在于，选择输入数据之前先将$\boldsymbol{h}_{t-1}$和$\boldsymbol{x}_t$用激活函数 tanh 做了预处理，得到输出$\boldsymbol{g}_t$，同时再将$\boldsymbol{h}_{t-1}$和$\boldsymbol{x}_t$像 1）中的$\boldsymbol{c}_{t-1}$一样用激活函数 sigmoid 进行加工，作为选择的门控信号$\boldsymbol{i}_t$（i 代表 information），最终的选择结果是$\boldsymbol{g}_t$和$\boldsymbol{i}_t$的点乘之积$\boldsymbol{s}_t$ [21]。公式如下：

$$\boldsymbol{g}_t = \tanh(\boldsymbol{U}_g \boldsymbol{h}_{t-1} + \boldsymbol{W}_g \boldsymbol{x}_t) \tag{4-21}$$

$$\boldsymbol{s}_t = \boldsymbol{g}_t \cdot \boldsymbol{i}_t \tag{4-22}$$

将1）中的$\boldsymbol{k}_t$和这一步的$\boldsymbol{s}_t$相加，即可得到传输给下一个状态的$\boldsymbol{c}_t$，计算公式如下：

$$\boldsymbol{c}_t = \boldsymbol{k}_t + \boldsymbol{s}_t \tag{4-23}$$

3）输出门部分。这一步将决定哪些数据会被当成当前状态的输出。主要通过$\boldsymbol{o}_t$（o代表out）来进行控制，并且通过一个激活函数tanh对2）中得到的$\boldsymbol{c}_t$进行缩放，然后将两者进行点乘得到最终隐藏层结果[21]，计算公式如下：

$$\boldsymbol{h}_t = \tanh(\boldsymbol{c}_t) \cdot \boldsymbol{o}_t \tag{4-24}$$

而对于本单元的最终输出结果y_t，计算公式如下：

$$y_t = \mathrm{sigmoid}(\boldsymbol{W}'\boldsymbol{h}_t) \tag{4-25}$$

到这里，LSTM的完整结构就介绍完毕。它通过不同的门来控制数据传输状态，从而记住需要长时间记忆的信息，忘记次要的信息，不像普通的RNN那样只有一种记忆叠加方式。在文本分类和文本生成等场景，LSTM的效果要远好于普通RNN[21]。

4.3.2 Seq2Seq

Sequence to Sequence（Seq2Seq）模型在机器翻译、语音识别、文本摘要和问答系统等领域已经得到广泛应用，并取得了巨大的成功。Seq2Seq本质上是RNN的一种组合应用。它通过一个编码网络和解码网络实现对序列数据的转换。它的编码器（Encoder）和解码器（Decoder）都是RNN或者LSTM网络。其中编码器的输入是一个序列，这个序列可以是文本，也可以是音频、视频等其他序列数据。经过编码器的处理，序列数据将被转换成一个隐藏状态的向量$\boldsymbol{c}$（Context），解码器将向量$\boldsymbol{c}$转换成另一种序列数据[22]。Seq2Seq原理如图4.33所示。

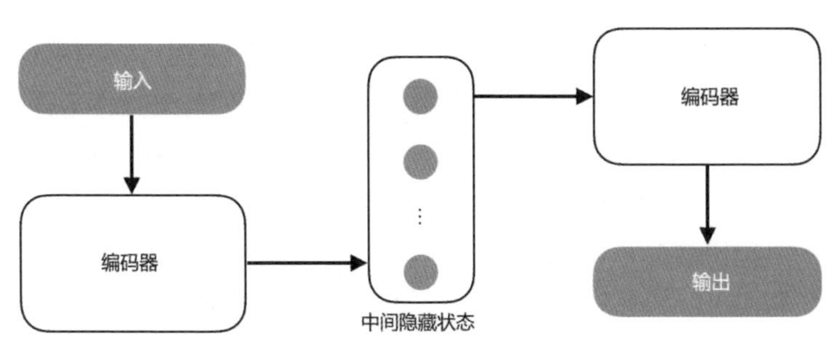

图4.33 Seq2Seq原理

这样一个模型适合机器翻译的场景。假设我们输入的是一种语言，经过编码器变成某种特定的编码，再通过解码器就可以转换成另一种语言。

以机器翻译为例，Seq2Seq 整个过程分为两部分。

第一部分，编码。

在编码过程中，首先需要将语言转换成词嵌入，第 i 个词嵌入可以用v_i来表示，此时前一层隐藏状态是$\boldsymbol{h}_{i-1}$，那么当前隐藏状态为：

$$\boldsymbol{h}_i = f(v_i, h_{i-1}) \quad (4\text{-}26)$$

其中 $f(\cdot)$ 表示 RNN 节点的变换操作。假设整个词嵌入个数为 T，那么就得到了 T 个隐藏状态，最终编码器输出的隐藏状态为：

$$\boldsymbol{c} = g(\boldsymbol{h}_0, \boldsymbol{h}_1, \cdots, \boldsymbol{h}_{T-1}) \quad (4\text{-}27)$$

其中 $g(\cdot)$ 是编码器中的自定义函数，我们可以用某个激活函数来表达。

第二部分，解码。

解码器的输入包含 3 个部分，第一部分是中间隐藏状态向量 $\boldsymbol{c}$，第二部分是上一层的隐藏状态$\boldsymbol{s}_{i-1}$，第三部分是上一层 RNN 单元输出的词嵌入结果y_{i-1}。解码器通过学习这个状态向量和输出语言的关系，输出解码的隐藏状态s_i：

$$\boldsymbol{s}_i = f(\boldsymbol{c}, \boldsymbol{s}_{i-1}, y_{i-1}) \quad (4\text{-}28)$$

其中，$f(\cdot)$ 仍然是 RNN 单元。

最后再将所有隐藏状态转换为词嵌入，设翻译文本词嵌入数量为 K，最终结果为：

$$y_0, y_1, \cdots, y_{k-1}$$

解码的过程中，需要注意在解码器输入数据的前后要加上开始解码标志和结束解码标志，用来告诉解码器什么时候开始翻译，什么时候结束翻译。第一个单元输入的y_0就是开始标志符，最后一个输入y_{k-1}就是结束标志符[22]。

Seq2Seq 基础模型并不适合实际使用，因为训练的过程中会发生误差累积现象。

误差累积的原因是，解码器每一次解码得到的词嵌入又会作为下一次解码的输入，如果其中一个 RNN 单元解码出现了误差，那么这个误差就会传递到下一个 RNN 单元，使训练结果误差越来越大。

因此实际使用中每一次解码的输入并不是上一层的输出词嵌入，而是上一层训练数据的实际真值 v'。那么训练公式如下：

$$\boldsymbol{h}_i' = f(\boldsymbol{c}, \boldsymbol{h}_{i-1}', y_{i-1}) -> \boldsymbol{h}_i' = f(\boldsymbol{c}, \boldsymbol{h}_{i-1}', v_{i-1}') \quad (4\text{-}29)$$

这个方法称为 Teacher Forcing，它能够帮助模型快速收敛。

4.3.3　注意力机制

我们知道，两种语言在互译时，大部分单词是可以找到对应关系的，只不过经过语序的调整，单词在句子里的位置发生了变化。如果我们能知道两种语言的句子中哪些单词是相互对应的，那么翻译的过程就可以做到有的放矢。

注意力（Attention）机制就是在编码和解码过程中把中间隐藏状态 $\boldsymbol{c}$ 从一个变成了多个，每个中间隐藏状态只关注特定的词，告诉解码器向量 $\boldsymbol{c}_i$ 中哪个词和它当前预测的结果的相关度更高。图 4.34 是关于注意力机制的一个示例。

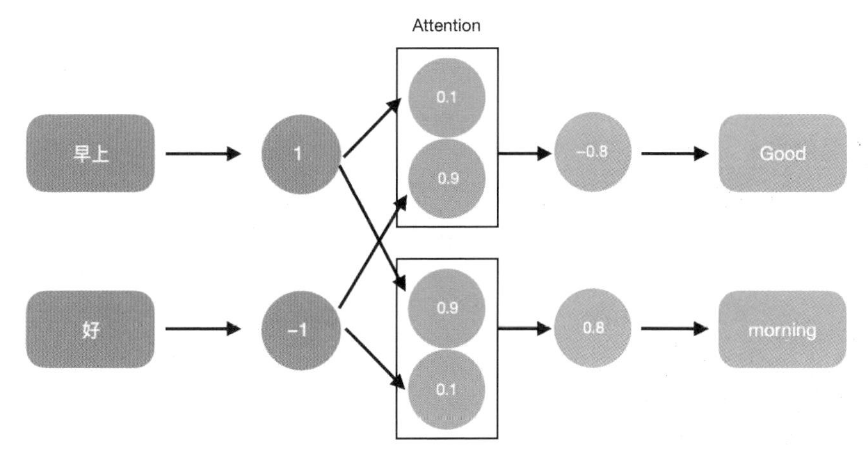

图 4.34　注意力机制的原理

如图 4.34 所示，“早上好”和“Good morning”互译，假如第一个位置序号为 1，第二个位置序号为 −1，那么我们需要让英文第二个位置的词和汉语第一个词的关联程度更高。我们解码第一个词时，对输入的两个词嵌入乘以一个 [0.1,0.9] 的 Attention 向量，对第二个词解码时，对输入的两个词嵌入乘以一个 [0.9,0.1] 的 Attention 向量，那么解码器就知道自己的第一个词对应编码器第二个词，自己的第二个词对应编码器第一个词。

当然，实际操作过程比这个例子要复杂得多。我们先来看中间隐藏向量 $\boldsymbol{c}_i$，计算公式如下：

$$\boldsymbol{c}_i = \sum_{j=1}^{T_x} a_{ij}\boldsymbol{h}_j \tag{4-30}$$

其中 a_{ij} 是向量 $\boldsymbol{h}_j$ 的权重，T_x 是输入向量 $\boldsymbol{x}$ 的长度。每个词的权重向量都更关注自己和附近的相关词汇，也就是让中间隐藏向量中的每个状态和编码器的结果有一对一的关系。

那么a_{ij}是如何计算的呢？其实这一部分也需要用一个全连接神经网络进行训练，让编码器和解码器之间的每个词能够相互对应上。

第一步，计算每一个解码器隐藏层（设当前层为$\boldsymbol{s}_{t-1}$）和编码器隐藏层$\boldsymbol{h}_j$的相似度e_{tj}。计算方法可以是加权点乘，如$e_{tj}=\boldsymbol{s}_{t-1}\cdot\boldsymbol{h}_j$；也可以采用激活函数，如$e_{tj}=\tanh(W_1\boldsymbol{s}_{t-1}+W_2\boldsymbol{h}_j)$。这一步相当于进行一个全连接操作。

第二步，计算a_{tj}，这一步是用 softmax 函数对e_{tj}归一化得到注意力分布，相当于 CNN 或 RNN 的最后一步，计算公式如下：

$$a_{tj}=\frac{\exp(e_{tj})}{\sum_{k=1}^{T}\exp(e_{tk})} \tag{4-31}$$

a_{tj}是解码器第 t–1 个隐藏节点和编码器第 j 个隐藏节点的相似度占解码器第 t–1 个隐藏节点和所有编码器隐藏节点相似度的比例，通过判断a_{tj}大小就可以知道，每个解码器隐藏节点和哪个编码器节点相似度最高[23]。

第三步，我们已经得到a_{tj}和$\boldsymbol{c}_t$，接下来就可以求得s_t，计算公式如下：

$$s_t=f(\boldsymbol{c}_t,\boldsymbol{s}_{t-1},y_{t-1}) \tag{4-32}$$

下一步的输出为：

$$y_t=f(\boldsymbol{c}_t,\boldsymbol{s}_t,y_{t-1}) \tag{4-33}$$

这里关键的操作是计算编码器与解码器隐状态之间的关联性的权重，得到注意力分布，从而对于当前输出位置，得到输入集中对应的向量，并且该输入在预测输出时会占较大的比例[23]。

4.4 小结

第 4 章我们介绍了常用深度学习模型的原理及运行机制，为后续深度学习相关应用的评估做铺垫。

4.1 节主要从卷积神经网络的简单实现入手，系统讲解了 CNN 的运行机制，然后我们完整分析了 CNN 的层次结构，总共包括 4 个部分：卷积层、池化层、全连接层和激活函数。

4.2 节介绍了 RNN 的简单实现机制、背后的原理及公式推导，还进一步介绍了

RNN 的两种变化形式——多隐藏层 RNN 和双向 RNN。

4.3 节在前两节的基础上展示业界实用的 RNN 模型——LSTM 和 Seq2Seq。LSTM 通过增加遗忘门和记忆门对训练信息进行筛选，克服了 RNN 梯度消失（爆炸）和难以训练的问题；Seq2Seq 则将两个 LSTM 分别作为编码器和解码器实现机器翻译。最后我们介绍了 Teacher Forcing 和注意力机制，Teacher Forcing 能帮助模型快速收敛，而注意力机制能提高模型训练的精度。

第5章 智慧的语言——NLP算法实战与评估

随着深度学习的发展，智能语言开始渐渐走入人们的视野，如机器翻译、文本分类、文本生成和情感分析等。以机器翻译为例，20世纪的机器翻译最开始是词对词互译后进行拼接，不过，因为不同语言的语法各不相同，这种词对词互译的效果很不理想。后来人们通过概率图模型把文本看作一个序列，通过人工选择特征，将自然语言处理（Natural Language Processing，NLP）的技术提升到了一个新的高度，但是人类的语言极其复杂，概率图模型的效果在21世纪初也达到了一个瓶颈。2012年开始，深度学习开始风靡全球，有人尝试将深度学习中的循环神经网络和其变化形式（如Seq2Seq）应用到NLP领域，虽然不能把所有问题都完美解决，但是也取得了不错的效果。本章我们重点讨论NLP技术和对应的评估方法。

5.1 文字的预处理

5.1.1 嵌入

嵌入（embedding）本质上是一种一对一映射的函数，并且这种映射必须保证定义域和值域的结构顺序是一致的。

这种函数有什么作用呢？我们知道文字本身并没有数值含义，模型无法理解它们之间的关系，因此我们就需要把语言词汇转换成数字。这一组数字应和词汇有一样的逻辑关系，这就用到了嵌入，也就是说我们通过嵌入将语言词汇转换成模型可以理解的一维数字组合。这种嵌入也称为词嵌入（word embedding）。

首先介绍一种简单的编码方式——独热编码（One-Hot Encoding），它可以把我们现实世界的任何离散值用一组0-1向量来表示。例如，一个长度为3的集合[pig, dog, cat]，可以表示为[001, 010, 100]。独热编码通过将不同的标志位设定为1，其余标志位为0来表示某个特定的离散值，如图5.1所示。

独热编码方式简单又高效，在离散值不多的情况下非常适合使用。但是，因

为独热编码的维度和离散值数量相等，当离散值数量过多的时候（如一个大型购物网站的商品数量多达千万），就会造成维度灾难，而且编码结果对商品来说过于稀疏，词语之间的逻辑性也不够清晰，所以我们需要用更有效的方式进行编码，于是就有了word2vec。

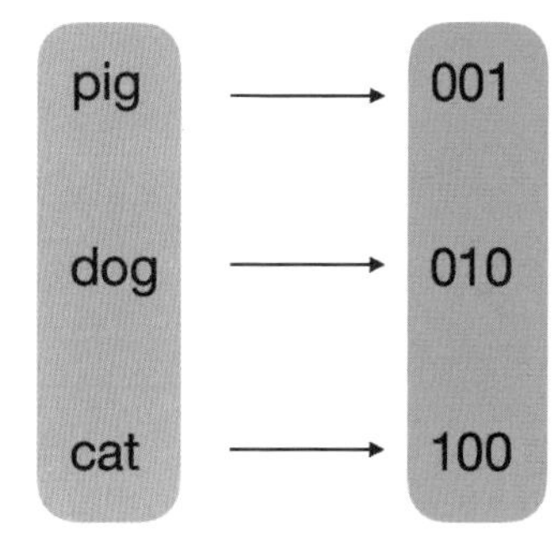

图 5.1　独热编码

5.1.2　word2vec

word2vec 是 NLP 领域“独领风骚”的编码技术，它不仅能够将词汇批量转换为编码，而且能很好地保存这些词汇间的逻辑关系。最重要的是，它的编码方式很简单，不会造成维度灾难，因此它成了 NLP 领域词汇编码的首选。

我们先来看一个简单的例子，以便对 word2vec 有一个初步的认识。假设一个数据集有 6 个单词，我们对它们进行独热编码，得到如下结果，如表 5.1 所示。

表 5.1　独热编码

单词	独热编码
Prince	[1, 0, 0, 0, 0, 0]
Handsome	[0, 1, 0, 0, 0, 0]
Man	[0, 0, 1, 0, 0, 0]
Princess	[0, 0, 0, 1, 0, 0]
Beautiful	[0, 0, 0, 0, 1, 0]
Woman	[0, 0, 0, 0, 0, 1]

我们通过一个神经网络来训练这几个单词，通过输入前一个单词的独热编码让模型输出下一个词的独热编码，其中隐藏层有两个节点 w_1 和 w_2，如图 5.2 所示。

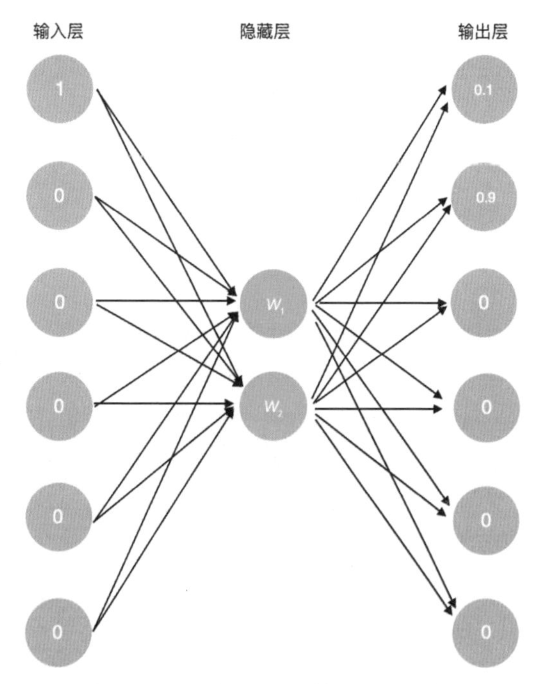

图 5.2　word2vec 编码原理示意

训练完成后，我们会得到一个数据集，第一列是单词，第二列是隐藏节点的数值取整，如表 5.2 所示。

表 5.2 word2vec

单词	嵌入[w_1, w_2]	单词	嵌入[w_1, w_2]
Prince	[1, 3]	Princess	[5, 3]
Handsome	[1, 2]	Beautiful	[5, 2]
Man	[1, 1]	Woman	[5, 1]

这里会有一个神奇的现象，你会发现 Prince–Man+Woman=Princess！即通过向量表示的词汇仍然能够表示词汇本身的逻辑关系。也就是说，这个隐藏层的数值和单词之间有某种一对一的关系，而且保持了单词语法逻辑。这里的 [w_1, w_2] 向量其实就是我们要找的 word2vec 结果。

word2vec 输入的是独热编码，它的隐藏层没有激活函数，都是线性计算。输出层维度与输入层的维度一样，用的是 softmax 回归。训练这个模型的目的不是做分类或预测，而是获取中间隐藏层的权重矩阵，这个矩阵的数值是我们要的每个单词的 word2vec 编码。

word2vec 神经网络看似简单，实际上实现方式并不简单。常用的实现方式有两种，一种是 CBOW，全称为 Continuous Bag-of-Words，另一种是 Skip-Gram。CBOW 输入上下文信息，输出当前词进行迭代训练；而 Skip-Gram 输入当前词，输出上下文信息进行迭代训练。

我们通过具体分析来对比两种实现方式的区别。

1. CBOW

首先来看 CBOW，它的算法流程如下：

1）输入数据，即上下文单词的独热编码；

2）定义滑动窗口 S，滑动窗口的步长是输入上下文词表的长度，如果 S=2，那么每次输入就是当前词的前两个单词和后两个单词对应的独热编码；

3）通过所有的输入数据训练输入权重矩阵 $\boldsymbol{w}_1$；

4）得到输出向量，再乘以输出权重矩阵 $\boldsymbol{w}_2$；

5）经过激活函数处理，得到结果向量 $\boldsymbol{y}$；

6）通过将输出 $\boldsymbol{y}$ 和当前词的真实独热编码对比，计算误差，更新权重；

7）滑动窗口后移，进入下一轮训练[24]。

我们通过下面的例子来演示 CBOW 的训练过程：

“月光如流水一般，静静地泻在这一片叶子和花上。”

——朱自清《荷塘月色》

表 5.3 是分词之后每个词对应的独热编码。

表 5.3　每个词对应的独热编码

分词	独热编码	分词	独热编码
月光	[1, 0, 0, 0, 0, 0]	一般	[0, 0, 0, 1, 0, 0]
如	[0, 1, 0, 0, 0, 0]	静静地	[0, 0, 0, 0, 1, 0]
流水	[0, 0, 1, 0, 0, 0]	泻	[0, 0, 0, 0, 0, 1]

这里设定窗口的步长为 2，也就是每次用输出目标词的前后两个词作为输入数据。本例中，第一轮训练输出目标词是“月光”，输入词为“如”和“流水”；第二轮输出目标词是“如”，输入是“月光”“流水”和“一般”。我们以第二轮为例画出整个算法的流程，如图 5.3 所示。

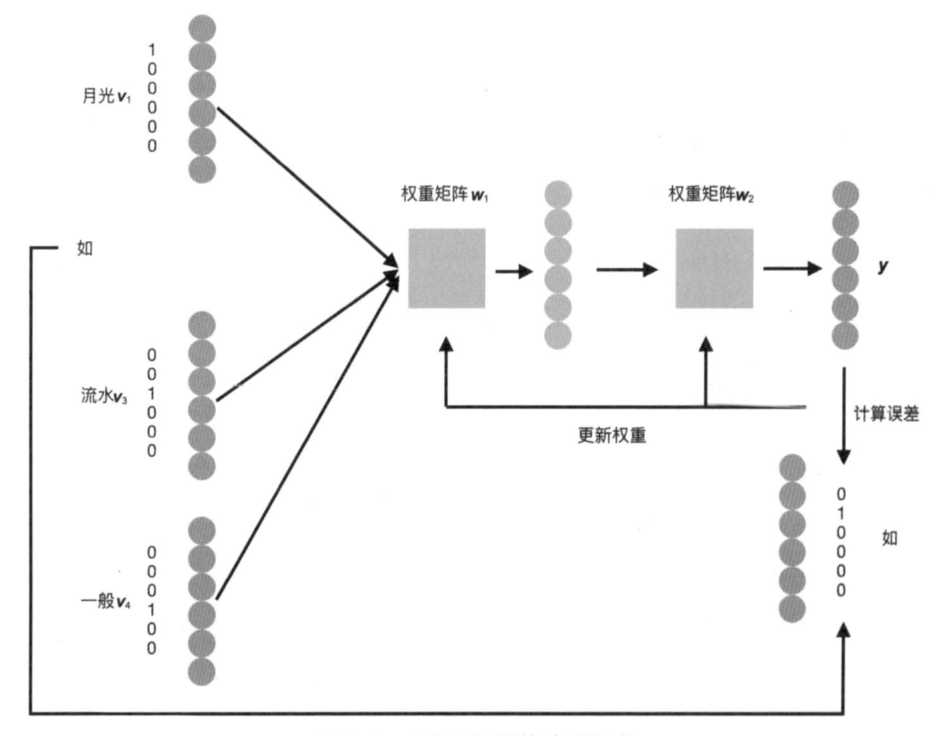

图 5.3　CBOW 训练流程示意

输入的 3 个向量“月光”——$\boldsymbol{v}_1$、“流水”——$\boldsymbol{v}_3$、“一般”——$\boldsymbol{v}_4$，分别与同一个权重矩阵 $\boldsymbol{w}_1$ 相乘，即 $\boldsymbol{w}_1 \cdot \boldsymbol{v}_i$。这里的相乘是矩阵乘法，即如果 $\boldsymbol{v}_1$ 是 6×1 的向量，$\boldsymbol{w}_1$ 就是 $n \times 6$ 的矩阵（设隐藏层维度为 n），与 $\boldsymbol{v}_1$ 向量相乘之后就是一个 $n \times 1$ 的向量 $\boldsymbol{v}_1'$，计算公式如下：

$$v_i' = w_1 \cdot v_i, i \in k \tag{5-1}$$

其中，k 是滑动窗口包含的词向量的个数。

然后 v_1'、v_3'、v_4' 相加得到中间隐藏节点向量节点 v'，v' 再乘以一个全连接矩阵 w_2，再进行 softmax 即可得到目标向量 y，计算公式如下：

$$y = \text{softmax}(w_2 \cdot v') \tag{5-2}$$

接着向量 y 和“如”的独热编码向量 v_2 计算误差，该误差用来更新权重矩阵 w_1 和 w_2。因为要更新权重，所以需要定义一个损失函数，一般交叉熵损失就可以满足需求，更新 w_1 和 w_2 仍然采用梯度下降算法。设滑动窗口长度为 c，单词数量为 T，那么目标损失函数为：

$$L = \frac{1}{T}\sum_{t=1}^{T}\log_2 P(w_t \mid w_{t-j}, \cdots, w_{t+j}) \quad -c \leqslant j \leqslant c, j != 0 \tag{5-3}$$

这样就完成了一轮完整的训练。接下来滑动窗口下移，目标词嵌入变为“流水”的独热编码向量 v_3，开始下一轮训练。

训练完毕后，输入层的每个单词与矩阵 w_1 相乘得到的向量就是我们想要的词嵌入，所有的词嵌入按顺序组合起来就是参数矩阵 w_1 本身，也称查询表（look up table）。也就是说，任何一个单词的独热编码乘以这个矩阵即表示该单词在查询表中查找对应词嵌入的过程。有了查询表就可以在训练过程中直接查表得到单词的词嵌入了[24]。

2. Skip-Gram

Skip-Gram 也是一个神经网络，与 CBOW 不同的是，Skip-Gram 通过给定目标单词来预测上下文[24]。算法流程如下：

1）输入数据，即目标单词的独热编码；

2）定义滑动窗口 S，滑动窗口的步长是输出上下文词表的长度，如果 S=2，那么每一轮输出就是当前词的前两个单词和后两个单词对应的独热编码；

3）通过所有的输入数据训练输入权重矩阵 w_1；

4）得到输出向量，再乘以输出权重矩阵 w_2；

5）经过激活函数处理得到结果向量 y；

6）通过将输出 y 和当前词的真实独热编码对比，计算误差，更新权重；

7）滑动窗口后移，进入下一轮训练。

仍然以《荷塘月色》这句话为例：

“月光如流水一般，静静地泻在这一片叶子和花上。”

——朱自清《荷塘月色》

我们仍然选取“如”作为目标词汇，定义滑动窗口 S 的参数仍然为 2，和 CBOW 一样，滑动窗口的步长代表着我们从当前目标词汇前后选取词的数量。如果我们设置 S=2，那么我们最终获得窗口中的词（包括输入词在内）就是 [“月光”，“如”，“流水”，“一般”]。Skip-Gram 还有另一个参数 *numskips*，它代表着我们从整个窗口中选取多少个不同的词作为我们的输出词汇，当 S=2、*numskips*=2 时，我们将会得到 3 组 [输入，输出] 训练数据，即 [“月光”,“如”]、[“如”,“流水”]、[“如”，“一般”]。滑动窗口效果如图 5.4 所示。

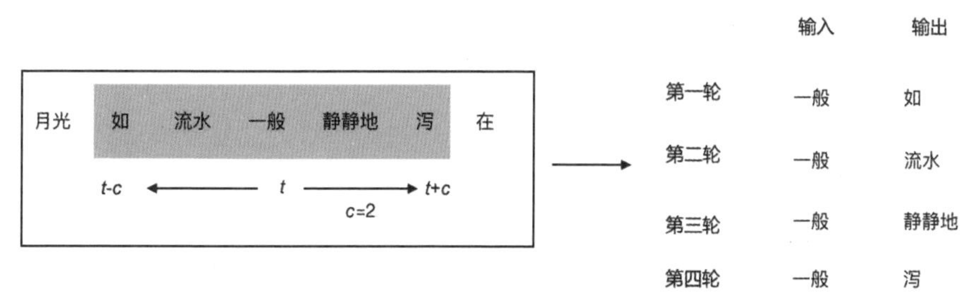

图 5.4　Skip-Gram 的输入和输出

在图 5.4 中，t 为当前词的序号，c 为滑动窗口的长度，这里 c=2，那么当 t 指出词“一般”的时候，本次滑动窗口包含的所有词为［“如”，“流水”，“一般”，“静静地”，“泻”］5 个词。

将目标词汇输入神经网络之后，会得到一个输出词汇的概率分布，例如我们先给定目标词“如”，模型会告诉我们剩余词出现在目标词上下文中的共现概率是多少，模型需要在训练过程中最大化“如”的上下文词［“月光”，“流水”，“一般”］的共现概率。

神经网络基于这些训练数据将会输出一个概率分布，这个概率表示我们的词典中的每个词是目标输出词的可能性。Skip-Gram 训练的流程和 CBOW 一样，通过输入数据和两个权重矩阵依次相乘，然后经过一个 softmax 层处理得到结果，接着通过误差调整权重。注意 Skip-Gram 中每个输入单词从权重矩阵到 softmax 层的参数训练更新不是对 3 个输出值同时做的，而是按顺序依次训练，是一个串行的过程。将滑动窗口内的 [输入，输出] 对完成训练后，再移动滑动窗口，更换输入词嵌入，开始下一轮迭代 [24]。设滑动窗口长度为 c，单词数量为 T，最终我们要优化的目标函数为：

$$L=\frac{1}{T}\sum_{t=1}^{T}\sum_{-c\leqslant j\leqslant c}^{j\neq 0}\log_2 P(\boldsymbol{w}_{t+j}\mid \boldsymbol{w}_t) \tag{5-4}$$

这里的目标函数是对每对 [输入，输出] 的累加。同样，训练完毕后，输入层

的每个单词与矩阵 w_1 相乘得到的向量就是我们想要的词嵌入。完整的 Skip-Gram 训练流程示意如图 5.5 所示。

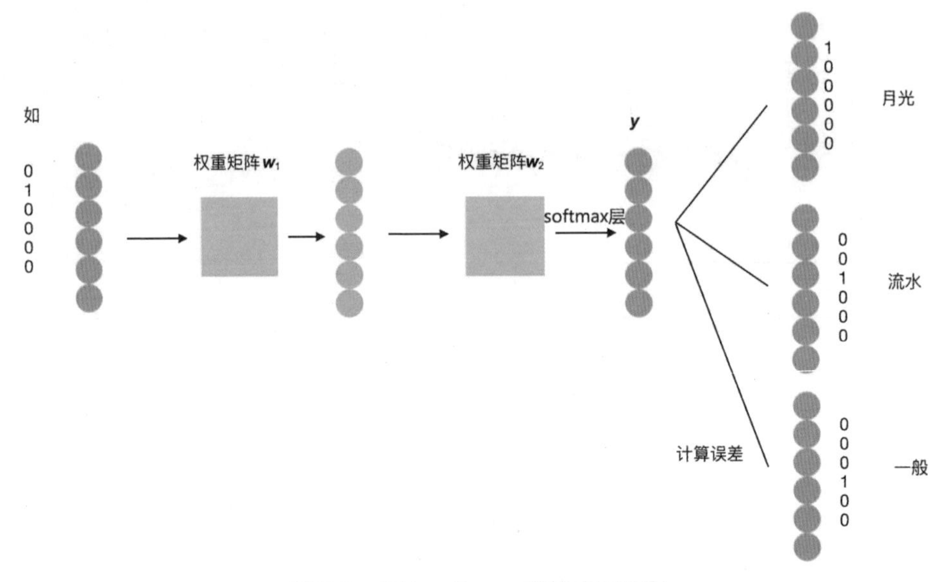

图 5.5 Skip-Gram 训练流程示意

通过以上分析可以看到，CBOW 的原理与英语完形填空是十分相似的，由上下文词预测中心词；Skip-Gram 则是通过预测目标词汇的不同临近词出现的概率，最后最大化实际临近词出现的概率来实现模型的训练。CBOW 通过后验概率来训练参数，因此对小数据集的训练效果不错，但是在大数据集上容易发生过拟合；而 Skip-Gram 由于是生成式模型，所以在小数据集上的表现不如 CBOW，更适合于大数据集的训练。

5.1.3 词袋模型与 TF-IDF

上文介绍的文本表示方法属于基于神经网络的表示方法，也是目前业界流行的方法。还有一种文本表示方法称为词袋模型，它把一个文本看作一系列词汇的组合，忽略这些词汇之间的顺序和相关性。对于一些简单的语言处理问题，该方法使用起来十分方便。

词袋模型常见的特征提取方法有词频、信息增益和 TF-IDF 等，TF-IDF 是其中最经典的一种方法。

TF-IDF 的全称是 Term Frequency-Inverse Document Frequency，其主要目的是

从文本中提取关键词作为特征。这种方法主要从两个方面考虑词汇的重要性，第一个是 TF——词频，也就是一个词在单个文档中出现的频率，其计算公式如下：

$$TF_{w,D_i} = \frac{count(w)}{|D_i|} \tag{5-5}$$

其中 w 是某个单词，D_i 是第 i 篇文档，$count(w)$ 是单词 w 在文档 D_i 中出现的次数，$|D_i|$ 为文档 D_i 中所有词的数量。

通常来讲，一个词出现的频率越高，越能体现它在文档中的重要性。然而，一些无实意的常用词，如“的”“是”“了”，虽然它们在单个文档中出现的频率很高，而且在所有文档中的频率都是比较高的，但是它们在文本分类的过程中起到的作用并不大。对此，科学家们引入了 IDF 这个指标，目的是在文本表示和特征提取环节将这部分词汇的重要性打分降低，IDF 是“反文档频率”，计算公式如下：

$$IDF_w = \log_2 \frac{N}{1 + \sum_{i=1}^{N} I(w, D_i)} \tag{5-6}$$

其中，N 是文档集合中全部文档的总数量。$I(w,D_i)$ 表示文档 D_i 中是否包含单词 w，若包含则为 1，若不包含则为 0。若单词 w 在所有文档中均未出现，那么 $I(w,D_i)$ 的累加就是 0，为了防止分母为 0 的异常情况，分母中第一项加了一个平滑常数项“1”。

通俗来说，IDF 就是一个单词在全部文档中出现的次数的倒数。IDF 越大，说明这个单词越具有特点；IDF 越小，说明这个单词越普遍，对文本表示的价值就越低。

将 TF 和 IDF 相乘就是我们需要的单词重要性表达式，计算公式如下：

$$TF\text{-}IDF_w = TF_{w,D_i} \times IDF_w \tag{5-7}$$

TF-IDF 不仅考虑了一个单词在某个文档中的重要性，还考虑了这个单词在全部文档中的普遍性，因此在文本分类和短文本表示中有着广泛的应用，也是传统机器学习算法处理文本的经典特征提取方法。

但是它也有一些缺点，如没有考虑单词之间的前后关系，忽略了这种序列数据内在的顺序特征。另外 TF-IDF 考虑了词汇在全部文档和单个文档的出现频率，但是没有考虑在某一个特定类别文档中的出现频率，因此导致某些词并不能作为某一类文档的关键特征。

5.2 RNN 文本分类

文本分类是自然语言处理的基本任务之一，目标是将文本标注对应的类别标签。它有广泛的应用，包括主题标记、感知分类和垃圾邮件检测。传统的文本分类方法使用 n-gram 等特征来表示文档，然后使用线性模型或核方法进行分类。深度学习普及之后，人们也开始尝试用卷积神经网络、循环神经网络和长短期记忆（Long Short-Term Memory，LSTM）神经网络来学习文本表示和文本分类。

如果说卷积神经网络（Convolutional Neural Network，CNN）是计算机视觉的"利器"，那么循环神经网络（Recurrent Neural Network，RNN）就是NLP领域的"专家"。RNN 模型对序列数据的处理能力让它成为语言模型的首选。本节我们来介绍 RNN 文本分类。

5.2.1 RNN 文本分类的模块

在进行文本分类之前，先不要盲目地急着写代码。RNN 实现文本分类是一个复杂的过程，写代码之前先分清楚有几个模块，然后逐个进行梳理，这会帮助我们大大提升编程的效率。

首先我们通过 5.1 节的学习知道，文本分类有一些固定的参数，这就需要一个参数定义模块。参数定义模块包括数据集的参数和模型的参数两部分。

接着是预处理模块，该模块主要包括以下几个步骤：

1）文本分词；

2）提取文本的嵌入；

3）生成训练集、验证集或测试集。

有了现成的数据集，然后就是模型定义模块。模型定义模块主要是对模型进行选型，例如是普通 RNN 还是 LSTM，并将参数和数据传进去。

最后还有模型训练和评估模块。模型定义好了之后，在这里进行调用，完成训练，然后通过评估和可视化的代码输出训练的结果。下文我们具体来看看每个模块的核心代码。

5.2.2 参数定义

对于简单的 RNN 文本分类，我们大致需要以下几个参数。

1）embedding_size 是每个词的编码长度，一般为 16 或 32。

2）vocab_size 是预处理阶段的词表长度 n，这个长度表示取词表中频率最高的

n 个词。训练集和测试集基于这个词表提取文本的嵌入。

3）batch_size 是每一次训练的批处理样本数量，这个参数也是深度学习进行训练的基本单位。

4）max_length 是外扩填充的统一默认长度，大于这个长度的样本要被截断，小于这个长度的样本要用默认字符补齐。

5）learning_rate 是参数梯度下降优化的步长。

代码示例如下：

```
embedding_size = 16,
vocab_size = 8000,
batch_size = 128,
max_length = 500
learning_rate = 0.001
```

有了这些参数，就可以开始处理数据和训练模型了。

5.2.3　预处理

文本分词比较好用的是“jieba”分词库，调用 words= jieba.cut(content) 就可以完成分词。关于这个分词库的操作和使用，网上介绍的资料很多，这里就不做详细介绍。本小节主要来看一下嵌入和训练集、验证集以及测试集的划分。

我们以 TensorFlow 官网的电影评论数据集为例，下面的代码可以选取前 *n* 个词作为词表，这个词表按照数据集中的词频排序，取前 1 万个词。load_data 方法用来加载数据集，并自动将数据集分为测试集和训练集。

```
imdb = tf.keras.datasets.imdb
vocab_size = 10000
(train_data, train_labels), (test_data, test_labels) = imdb.load_
data(num_words = vocab_size)
word_index = imdb.get_word_index()
```

经过以上代码处理之后会得到一个有若干行样本的训练集和测试集。最后一行的作用是获得我们要的词表，即每个词的编码。有了这个词表，我们就可以将训练集和测试集中的每个词转换成词表中的编码，便于后面做嵌入。

接下来就是将训练集的样本进行外扩填充，这里之所以需要外扩填充，是因为训练集和测试集每一行的样本并不等长，RNN 的训练数据需要是等长的，预测时的数据可以是变长的。这里的外扩填充操作就是在后面增加适量的默认字符 <'null'>，将所有样本补成一样的长度。

keras.preprocessing.sequence.pad_sequences() 可以实现编码和外扩填充这两个功

能。它有 4 个参数：第一个参数表示输入数据集；第二个参数表示填充的默认值；第三个参数表示默认值填充的位置，post 表示末尾填充，pre 表示前面填充；第四个参数表示补齐后的默认长度。代码如下：

```
max_length = 400
train_data = keras.preprocessing.sequence.pad_sequences(
    train_data,
    value = word_index['<NULL>'],
    padding = 'post',
    maxlen = max_length)
```

我们对测试集做同样的操作。到这里预处理环节就完成了。

5.2.4 模型定义

这一部分其实比较简单，Keras 已经帮我们完成了 RNN 模型的基础结构，我们这里要做的只是调用模型的 layers 属性，然后设定每一层中的参数。代码如下：

```
model = keras.models.Sequential([
    keras.layers.Embedding(vocab_size, embedding_dim,
                           input_length = max_length),
    keras.layers.GlobalAveragePooling1D(),
    keras.layers.Dense(64, activation = 'tanh'),
    keras.layers.Dense(1, activation = 'sigmoid'),
])
model.compile(optimizer = 'adam', loss = 'binary_crossentropy',
              metrics = ['accuracy'])
```

参数的第一行是进行嵌入提取。因为我们在上文设置 embedding_size=16，所以这一层会把输入数据中的词表序列转换成一个长度为 16 的向量。因为每个样本长度是 max_length，所以对于每次训练的一批数据，各参数关系为：

$$\text{data\_size} = \text{embedding\_size} \times \text{max\_length} \times \text{batch\_size} \tag{5-8}$$

这就是经过第一层处理后的输入矩阵大小。

第二层进行池化操作，把 data_size 从三维转化成二维，消除的是中间的 max_length 维度，最后得到的是一个 embedding_size × batch_size 的数据集。这里的池化其实是对单词的嵌入每一位对应取平均值的结果。

第三层就是一个全连接层，激活函数设定为 tanh，64 表示全连接网络的单元数量。

第四层是输出层，因为是二分类，所以输出的激活函数可以设置为 sigmoid。

最后设置优化方式是 Adam 梯度下降，损失函数是二值交叉熵损失，评估指标是准确率。

这样我们的模型就定义好了。

5.2.5 模型训练和评估

模型训练像 Sklearn 中的所有算法一样，用的是 fit 方法。参数包含训练数据集、标签、迭代次数、batch_size 以及验证集的比例。验证集在训练过程中可以根据设定的比例自动从训练集中分离。代码如下：

```
history = model.fit(train_data, train_labels,
                    epochs = 30,
                    batch_size = batch_size,
                    validation_split = 0.15)
```

我们把训练过程中准确率的变化情况可视化，帮助我们判断模型的训练情况。代码如下：

```
def plot_learning_graph(history, label, epochs):
    data = {}
    data[label] = history.history[label]
    data['val_'+label] = history.history['val_'+label]
    pd.DataFrame(data).plot(figsize=(10, 6))
    plt.grid(True)
    plt.axis([0, epochs])
    plt.show()

plot_learning_curves(history, 'accuracy', 30, 0, 1)
```

这个方法先定义一个字典，字典中存放训练集的准确率和验证集的准确率，然后设定横轴是迭代次数，最后用 plt 方法显示图像，得到图 5.6 所示的准确率变化曲线，其中橙色曲线是验证集准确率曲线，蓝色曲线是训练集准确率曲线。

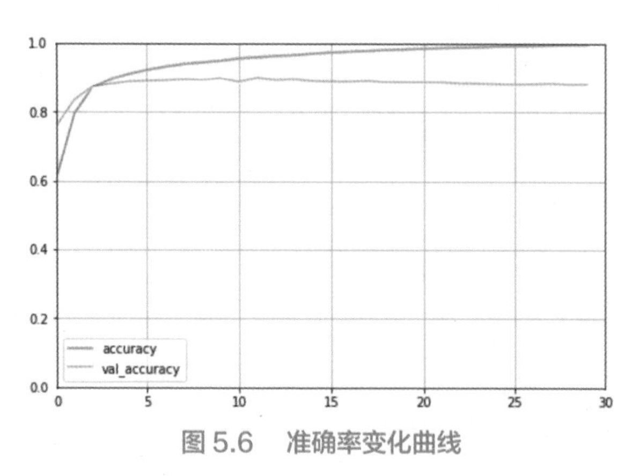

图 5.6 准确率变化曲线

到这里 RNN 文本分类的整个流程就介绍完毕。

5.3 HAN 文本分类

分层注意力网络（Hierarchical Attention Network，HAN）结构是在卡内基梅隆大学和微软雷德蒙德研究院于 2016 年联合发表的论文 *Hierarchical Attention Networks for Document Classification*[25] 中提出的一种文本分类模型。这种模型结构是对深度学习和注意力机制的一种拓展应用。HAN 模型有两个显著的特点：（1）它的模型层次结构和文档的层次结构相对应；（2）它有两层注意机制，分别应用于单词和句子级别，逐步对文章进行泛化处理，从而提升模型分类效果。

5.3.1 HAN 和 GRU 的基本原理

在 4.3 节，我们提到了注意力机制，注意力机制不仅能应用于 Seq2Seq 模型，对解码向量进行优化，也能应用于其他序列式数据，比如 RNN 和 LSTM 对文本编码后的词嵌入。HAN 就是利用这个原理，首先对一个句子中的所有单词的嵌入向量进行注意力加权求和处理，生成句子的嵌入向量，然后对文档中所有句子的嵌入向量进行注意力加权求和处理，生成文档的嵌入向量，最后再对文档的嵌入向量进行分类。下文将介绍如何利用层次结构从词嵌入逐步构建文档级向量 [25]。

假设每个文档都有 L 个句子，每个句子表示为 s_i（$i \in [0, L]$），每句话分别包含 T_i 个词。每个词表示为 w_{it}（$i \in [0, L]$，$t \in [0, T_i]$），代表第 i 个句子中的第 t 个单词。该模型将原始文档的每个词转换为一个嵌入向量表示，转换的方法分为两步：第一步对词嵌入进行初始化，先构造一个随机初始化矩阵 $\boldsymbol{W}_e$，那么单词的向量 $\boldsymbol{x}_{it}=\boldsymbol{W}_e\boldsymbol{w}_{it}$（$i\in[0, L]$，$t\in[0, T_i]$）；第二步用双向 GRU（Gate Recurrent Unit）来更新每个单词的嵌入向量 $\boldsymbol{w}_{it}$，GRU 是类似于 LSTM 的一种循环神经网络结构，它的单元结构比 LSTM 更简单，计算复杂度也更低，单元结构如图 5.7 所示。

在图 5.7 中展示的 GRU 单元结构中，$\boldsymbol{z}_t$ 代表更新门，$\boldsymbol{r}_t$ 代表重置门，上一个节点输出状态为 $\boldsymbol{h}_{t-1}$，当前节点输入向量为 $\boldsymbol{x}_t$，$\tilde{\boldsymbol{h}}$ 是 $\boldsymbol{h}_{t-1}$ 和 $\boldsymbol{x}_t$ 经过 $\boldsymbol{r}_t$ 和激活函数 tanh 处理后的向量。$\tilde{\boldsymbol{h}}$ 的计算公式为：

$$\widetilde{\boldsymbol{h}}_t = \tanh(\boldsymbol{W}_h\boldsymbol{x}_t + \boldsymbol{r}_t \odot (\boldsymbol{U}_h\boldsymbol{h}_{t-1})\boldsymbol{b}_h) \tag{5-9}$$

其中，$\boldsymbol{W}_h$、$\boldsymbol{U}_h$ 和 $\boldsymbol{b}_h$ 都是权重系数（下同），$\boldsymbol{r}_t$ 的作用是决定上一个单元的输出信息有多少能进入当前节点，如果 $\boldsymbol{r}_t$ 为 0，那么上一步的信息将会全部丢弃，如果 $\boldsymbol{r}_t$ 不为 0，那么就会有一部分上一节点的结果进入当前的候选向量 $\tilde{\boldsymbol{h}}$，$\boldsymbol{r}_t$ 的计算公式如下：

$$r_t = \sigma W_r x_t + U_t h_{t-1} + b_r \tag{5-10}$$

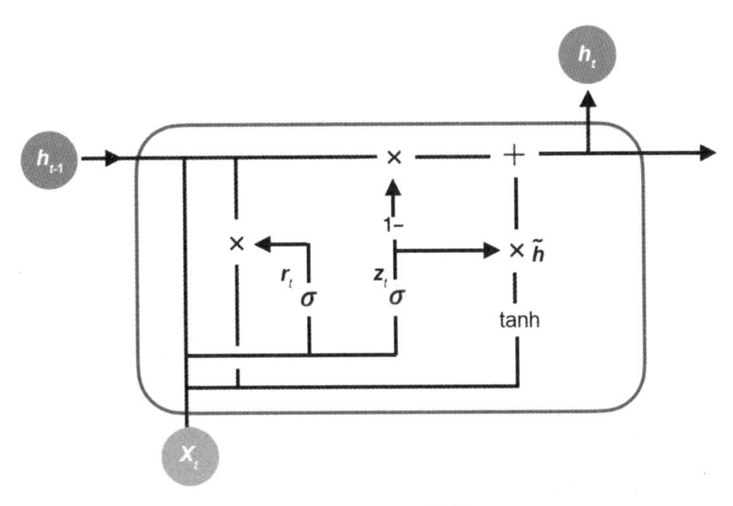

图 5.7　GRU 结构

而 z_t 的作用是对 $\tilde{h}$ 进行选择性过滤，它能决定上一节点的输出信息 h_{t-1} 保留哪些数据以及当前输入 x_t 会加入哪些数据，计算公式如下：

$$z_t = \sigma W_z x_t + U_z h_{t-1} + b_z \tag{5-11}$$

这里 z_t 对信息的筛选和前面 r_t 对信息的筛选的区别在于，r_t 只是对上一节点向当前节点传入的信息进行选择，然后将其与当前节点的输入数据直接拼接进来，相当于对“是否重置”进行控制；z_t 则是对 x_t 和 h_{t-1} 包含的信息进行互斥的选择，即控制数据的“更新”，如果 x_t 向量中的某个维度权重大，那么 h_{t-1} 对应的维度权重就会小，这也是 GRU 最“聪明”的地方，通过一个更新门 z_t 实现了 LSTM 中遗忘门（过滤上一节点传入信息）和记忆门（选择当前节点记忆信息）的功能。

节点最终输出的结果为：

$$h_{it} = (1 - z_t) \odot h_{t-1} + z_t \odot \widetilde{h_t} \tag{5-12}$$

以上就是 GRU 的基本原理。

HAN 使用的是双向 GRU，输入数据为第一步初始化好的 x_{it}，也就是每个句子中的词嵌入，双向 GRU 分为正向学习和反向学习两种方式，正向学习读取输入数据，从句子 s_i 中的词汇 w_{i1} 开始，到 w_{iT} 结束，得到每个单词的嵌入向量 $\vec{h}_{it}$，反向学习则从 w_{iT} 开始，到 w_{i1} 结束，得到另一个反向嵌入向量 $\overleftarrow{h}_{it}$。经过 GRU 若干轮训练对参数的调整，最终得到每个单词的嵌入向量 $h_{it}=[\vec{h}_{it},\overleftarrow{h}_{it}]$。$h_{it}$ 是以该单词为中心的句子相关信息[25]。

这个过程可以表示如下：

$$
\begin{aligned}
\boldsymbol{x}_{it} &= \boldsymbol{W}_e \boldsymbol{w}_{it}, t \in [1, T_i], \\
\vec{h}_{it} &= \overrightarrow{\mathrm{GRU}}(\boldsymbol{x}_{it}), t \in [1, T_i], \\
\overleftarrow{h}_{it} &= \overleftarrow{\mathrm{GRU}}(\boldsymbol{x}_{it}), t \in [T_i, 1].
\end{aligned} \tag{5-13}
$$

5.3.2 HAN的注意力层

有了单词的嵌入向量，下一步就可以通过注意力机制对单词的嵌入向量进行整合，进而得到句子的嵌入向量。为什么这里要用注意力机制进行整合，而不是简单地将单词的嵌入向量进行对位相加或者直接取平均呢？这是因为每个单词对表达句子的整体含义的贡献是不一样的，比如“我吃了一个又大又红的苹果”，这句话中最重要的单词是“我”“吃”“苹果”，这几个词的权重应该放大，而剩下的单词权重则应该适当减小。因此，需要引入注意机制来提取对句子意义有重要贡献的词，并将这些词的嵌入向量聚合成句子的向量。具体公式为：

$$
\begin{aligned}
\boldsymbol{u}_{it} &= \tanh(\boldsymbol{W}_w \boldsymbol{h}_{it} + b_w), \\
\boldsymbol{\alpha}_{it} &= \frac{\exp(\boldsymbol{u}_{it}^{\mathrm{T}} \boldsymbol{u}_w)}{\sum_t \exp(\boldsymbol{u}_{it}^{\mathrm{T}} \boldsymbol{u}_w)}, \\
\boldsymbol{s}_i &= \sum_t \boldsymbol{\alpha}_{it} \boldsymbol{h}_{it}.
\end{aligned} \tag{5-14}
$$

首先通过一个多层感知机（Multilayer Perceptron，MLP）将词嵌入 $\boldsymbol{h}_{it}$ 转换为 $\boldsymbol{u}_{it}$，其中，$\boldsymbol{W}_w$ 和 b_w 分别是权重向量和偏置项（公式（5-16）中 $\boldsymbol{W}_s$、b_s 同），然后用单词级上下文向量 $\boldsymbol{u}_w$ 度量单词的重要性，并通过 softmax 函数得到归一化的重要性权重 $\boldsymbol{\alpha}_{it}$。然后计算基于权重的词嵌入的加权和，作为句子向量 $\boldsymbol{s}_i$。注意这里的上下文向量 $\boldsymbol{u}_w$ 可以被看作指定查询特定词汇的一种表示，在训练过程中被随机初始化，并且和 GRU 进行联合学习[25]。

到这里我们就得到了所有的句子向量 $\boldsymbol{s}_i$。

为了能够给句子赋予合适的权重，从而奖励对分类贡献大的句子，模型再次使用注意机制，生成文档向量 $\boldsymbol{v}$。这里首先也需要将句子向量用 GRU 转换成隐向量 $\boldsymbol{h}_i=[\vec{h}_i, \overleftarrow{h}_i]$，$\boldsymbol{h}_i$ 表示以该句子为中心的文档相关信息[25]。

$$
\begin{aligned}
\vec{h}_i &= \overrightarrow{\mathrm{GRU}}(\boldsymbol{s}_i), i \in [1, L], \\
\overleftarrow{h}_i &= \overleftarrow{\mathrm{GRU}}(\boldsymbol{s}_i), t \in [L, 1].
\end{aligned} \tag{5-15}
$$

下一步，就是对每个句子的隐向量赋予权重，生成一个文档向量，计算公式如下：

$$
\begin{aligned}
\boldsymbol{u}_i &= \tanh(\boldsymbol{W}_s \boldsymbol{h}_i + b_s), \\
\boldsymbol{\alpha}_i &= \frac{\exp(\boldsymbol{u}_i^{\mathrm{T}} \boldsymbol{u}_s)}{\sum_L \exp(\boldsymbol{u}_i^{\mathrm{T}} \boldsymbol{u}_s)}, \\
\boldsymbol{v} &= \sum_{i=1} \boldsymbol{\alpha}_i \boldsymbol{h}_i .
\end{aligned}
\tag{5-16}
$$

其中 $\boldsymbol{u}_i$ 是多层感知机将句子隐向量 $\boldsymbol{h}_i$ 转换的结果；$\boldsymbol{\alpha}_i$ 是每个句子隐向量的权重；$\boldsymbol{u}_s$ 是句子级上下文向量，该向量来衡量句子的重要性，在训练的过程中 $\boldsymbol{u}_s$ 也和 GRU 一起进行联合学习；$\boldsymbol{v}$ 是最终得到的文档向量。拿到文档向量 $\boldsymbol{v}$ 之后，就可以用该向量训练分类模型，论文中用的是 softmax，最终实现了文档分类。整个流程如图 5.8 所示。

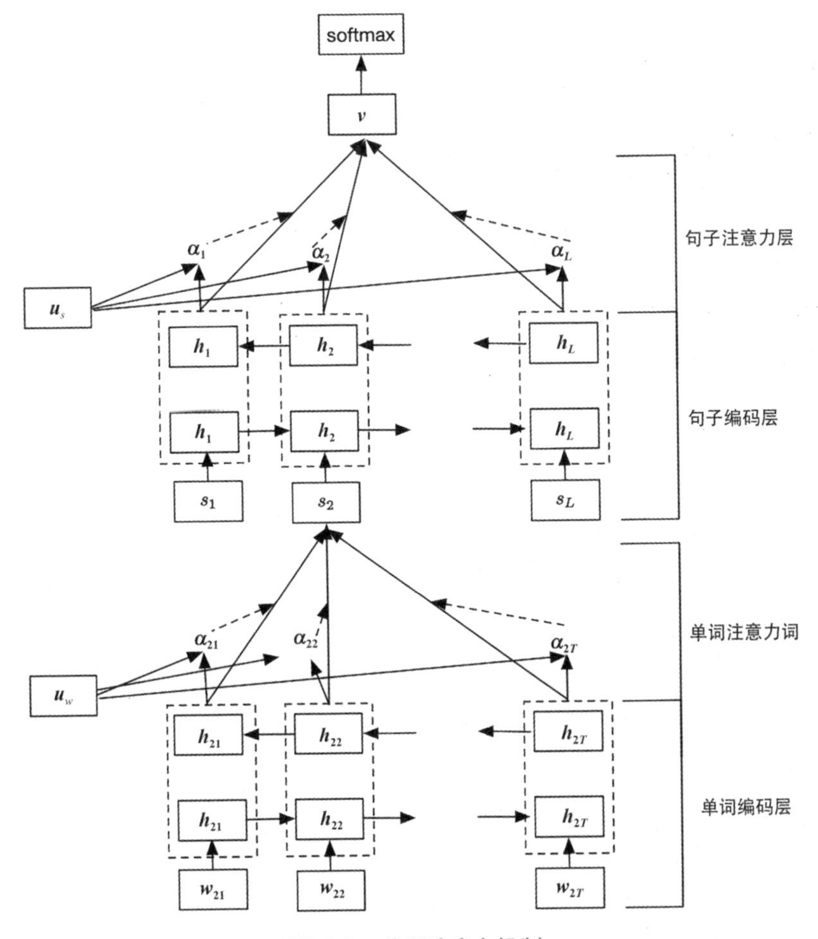

图 5.8 分层注意力机制

HAN 模型有两个最大的优点，第一个优点是充分利用了文档结构的层级结构，将文档进行先到句子，再到单词的逐级拆分，最终充分地提取了整个文档的完整信息。第二个优点是用两次注意力机制成功地提取了文档中最重要的成分，也增强了模型的泛化能力，使模型的性能和效果都得到了提升[25]。

5.4 NLP 评估

5.4.1 N-gram

在日常交流中，我们可能会遇到这样的情况，当一个外国人向你问候“How are you?”时，你会毫不犹豫地说：“I'm fine, thank you, and you?”再比如，在假期里，父母经常教育孩子：“不要躺在床上玩________”。这里的空格很容易让人联想到“手机”这个词，这是因为前面的几个词和后面的词有很强的关联性，它们会在特定的场景同时出现，我们的大脑中就会有这样一种惯性思维。

N-gram 就是根据语言的这种特性，基于句子里每个词之间的关联而设计的一种语言模型。通俗来说，N-gram 就是句子里面连续 N 个词组成的词组。它通过大量句子组合训练出不同单词组合的概率，关联性越高的词组，出现的概率也就越大。也就是说这种语言模型的词是否出现都依赖于前面 $N-1$ 个词，并且 N 越大，对后面的词的预测越准确。举例来说，对于“汉服是中国传统服饰”这句话，经过切词之后变为“汉服”“是”“中国”“传统”“服饰”，那么它的 2-gram（Bi-gram）、3-gram（Tri-gram）分别为：

2-gram：[汉服 , 是]，[是 , 中国]，[中国 , 传统]，[传统 , 服饰]

3-gram：[汉服 , 是 , 中国]，[是 , 中国 , 传统]，[中国 , 传统 , 服饰]

在实际使用中，考虑到性能问题，N 一般不能设为无限大，通常取值 2 ～ 4 就能满足大部分需求。

那么，N-gram 的词语组合概率是怎样计算的呢？

我们来看上面的例子，我们设整个句子为 S，对每个词建立如下映射：

汉服 —— w_0

是 —— w_1

中国 —— w_2

传统 —— w_3

服饰 —— w_4

那么 2-gram 为：

$$P(S)=P(w_0w_1w_2w_3w_4)=P(w_0)P(w_1|w_0)P(w_2|w_1)P(w_3|w_2)P(w_4|w_3) \tag{5-17}$$

3-gram 为：

$$P(S)=P(w_0w_1w_2w_3w_4)=P(w_0)P(w_1|w_0)P(w_2|w_1w_0)P(w_3|w_2w_1)P(w_4|w_3w_2) \tag{5-18}$$

对于 2-gram，每一项的条件概率的计算公式如下：

$$P(w_n \mid w_{n-1}) = \frac{N(w_{n-1}w_n)}{N(w_{n-1})} \tag{5-19}$$

对于 3-gram，每一项的条件概率的计算公式如下：

$$P(w_n \mid w_{n-1}) = \frac{N(w_{n-2}w_{n-1}w_n)}{N(w_{n-2}w_{n-1})} \tag{5-20}$$

对于 N-gram 的计算公式如下：

$$P(w_n \mid w_{n-1}\cdots w_1w_0) = \frac{N(w_0w_1\cdots w_n)}{N(w_0w_1\cdots w_{n-1})} \tag{5-21}$$

其中$N(w_i)$表示第 i 个词出现的次数。

我们以下面 3 句话为例：

“汉服是中国传统服饰。”

“汉服是中国传统文化的一部分。”

“穿汉服弘扬中国传统文化。”

那么对于“中国”这个词,“汉服是”这个组合的 3-gram 概率为：P(“中国”|“汉服是”）=2/3。这个概率也称为词组精确率。

N-gram 和词组精确率在机器翻译和文本分类等方面有着广泛的应用。下文我们来看一下它们在 NLP 评估中的作用。

5.4.2 BLEU

本小节我们介绍机器翻译和文本生成最常用的评估算法之一，双语评估替换（Bilingual Evaluation Understudy，BLEU），它是对目标句子和机器翻译（生成）的句子相似度的一种评估指标。从人的思维角度来看，机器翻译句子的质量和人工翻译句子的对比包括 3 个方面：准确性、流畅性、完整性。如果机器翻译的句子和人工翻译的句子词汇数量、语法结构和词汇组成基本一致，那么这个机器翻译句子的得分就应该高，但是用算法来评估很难保证同时抽象出语法结构和词汇组成。

BLEU 就是从这 3 个方面出发对机器翻译句子进行相似度打分，这种相似度评判需要 1 个或多个人工翻译的目标句子作为机器翻译句子的参考指标，如果得分越接近 1，说明该机器翻译句子的质量越好，越接近 0 说明质量越差[26]。

先来看一下最初的方法。最初的评估规则只是单纯地统计机器翻译句子中的词汇在目标句子中出现的个数占全部机器翻译句子词汇的比例，也就是 1-gram 的精确率，例如：

机器翻译句子：OK OK OK

目标句子：If everything is OK, I would not go with you.

如果 3 个“OK”都在目标句子中出现，那么这句话的得分是 3/3=1。显然，这是不合理的。于是就引入了新的改进策略——修正 N-gram 精确率（Modified N-gram Precision）。

修正 N-gram 精确率认为，目标句子中的某个词语一旦被机器翻译句子中的词匹配过一次之后，就不能再次匹配。如上例中目标句子的 OK，只能对应机器翻译句子的第一个 OK，机器翻译句子中后面的两个 OK 就认为没有对应，因此这次的精确率就只有 1/3。

计算公式如下：

$$\text{Modified N-gram precision} = \frac{\min(\text{Machine\_st\_Count}_{w_i}, \text{Aim\_st\_Count}_{w_i})}{\text{Machine\_st\_length}} \quad (5\text{-}22)$$

其中分子 $\min(\text{Machine\_st\_Count}_{w_i}, \text{Aim\_st\_Count}_{w_i})$ 是某个词在机器翻译句子中出现次数和目标句子中出现次数的最小值，分母是机器翻译句子的长度。

我们还可以把 1-gram 换成 2-gram 和 3-gram，继续统计修正 N-gram 精确率，如果相似度都比较高，那么翻译的质量就比较好了。从人的思维角度来看，两个句子不仅词语之间能对上，而且不同长度的词组之间也能对上，就可以认为两个句子基本一致。

这个原理还可以进一步用到段落和整篇文章中。计算公式如下：

$$P_{\text{N-gram}} = \frac{\sum_{C\in(Candidate)} \sum_{\text{N-gram}\in C} Count_{clip}(\text{N-gram})}{\sum_{C'\in(Candidate)} \sum_{\text{N-gram}\in C'} Count(\text{N-gram})} \quad (5\text{-}23)$$

分子分母中的第一个Σ表示所有候选句子组成的段落或文章，分子中第二个Σ是被统计的 N 元组词组，分母中第二个Σ是包含所有制定词汇的 N 元组。

上面的公式解决了句子准确性和流畅性的评估问题，还有一个完整性需要补充。这个因素称为惩罚因子（Brevity Penalty，BP），也就是对翻译不完整的机器翻

译句子增加一个惩罚项，公式如下：

$$BP=\begin{cases}1 & c>r,\\ e^{(1-r/c)} & c\leqslant r\end{cases} \tag{5-24}$$

其中 c 表示机器翻译句子的单词数量，r 表示参考目标句子的单词数量。

最终的 BLEU 计算公式如下：

$$\mathrm{BLEU}=BP\times\exp\left[\sum_{n=1}^{N}w_n\log_2(p_n)\right] \tag{5-25}$$

其中 w_n 为赋予的权重。一般对多个 N 元组采用几何平均即可，例如：

$$\mathrm{BLEU}=BP\times\exp\left\{\frac{1}{4}\left[\log_2(p_1)+\log_2(p_2)+\log_2(p_3)+\log_2(p_4)\right]\right\} \tag{5-26}$$

总结一下，BLEU 在具体使用时，分为 4 个步骤。

1）设定合适的 N 元组长度，如 N=4。

2）分别计算段落或文章维度 1 ～ N 元组的精确率 $p_1,p_2,\cdots,p_N$。

3）根据公式计算惩罚因子。

4）根据公式计算 BLEU。

BLEU 有两个明显的优点：第一，它的整体思路接近人的思维方式，保障了准确性、流畅性和完整性；第二，它的计算并不复杂，非常适合大数据的批量处理。因此在业界使用非常广泛[26]。

但是 BLEU 也有一些缺点，我们来总结一下。

1．BLEU 没有考虑词汇的重要性

由于 BLEU 非常重视 N-gram 的统计指标，尽量保证了翻译句子的准确性，但是却忽略了词汇的含义在句子中的权重，我们来看一个例子。

机器翻译：

1）“我吃了一个苹果。”

2）“我吃完一个橘子。”

真实表达：

3）“我吃了一个橘子。”

可以看到，句子 1）和句子 3）的区别在于“苹果”和“橘子”，句子 2）和句子 3）的区别在于虚词“完”和“了”。从人的思维来看，苹果和橘子这种名词在句子里的重要性要远远高于“了”“吧”“呀”这些虚词，但是 BLEU 在评估时没法区别这一点。句子 1）和句子 2）的打分结果很可能是一样的，显然这并不是很合理，因为第一句话已经改变了句子的含义。

2．BLEU 不能很好地识别语序

同一个含义的句子经常有不同语序的表达方式，如“I eat one apple everyday.”和“Everyday I eat one apple.”

两个句子含义完全一样，只是调整了状语的位置，但 BLEU 会给出不同的打分结果。

3．BLEU 无法识别近义、同义表达

语言是丰富多样的，以汉语为例，汉语有文言文和白话文两大体系，同一句英文翻译过来也会有不同的意境。

我们来看下面的例子。

英文: One minute with you, is more than any absolutely everything to me.

中文白话文：与你在一起的一分钟，对我来说比世界上任何事都珍贵。

中文文言文：落花倾兮，美御美兮，见卿一刻，胜花美兮。

显然文言文的意境要远远高于白话文，但是单纯地用 N-gram 衡量，怎么能识别出两者的相关性呢?

另外，英文中还有大量的近义表达，如“for example”和“for instance”，我们知道它们都是“举个例子”的意思，但是 BLEU 会认为这两个句子是不同的。

5.4.3 ROUGE

ROUGE 的英文全称是 Recall Oriented Understudy for Gisting Evaluation，译为“一种基于召回的相似性度量方法”。这种评估方法和BLEU相似，也是基于N-gram的统计结果来进行评估。区别在于，BLEU 主要考虑的是译文精确率，也就是看译文翻译是否准确且流畅，只有惩罚因子考虑了召回的问题，但是惩罚因子也只是对句子长度进行了对比，并没有进一步分析原文的语义是否为完整表达；而 ROUGE 主要考虑译文对原文语义的召回率，对句子的流畅性考虑较少。ROUGE 分支比较多，计算方法也不一样。下面分别进行介绍。

1．ROUGE-N

$$\text{ROUGE-N}=\frac{\sum_{S\in[\text{ReferenceSummaries}]}\sum_{gram_n\in S}Count_{\text{match}}(gram_n)}{\sum_{S\in[\text{ReferenceSummaries}]}\sum_{gram_n\in S}Count(gram_n)} \tag{5-27}$$

其中“N”代表 N-gram，分子中 $Count_{\text{match}}(gram_n)$ 是机器翻译句子和人工翻译句子

中 N-gram 匹配的最大数量，分母中 $Count(gram_n)$ 是人工翻译句子中的 N-gram 数量[27]，ReferenceSummaries 是人工翻译的参考词汇集合。

举个例子。

人工翻译参考句 1: I ate a big apple.

人工翻译参考句 2: I ate a very big apple.

机器翻译句子: He ate a big apple.

那么

$$\text{ROUGE–1}=(4+4)/(5+6)=8/11$$

$$\text{ROUGE–2}=(3+2)/(4+5)=5/9$$

2. ROUGE-L

对于 ROUGE-L，“L” 表示最长公共子序列（the Longest Common Subsequence）。ROUGE-L 并不要求严格的最长公共子序列，它只要求按词语出现的顺序能匹配上就行，中间可以出现间断。也就是说，匹配的子序列不是严格的 N-gram[27]。

设机器翻译句子长度为 L，可间断匹配公共子序列长度为 Lcs。

计算公式如下：

$$\text{ROUGE-L} = \frac{L}{Lcs} \tag{5-28}$$

上面的例子有如下计算结果：

对人工翻译参考句 1: ROUGE–L=4/5=0.8

对人工翻译参考句 2: ROUGE–L=4/6=2/3

ROUGE-L 有一个明显的优势就是计算简单，不需要反复计算 N-gram。它的缺陷也在此，它只考虑了最长子序列，忽略了中间未匹配上的子序列，而这些子序列很可能是造成错误翻译的地方。

3. ROUGE-W

对于 ROUGE-W，“W” 表示带权重的最长公共子序列（Weighted Longest Common Subsequence, WLCS），在 ROUGE-L 的基础上引入了权重，使连续匹配的子串比不连续匹配子串有更大的权重[27]。

计算公式如下：

$$\text{ROUGE-W} = f^{-1}\left[\frac{\text{WLCS}(X,Y)}{f(m)}\right] \tag{5-29}$$

权重计算公式 $f(x)$ 是这个评估指标的关键地方，一般采用指数函数，因为指数函数与其反函数的形式是一样的，在计算的时候更加方便。我们直接看下面的例子。

人工翻译参考句 1：I ate a big apple.

人工翻译参考句 2：I ate a very big apple.

机器翻译句子：He ate a big apple.

对人工翻译参考句 1：WLCS=4 × 4=16，$f(m)$=5 × 5=25， $\text{ROUGE-W} = (16 / 25)^{1/2} = 0.8$

对人工翻译参考句 2：WLCS=2 × 4=8，$f(m)$=6 × 6=36， $\text{ROUGE-W} = (8 / 36)^{1/2} \approx 0.471$

计算 WLCS，第一个因子是最大公共子串长度，第二个因子是非严格最大公共子串长度。$f(m)$ 的因子是人工翻译句子的长度。

4. ROUGE-S

ROUGE-S 中的“S”是 Skip-Bigram 的意思，什么是 Skip-Bigram？我们直接看例子。

```
I ate a big apple.
```

其中 {I ate，I a，I big，I apple，ate a，ate big，ate apple，a big，a apple，big apple}，这个集合就是 Skip-Bigram。

ROUGE-S 就是计算机器翻译句子和人工翻译参考句子的 Skip-Bigram 匹配次数。

它考虑了所有按照词的排列顺序生成的单词对，而 ROUGE-L 只考虑非连续最长公共子序列。

ROUGE-S 的跳跃性会导致很多无意义的词语组合的出现，如 ate big、I big，因此使用时一般需要限定跳跃步长小于 4。如果跳跃步长为 2，那么 ROUGE-S 也可以写为 ROUGE-S2[27]。

ROUGE 的 4 种分支各有所长，整体来看 ROUGE 倾向于召回的特性，这导致算法一般在摘要和评论等短文本中使用较多。对于长文本的评估，ROUGE 的性能和效果往往不如 BLEU。

5.4.4 Pointwise、Pairwise 和 Listwise 排序算法

LTR 的全称是 Learning to Rank，是当前比较流行的排序算法的统称。LTR 在 NLP 搜索引擎、推荐算法和路线排序中都有广泛的应用，它包含 3 个主流的分支——Pointwise、Pairwise 和 Listwise。本小节主要对这 3 种排序算法的思路做一个简单的介绍。

1. Pointwise

Pointwise 的排序思路是这 3 种排序算法中最简单的，但是效率是最低的。它的主要原理是将数据集中的目标问题与其对应的所有候选样本进行匹配，然后最小化所有目标问题和候选样本配对组合的交叉熵。我们可以把这个模型表达为一个三元组——$\langle E,C_i,Y_i\rangle$，其中 E 是标准用例，在搜索引擎中 E 代表用户的搜索语句，在推荐算法中则是用户的偏好，在路线排序中 E 是标准实走路线；C 是候选集合，C_i是候选集中的某一个候选项；Y_i则是训练样本的真实分类标签。当然，训练集中会包含一些与标准用例相关度较低的句子用作负样本。

经过训练后的二分类模型，例如逻辑斯谛回归模型，在对未知样本C_i进行分类时会给出一个概率值P_i：

$$\langle C_i,P_i\rangle i=1,2,\cdots,n \tag{5-30}$$

根据这个P_i可以对候选样本进行排序。

2. Pairwise

Pairwise 的主要思想是让候选集中两个样本组对，然后对两个样本的差值构建损失函数。如果损失函数超过某个阈值，则认为两个样本之间存在排序关系。用三元组表示为$\langle E,C_i^+,C_i^-\rangle$，其中 E 仍然是标准用例，C_i^+ 是候选集中与标准用例相关度较高的样本，而C_i^-则是候选集中与标准用例相关度较低的样本。它们构建的损失函数如下：

$$L=\max\{0,[h_\theta(E,C_i^+)-h_\theta(E,C_i^-)]-\eta\} \tag{5-31}$$

其中 η是边界阈值。如果$[h_\theta(E,C_i^+)-h_\theta(E,C_i^-)]-\eta>0$，也就是正确样本和错误样本之差大于$\eta$，那么就认为样本$C_i^+$是一个可以作为候选推荐的高优样本。最后将所有的高优样本集合起来，选取前 n 个得分最高也就是$h_\theta(E,C_i^+)$最大的 n 个样本作为最终推荐结果。

3. Listwise

Listwise 是一种简单有效的解决方案，它并没有将算法看作一个三元组，而是将每个样本和标签看作一个二元组$\langle C_i,Y_i\rangle$去整体训练一个模型进行打分。

举例来说，我们有以下数据，目标值 E=1，5 个候选句子真实打分分别为$[\langle C_1,0.3\rangle,\langle C_2,0.2\rangle,\langle C_3,0.8\rangle,\langle C_4,0.7\rangle,\langle C_5,0.5\rangle]$，如果我们训练的模型给它们的打分都是它们的标签真值，那么得到的总体误差就是最小值 0，排序结果就是 $[C_3,C_4,C_5,C_1,C_2]$。通俗来讲，我们就是训练一个模型，让它的打分结果和手工排序的结果尽量一致，然后从这个排序结果中选择前 *n* 个作为推荐结果。

应用 Listwise 排序的算法有很多，如 AdaRank、SoftRank 和 LambdaMART 等，有兴趣的读者可以自行查阅。

5.5 小结

本章主要介绍 NLP 相关的文字的预处理、RNN 文本分类及 NLP 评估。

5.1 节我们介绍了两种嵌入方法——独热编码和 word2vec，还有词袋模型常用的特征提取方法——TF-IDF。这一部分是 NLP 任务的第一步，也是影响文本处理的关键环节。

5.2 节以 RNN 模型为例，系统地介绍了文本分类的整个流程和评估方法。总结起来，NLP 处理基本包含这几个步骤：参数定义、预处理、模型定义、模型训练和评估。

5.3 节在 5.2 节的基础上介绍了一种更实用的文本分类模型——HAN。这个模型通过两层注意力机制分别对文本的单词和句子对应的嵌入向量进行了泛化处理，从而提升了模型的分类效果。

5.4 节主要是对文本处理结果的评估，5.4.1 小节介绍了评估方法的基础——N-gram，它是一种方便文本统计的语言模型。在此基础上，5.4.2 小节进一步介绍了一个重要的评估算法 BLEU，它通过准确性、流畅性和完整性 3 个方面对机器生成或翻译的文本进行评估，对大多数场景来说，结果非常接近人工评价效果。5.4.3 小节介绍了另一种评估模型——ROUGE，这种评估模型分支较多，但是都比较适合短文本的机器语句评估，是一种短小精悍的评估工具。5.4.4 小节是对现在流行的文本排序算法 Pointwise 、Pairwise 和 Listwise 的对比介绍，业界很多机器学习模型都在一定程度上借鉴了这些算法的打分机制，例如 XGBoost 就是借鉴了 Pairwise 的对比打分的原理，第 6 章将会进行详细介绍。

第6章 预言家的思考——树模型的对比与评估

预估问题是实际业务中较常见的一类业务问题，例如外卖和打车业务中的时长预估，以及金融公司的市场、股票走势预估等。预估模型最常见的实现方法之一是树模型。树模型想必大家都不陌生，尤其是基础的决策树算法，只要了解过机器学习的读者基本都耳熟能详。树模型在业界也得到了广泛的认可，例如经过基础树模型集成后的 XGBoost 算法，无论是复杂的分类问题还是预估问题，都可以取得不错的效果。虽然深度学习自出现后在语音识别、机器翻译和计算机视觉等方面取得了很好的成果，但是在很多其他领域，如时间预估、推荐算法等，深度学习无论在性能还是效果方面，都没有表现出明显优势，很多业务场景主要还是使用树模型。由此可见树模型在机器学习领域发挥的巨大作用。本章我们就来详细介绍一下算法领域的“预言家”——树模型。

6.1 基础树模型的对比

决策树分类的原理是通过某个指标评估每个特征在区分样本时的重要性，然后将每个特征按照重要性排序，依次作为树结构的分裂节点，从而达到对样本分类的目的。在介绍树模型的评估理论之前，我们先对树模型做一个系统的整理。本节我们来讨论基础的树模型。经典的基础树模型有 ID3、C4.5 和 CART 这 3 种，其中 ID3 是最早的树模型，后面两种树模型都是在 ID3 的基础上发展而来的，在功能上又增加了很多特点。下面分别对这 3 种树模型进行简单介绍。

6.1.1 ID3

ID3 是绝大部分树模型的基础，它采用信息增益来评估特征的重要性，从而生成一个特征树。它支持多叉树，特征类型一般是离散型，因此它只能解决分类问题，不能解决回归问题。

ID3 进行分类的依据是信息熵理论，它认为信息量越大的特征，越有优先判定的权利。熵（Entropy）正是决定信息量的重要指标。

熵表示对随机变量不确定性的度量，也就是熵越大，变量的不确定性越大。设

X是一个有限值的离散随机变量，其概率分布为：

$$P(X=x_i)=p_i,\ i=1,2,\cdots,n \quad (6\text{-}1)$$

随机变量X的熵定义为：

$$H(X)=-\sum_{i=1}^{n}p_i\log_2 p_i \quad (6\text{-}2)$$

信息增益定义为集合D的经验熵$H(D)$与给定特征A在给定训练集D的经验条件熵$H(D|A)$之差，表示为$G(D,A)$，计算公式如下：

$$G(D,A)=H(D)-H(D|A) \quad (6\text{-}3)$$

信息增益大的特征具有更强的分类能力。

我们通过一个详细的案例来介绍信息增益和ID3的运行机制。

假设我们预测一款护肤品的购买情况，如表6.1所示。

表6.1　护肤品购买情况

年龄段（age）	经济条件（eco）	性别（gender）	是否购买（buy）
年轻	一般	男	是
年轻	一般	女	是
年轻	好	女	是
年轻	极好	女	是
中年	好	男	是
老年	一般	男	否
老年	一般	男	否
中年	极好	女	是
中年	好	女	是
中年	一般	男	否

这款护肤品被购买的概率是7/10，根据信息熵的计算公式，我们可知：

$$H(\text{buy})=-7/10\log_2(7/10)-3/10\log_2(3/10)\approx 0.881$$

根据年龄段，计算其信息熵。年龄段为年轻时，购买的概率是1；年龄段为中年时，购买的概率是3/4；年龄段为老年时，购买的概率是0：

$$H(\text{age})=-3/4\log_2(3/4)-1/4\log_2(1/4)\approx 0.811$$

根据经济条件，计算其信息熵。其中经济条件为极好时，购买的概率是1；经济条件为好时，购买的概率是1；经济条件为一般时，购买的概率是2/5：

$$H(\mathrm{eco})=-2/5\log_2(2/5)-3/5\log_2(3/5)\approx 0.971$$

根据性别，计算其信息熵，其中女性购买概率是 1，男性购买概率是 2/5：

$$H(\mathrm{gender})=-2/5\log_2(2/5)-3/5\log_2(3/5)\approx 0.971$$

下面计算信息增益：

$$G(\mathrm{age})=0.881-0.4\times 0.811\approx 0.557$$

$$G(\mathrm{eco})=0.881-0.5\times 0.971\approx 0.396$$

$$G(\mathrm{gender})=0.881-0.5\times 0.971\approx 0.396$$

由以上结果可以看出，年龄段特征的信息增益最大，因此我们选择年龄段作为第一个分裂节点。但是 ID3 存在一个比较大的问题，就是信息增益偏向于取值比较多的特征，因为取值越多，信息增益就越容易偏大，如本例的年龄段。

在 C4.5 中，这个问题得到了解决。

6.1.2　C4.5

C4.5 仍然需要计算信息熵和信息增益，还需要进一步计算分裂信息度量 $H(V)$，信息增益率的计算公式如下：

$$IGR(V)=G(V)/H(V) \tag{6-4}$$

用信息增益率来计算分裂节点的最大好处就是能够避免 ID3 倾向取值多的特征的问题。除此之外，C4.5 还加入了剪枝策略，能更好地避免过拟合。

先来看一下 C4.5 怎么进行分类。

第一步，和 ID3 一样需要计算信息增益，我们在 6.1.1 小节已经完成。

第二步，计算分裂信息度量 $H(V)$。

首先看年龄段特征，有 3 个取值，年轻 4 个、中年 4 个、老年 2 个，计算得：

$$H(\mathrm{age})=-4/10\log_2(4/10)-4/10\log_2(4/10)-2/10\log_2(2/10)\approx 1.522$$

对于经济条件，有 3 个取值，极好 2 个、好 3 个、一般 5 个，计算得：

$$H(\mathrm{eco})=-2/10\log_2(2/10)-3/10\log_2(3/10)-5/10\log_2(5/10)\approx 1.485$$

对于性别，有 2 个取值，女 5 个、男 5 个，计算得：

$$H(\mathrm{gender})=-5/10\log_2(-5/10)-5/10\log_2(-5/10)=1$$

第三步，计算信息增益率：

$$IGR(\mathrm{age})=G(\mathrm{age})/H(\mathrm{age})=0.557/1.522\approx 0.366$$

$$IGR(\text{eco})=G(\text{eco})/H(\text{eco})=0.396/1.485\approx 0.267$$

$$IGR(\text{gender})=G(\text{gender})/H(\text{gender})=0.396/1=0.396$$

C4.5 选择信息增益率最大的作为优先选择特征，本例中选择性别。

1．C4.5 如何处理连续特征

虽然连续值属于一个连续区间，不能直接取值划分，但是每个样本之间的值却是固定的，因此可采用二分法（Bi-Partition）进行处理。首先将特征值进行排序，然后取每个相邻特征值的中点作为可能的分裂阈值。

给定样本集 D 和连续属性 s，其有 n 个不同取值，从小到大排序得$[s_1,s_2,\cdots,s_n]$，那么每个可能的分裂点的概率 P_i 的计算公式如下：

$$P_i=\frac{s_i+s_{i+1}}{2},0<i<n \tag{6-5}$$

得到这些可能的分裂值之后就可以按照离散值的方式进行收益的计算。

2．如何剪枝

剪枝一般分为预剪枝和后剪枝两种。

1）预剪枝：决策树生成过程中，在节点划分前进行剪枝。若当前节点划分不能带来效果提升，则停止分裂，并将当前节点标记为叶子节点。通常预剪枝有 4 种方法：

- 设置树的深度，分裂深度超过此阈值则立刻停止，缺点是不灵活、适应性差；
- 特征统计，如果当前节点的所有样本特征值都一样就停止分裂，不管这些样本的真值是否属于同一类别；
- 限制每个叶子节点的样本个数，小于此阈值则停止分裂；
- 计算决策树的整体性能收益，如果收益变差则不分裂，XGBoost算法采用了这一思路。

2）后剪枝：先生成一棵完整的决策树，然后从下往上或从上往下对非叶子节点逐个分析，若将节点对应子树替换为叶子节点能提升效果，则将子树替换为叶子节点。后剪枝相对预剪枝有更好的针对性，往往在测试集上有更好的效果，但是训练性能相对差一些。

6.1.3 CART

CART 是一种功能丰富的树，它集合了前两种决策树的优点，并进一步增加了回归算法的功能，在集成决策树模型中有广泛的应用。CART 分类树和回归树的区别在

于，CART 分类树的输出是离散的类别标签，而回归树的输出是一系列的连续实数。

CART 没有用信息熵和信息增益计算分裂节点，而是用基尼系数来计算的。这里的基尼系数和经济学中计算贫富差距的基尼系数没有任何关系，只是名称相同，请注意不要混淆。基尼系数的计算方法如公式（6-6）所示。

假设有 K 个类，样本点属于第 k 类的概率为 p_k，则概率分布的基尼指数 $Gini(p)$ 定义为：

$$Gini(p)=\sum_{k=1}^{K}p_k(1-p_k)=1-\sum_{k=1}^{K}p_k^2,\ \sum_{k=1}^{K}p_k=1 \tag{6-6}$$

仍然以购买护肤品为例。

根据年龄段计算基尼系数，其中年龄段为年轻时，购买的概率是 1，年龄段为中年时，购买的概率是 3/4，年龄段为老年时，购买的概率是 0：

$$Gini(\text{年轻})=1-(4/4)^2-(0/4)^2=0$$

$$Gini(\text{中年})=1-(1/4)^2-(3/4)^2=0.375$$

$$Gini(\text{老年})=1-(0/2)^2-(2/2)^2=0$$

$$Gini(\text{年龄段})=0\times(4/10)+0.375\times(4/10)+0\times(2/10)=0.15$$

根据经济条件计算基尼系数，其中经济条件为极好时，购买的概率是 1，经济条件为好时，购买的概率是 1，经济条件为一般时，购买的概率是 2/5：

$$Gini(\text{极好})=1-(2/2)^2-(0/2)^2=0$$

$$Gini(\text{好})=1-(3/3)^2-(0/3)^2=0$$

$$Gini(\text{一般})=1-(2/5)^2-(3/5)^2=0.48$$

$$Gini(\text{经济条件})=0\times(2/10)+0\times(3/10)+0.48\times(5/10)=0.24$$

根据性别计算基尼系数，其中女性购买的概率是 1，男性购买的概率是 2/5：

$$Gini(\text{女})=1-(5/5)^2-(0/5)^2=0$$

$$Gini(\text{男})=1-(2/5)^2-(3/5)^2=0.48$$

$$Gini(\text{性别})=0\times(5/10)+0.48\times(5/10)=0.24$$

可以看到，年龄段的基尼系数最小，因此选择年龄段作为分裂节点。

对于处理连续值和剪枝，CART 和 C4.5 是类似的，只是 CART 增加了平方损失函数去解决回归问题，而 C4.5 没有这个能力，因此很多集成树模型都采用 CART 作为基础模型。3 种基础树模型对比如表 6.2 所示。

表 6.2　基础树模型对比

模型	树形态	分裂标准	特征	缺失处理	任务	功能
ID3	多叉树	信息增益	离散	没有	无剪枝	分类
C4.5	多叉树	信息增益率	离散或连续	有	有剪枝	分类
CART	二叉树	基尼系数	离散或连续	有	有剪枝	分类和回归

其他一些差异如下：

- 相对于 ID3，C4.5 主要优化了节点分支的计算方式，解决了 ID3 偏向取值较多的特征的问题；
- 在特征使用方面，ID3 和 C4.5 对每个特征只使用一次，CART 可以对特征多次使用；
- CART 处理回归任务，用最小化平方损失准则选择特征，用样本点均值作为预测值，而 C4.5 和 ID3 不能用于回归。

以上就是我们要介绍的 3 种基础树模型。

6.2　随机森林和AdaBoost

基础树模型可以根据样本的特征来进行自动分类或预测，但是它们都有一个共同的问题，那就是过拟合。我们在第 2 章介绍过过拟合，也就是说模型在训练集上表现很好，但是在测试集上表现很差。基础树模型之所以会出现这种泛化能力差的问题，本质上是因为它的建树机制是一系列分支运算的组合，缺少一定的随机性。为了进一步提升树模型的效果，人们提出了集成树模型算法，也就是用多个树来共同决策最终的结果。

树的集成方法有两种思路，一种称为 bagging，另一种称为 boosting。bagging 的实现思路是并行建树 + 投票决策，代表算法为随机森林（Random Forest）; boosting 的实现思路是串行建树 + 投票或残差决策，代表算法为 AdaBoost 和 GBDT。本节我们先来对比介绍比较简单的集成算法——随机森林和 AdaBoost 的原理和评估方法。

6.2.1　随机森林

既然说到“森林”，那么肯定会有很多决策树，这个词体现了树模型的集成思想。那么随机代表什么含义呢？这里的随机有两层意思，第一层意思是说建树的特征是随机选择的，第二层意思是说建树的样本是随机选择的。具体来说，随机森林的构建过程可以分为以下几个步骤。

（1）随机选择数据集

设训练集为 *A*，用随机函数从 *A* 中有放回地抽取样本，构成子集 *B*。样本数量自主设定，但是最好不要太接近全集 *A*，因为我们需要的是弱分类器，用来保证最终分类投票有更多的随机性。

（2）随机选择特征

设特征集全集为 *F*，从 *F* 中无放回地随机抽取 *n* 个特征构成子集 *G*。*G* 的特征数量约为 *F* 特征数量的开平方，例如总特征数量为 16 个，那么建树的时候每棵树随机选择 4 个特征。

（3）建树

根据（1）、（2）两步选择的样本和特征构建决策树，可以是 ID3，也可以是 CART。

（4）构建森林

循环执行（1）、（2）、（3）这 3 步，构建足够多的决策树组成一个决策树森林，用于最终投票。

假设我们有 4 个特征和若干样本，那么我们构建的随机森林如图 6.1 所示，每棵树选择了 2 个特征，总共构建了 4 棵决策树[28]。

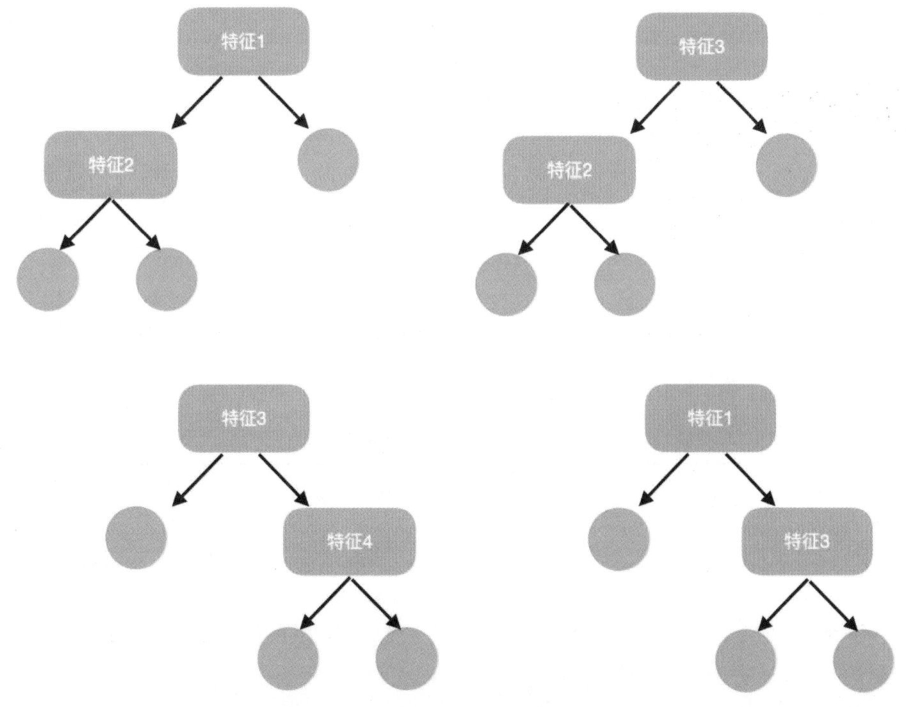

图 6.1　随机森林原理示意

那么最终的决策是如何实现的呢?

假设我们 4 棵树分类的结果分别为 [1,0,1,1]，那么最终的分类结果就是 1，即以投票最多的标签为准。

到这里随机森林的构建流程和预测机制基本介绍完毕，但是这里并没有结束，因为它自带一种特殊的评估方法。

随机森林的评估

当我们构建好一棵决策树后，除了用传统的测试集准召率来进行效果验证，还有一种只用训练集就能进行效果验证的方法，那就是未选择样本误差。

我们知道随机森林的每棵树在训练时都只选择了一部分样本，还有一部分样本是没有被选择的。假设树 1 选择了样本 S_n，树 2、树 3、树 4 没有选择 S_n，那么我们就计算 S_n 经过树 2、树 3、树 4 投票的结果是否正确；再比如假设树 2 选择了样本 S_m，树 1、树 3、树 4 没有选择 S_m，那么我们就计算 S_m 经过树 1、树 3、树 4 投票的结果是否正确，直到我们找出足够数量的未选择样本在没有选择该样本的决策树的投票结果。通过统计分类正确的比例，就可以知道随机森林的整体效果。随机森林的评估方法流程如图 6.2 所示。

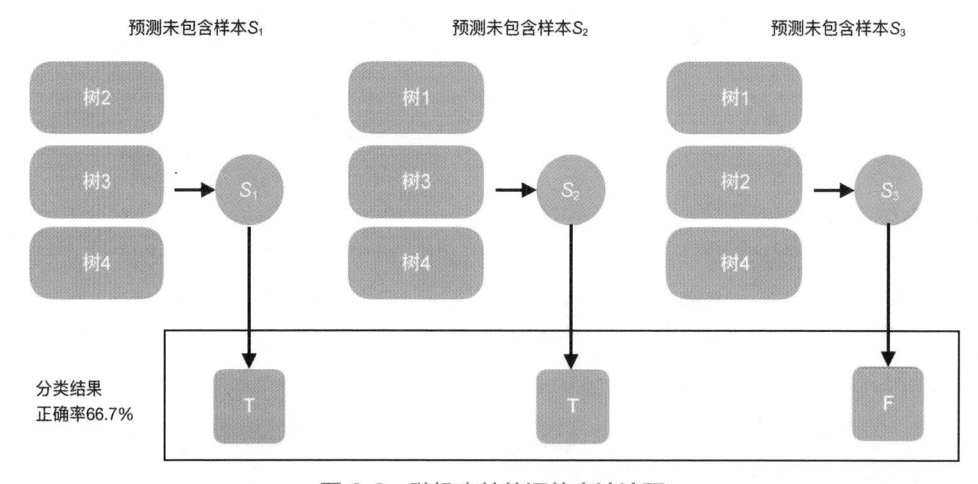

图 6.2 随机森林的评估方法流程

6.2.2 AdaBoost

AdaBoost 全称为 Adaptive Boosting，是一种串行建树的算法，但是最终的结果还是根据投票决定。

它的运行过程如下。

1）初始化权重。对训练集中的每个样本都赋予一个权重，并且权重的值全都相等，这些权重构成了向量 $\boldsymbol{D}$。

2）训练分类器，调整样本权重。在训练集上用基础树模型训练出一个弱分类器，一般这个弱分类器是只有根节点的决策树。计算该分类器的错误率，将错误分类的样本和正确的样本分开并分别调整权重。权重调整方法如下。

（A）计算错误率 ϵ，计算公式如下：

$$\epsilon = \frac{\text{uncorrect number}}{\text{total number}} \tag{6-7}$$

（B）计算分类器权重 α，计算公式如下：

$$\alpha = \frac{1}{2}\ln\left(\frac{1-\epsilon}{\epsilon}\right)$$

（C）更新样本权重，如果第 t 棵树、第 i 个样本被正确分类，那么该样本的权重更新为：

$$D_i^{(t+1)} = \frac{D_i^{(t)}\mathrm{e}^{-\alpha}}{\mathrm{Sum}(D)} \tag{6-8}$$

如果第 t 棵树、第 i 个样本被错误分类，那么该样本的权重更新为：

$$D_i^{(t+1)} = \frac{D_i^{(t)}\mathrm{e}^{\alpha}}{\mathrm{Sum}(D)} \tag{6-9}$$

也就是说，正确分类的样本权重降低，错误分类的样本权重增加。

3）训练新模型。调整权重之后，调整数据集，重新训练一个模型。这一步误差计算方法是将各个错分样本的权重求和，取误差最小的阈值作为这一层的分类器。然后按照步骤 2）的更新权重公式再次更新样本权重，循环执行步骤 3），直到训练错误率为 0 或者分类器的数目达到指定值为止 [29]。

整个训练流程如图 6.3 所示。第一次被分错的样本被放大权重，下一个分类器在学习过程中为了降低整体的错误率，会尽量把权重大的样本分对。由此可知，权重分布影响着单层决策树决策点的选择，权重大的样本得到较多的关注，权重小的样本得到较少的关注。

在分类的时候，最终结果将充分考虑每个分类器的投票。假设有分类器 C_1、C_2、C_3、C_4、C_5，如果 C_1、C_2、C_3 选择标签为 1（$label_1$），C_4、C_5 选择标签为 0（$label_0$）。公式如下：

$$label_1=\alpha_1C_1+\alpha_2C_2+\alpha_3C_3$$
$$label_0=\alpha_4C_4+\alpha_5C_5 \quad (6\text{-}10)$$

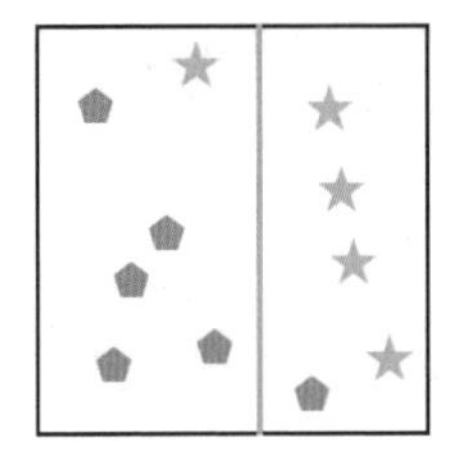

图 6.3　AdaBoost 算法的训练流程

如果 $label_1 > label_0$，那么最终标签就是 1；如果 $label_0 > label_1$，那么最终标签就是 0。

总结一下：

1）AdaBoost 由很多弱分类器实现分类，这些弱分类器经常只有一个根节点，这样方便计算错分样本权重之和（也就是错误率）；

2）这些弱分类器串行训练，后一棵树训练过程中会更关注前一棵树分错的样本，并增大这些样本的权重，同时减小分对的样本的权重；

3）最终决策时，每棵决策树的投票也有各自的权重，以权重最多的为最终结果。

6.3 GBDT

GBDT 和 XGBoost 的核心原理是一致的，它们本质上都是基于 boosting 思想的迭代优化模型，并且损失函数也有很强的关联性，但是 GBDT 的算法思想又是 XGBoost 的基础，因此本章先介绍 GBDT 的算法原理，再进一步介绍 XGBoost。鉴于 GBDT 和 XGBoost 模型复杂度比较高，我们先介绍算法的原理，再介绍这些复杂集成模型的评估。

首先来看一下 GBDT。

6.3.1 GBDT简介

梯度提升决策树（Gradient Boosting Decision Tree，GBDT）和 AdaBoost 一样是前向优化算法，即从前往后逐渐建立基础模型来优化逼近目标函数。具体过程如下：

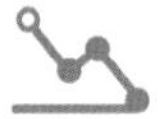

$$\begin{aligned}\hat{y}_i^0 &= 0 \\ \hat{y}_i^1 &= f_1(x_i) = \hat{y}_i^0 + f_1(x_i) \\ \hat{y}_i^2 &= f_1(x_i) + f_2(x_i) = \hat{y}_i^1 + f_2(x_i) \\ &\vdots \\ \hat{y}_i^t &= \sum_{k=1}^{t} f_k(x_i) = \hat{y}_i^{(t-1)} + f_t(x_i)\end{aligned} \tag{6-11}$$

算法中每一步的预测结果都是上一步的预测值与当前模型的预测值之和。举例来说，第 t 步模型对样本预测值为$\hat{y}_i^t = \hat{y}_i^{(t-1)} + f_t(x_i)$，这里的$f_t(x_i)$就是这一步要生成的预测值，$\hat{y}_i^{(t-1)}$是上一步的预测值。

因此算法模型简化为

$$\hat{y} = \sum_{k=1}^{K} f_k(x_i), f_k \in F \tag{6-12}$$

其中 F 是组成 GBDT 所有基础模型的集合。如果基础模型是决策树的话，f_k就是第 k 层决策树。

GBDT 可以解决回归问题，也可以解决分类问题。整体算法思路是一样的，但是执行的细节略有不同，下面我们通过实例来进行对比分析。

6.3.2　GBDT和回归问题

设输入数据为$Data\{(x_i, y_i)\}_{i=1}^n$，损失函数为$L[y_i, F(x_i)]$。

GBDT 解决回归问题的算法流程如下。

第一步，初始化模型。

$$F_0(x_i) = \arg\min_{\gamma} \sum_{i=1}^{n} L(y_i, \gamma) \tag{6-13}$$

第二步，继续创建第 $m = 2, \cdots, M$ 棵树。

（A）计算样本值 $r_{i,m}$。

$$r_{i,m} = -\left\{\frac{\partial L[y_i, F(x_i)]}{\partial F(x_i)}\right\}_{F(x_i)=F_{m-1}(x_i)}, i = 1, \cdots, n \tag{6-14}$$

（B）创建下一个基础模型，叶子节点命名为$R_{i,m}$，并将样本值$r_{i,m}$归属到叶子节点$R_{i,m}$中，拟合出下一层的决策树。

（C）对于$j = 1, 2, \cdots, J_m$，计算 $\gamma_{j,m}$。

$$\gamma_{j,m} = \arg\min_{\gamma} \sum_{x_i \in R_{i,j}} L[y_i, F_{m-1}(x_i) + \gamma] \tag{6-15}$$

（D）更新 $F_m(x_i)$。

$$F_m(x_i)=F_{m-1}(x_i)+\nu\sum_{j=1}^{J_m}\gamma_m I, x_i\in R_{j,m} \tag{6-16}$$

其中，I 是一个选择函数，值域为 $\{0,1\}$，即计算某个节点值时，该节点为 1，其他节点为 0。

第三步，输出结果 $F_m(x_i)$ [30]。

我们用一个简单的数据集来复现 GBDT 的建树过程。这个“迷你”数据集通过距离、路口数量和天气来预估两个地点之间的行车时间，具体信息如表 6.3 所示。

表 6.3　行车时间预估特征

距离/km	路口数量/个	天气	时间/min
8	7	晴	27
9	3	晴	25
10	5	雨	35

表中每一行前 3 列就是一个样本，也就是 $Data\{(x_i,y_i)\}_{i=1}^{n}$ 中的 x_i，而每一行最后一列的时间就是标签 y_i，这里 n=3。

损失函数 $L[y_i,F(x_i)]$ 是评估预测的时间值好坏的指标，鉴于这是一个回归问题，所以我们采用平方损失函数。计算公式如下：

$$L[y_i,F(x_i)]=\sum_{i=1}^{n}\frac{1}{2}[y_i-F(x_i)]^2 \tag{6-17}$$

我们首先通过图 6.4 的例子来证明平方损失函数的有效性。

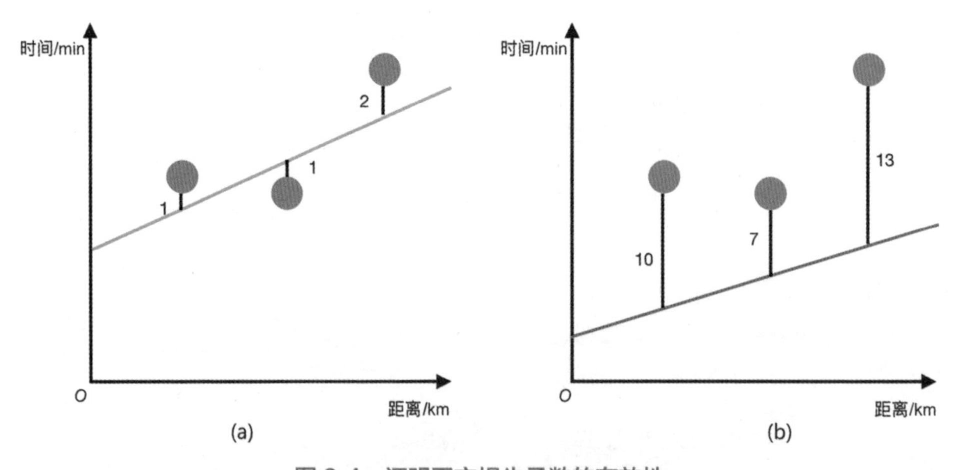

图 6.4　证明平方损失函数的有效性

图 6.4（a）的 3 个样本预测值和实际值的残差（Residual）分别为 {1, 1, 2}，图 6.4（b）的 3 个样本预测值和实际值的残差分别为 {10, 7, 13}。

那么

$$\sum_{i=1}^{n} L_a[y_i, F(x_i)] = \frac{1}{2}(1+1+2) = 2$$

$$\sum_{i=1}^{n} L_b[y_i, F(x_i)] = \frac{1}{2}(10+7+13) = 15$$

我们可以看到 $\sum_{i=1}^{n} L_b[y_i, F(x_i)] >> \sum_{i=1}^{n} L_a[y_i, F(x_i)]$，这个结果和我们人眼观察的结果是一致的。

损失函数前面的系数“1/2”是为了在进行求导时能够把平方损失的“2”次方约去，方便计算。

到这里算法训练的准备工作都已经完成，我们有了数据集和对应的损失函数。

下面我们就开始执行算法的第一步——初始化模型。

$$F_0(x_i) = \arg\min_{\gamma} \sum_{i=1}^{n} L(y_i, \gamma) \tag{6-18}$$

这个公式看起来很不“人性化”，我们先解释一下。$F_0(x_i)$ 其实就是我们要构建的第一棵树，也就是用一个基础模型对数据进行第一次拟合。$\sum L(\boldsymbol{y}, \gamma)$ 就是我们上文提到的损失函数，$\arg\min\limits_{\gamma}$ 的意思是，找到一个 γ，使 $\sum L(\boldsymbol{y}, \gamma)$ 最小。即寻找 γ，使 $\frac{1}{2}(27-\gamma)^2 + \frac{1}{2}(25-\gamma)^2 + \frac{1}{2}(35-\gamma)^2$ 最小。

鉴于这是一个简单的二次函数，我们可以直接对它求导，从而计算最小值时的 γ。

对上式关于 γ 求导并令导数等于 0，得：

$$(27-\gamma) + (25-\gamma) + (35-\gamma) = 0 \tag{6-19}$$

求解得到 $F_0(x) = 29$（也就是 $\gamma = 29$）。这就是我们初始化的结果，因为我们的样本集很小，所以这里我们初始化的第一棵树只有一个根节点。到这里第一步工作已经完成。

第二步比较复杂，从算法流程来看有很多难以理解的公式。不要紧，我们通过简单的实例对它进行拆解。

首先来看步骤（A）。

（A）计算 $r_{i,m}$。

$$r_{i,m} = -\left\{\frac{\partial L[y_i, F(x_i)]}{\partial F(x_i)}\right\}_{F(x_i)=F_{m-1}(x_i)}, i=1,\cdots,n \tag{6-20}$$

注意，第二步的 4 个步骤在继续创建第 m=2,…,M 棵树的过程中是重复进行的，也就是说每棵树在创建过程中，（A）、（B）、（C）、（D）这 4 个步骤都要执行一遍，直到我们认为残差到达了一个满意的程度。

那么公式（6-20）是什么意思呢？

这里的 $r_{i,m}$ 是第 m 棵树、第 i 个样本的残差。等式右边的大括号里其实是每个样本的损失函数的偏导数，也就是我们常说的梯度（Gradient），用公式可以表示为 $-(Observed - Predicted)$。公式（6-20）中的负号刚好可以和这个式子中的残差抵消，整合两个公式就得到 $(Observed - Predicted)$，也就是残差。下面我们通过行车时间预估的例子来计算。

此时我们需要计算建立第一棵树之后的每个样本的残差，从而得到表 6.4。

表 6.4　行车时间预估第一轮残差

距离/km	路口数量/个	天气	时间/min	残差1
8	7	晴	27	27−29=−2
9	3	晴	25	25−29=−4
10	5	雨	35	35−29=6

到这里，步骤（A）完成。我们来看步骤（B）。

（B）创建下一个基础模型，叶子节点命名为 $R_{i,m}$，并将样本值 $r_{i,m}$ 归属到叶子节点 $R_{i,m}$ 中，拟合出下一层的决策树。

在实际工作中，我们构建决策树需要的特征可能有几十个甚至更多，但是在这里我们为了清晰表达，只用距离特征来进行决策。这里假设距离切分阈值为 9.5km，那么就得到图 6.5。

图 6.5 中 R 的第一个角标代表叶子节点编号，第二个角标代表第几棵树。{−2, −4} 是第一棵树的第一个叶子节点，因此是 $R_{1,1}$；{6} 是第一棵树的第二个叶子节点，因此是 $R_{2,1}$。

这就是步骤（B）。接下来是步骤（C）。

（C）对于 $j=1,2,\cdots,J_m$，计算 $\gamma_{j,m}$。

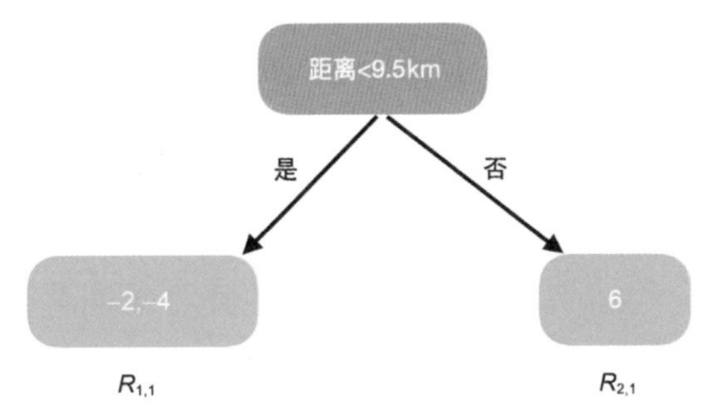

图 6.5　GBDT 回归基础模型

$$\gamma_{j,m} = \arg\min_{\gamma} \sum_{x_i \in R_{i,j}} L[y_i, F_{m-1}(x_i) + \gamma] \tag{6-21}$$

是不是很熟悉？怎么有点像第一步？

没错，这里还是计算预测值，但是是在新建的树的基础上进一步计算，也就是说，需要每个样本先在各自叶子节点更新当前预测值。对应地，我们得到如下计算公式。

对第一个叶子节点：

$$\gamma_{1,1} = \arg\min_{\gamma} \left\{ \frac{1}{2}[27-(29+\gamma)]^2 + \frac{1}{2}[(25-(29+\gamma)]^2 \right\} \tag{6-22}$$

对第二个叶子节点：

$$\gamma_{2,1} = \arg\min_{\gamma} \left\{ \frac{1}{2}[35-(29+\gamma)]^2 \right\} \tag{6-23}$$

对第一个叶子节点求导，得：

$$\begin{aligned} & \frac{\mathrm{d}}{\mathrm{d}\gamma}\left[\frac{1}{2}(27-(29+\gamma))^2 + \frac{1}{2}(25-(29+\gamma))^2\right] \\ & = \frac{\mathrm{d}}{\mathrm{d}\gamma}\left[\frac{1}{2}(-2-\gamma)^2 + \frac{1}{2}(-4-\gamma)^2\right] \\ & = (-2-\gamma)+(-4-\gamma) \\ & = -6-2\gamma \end{aligned} \tag{6-24}$$

对第二个叶子节点求导，得：

$$\begin{aligned}&\frac{\mathrm{d}}{\mathrm{d}\gamma}\left[\frac{1}{2}(35-(29+\gamma))^2\right]\\&=\frac{\mathrm{d}}{\mathrm{d}\gamma}\left[\frac{1}{2}(6-\gamma)^2\right]\\&=6-\gamma\end{aligned} \tag{6-25}$$

令导数等于 0。

对第一个叶子节点求解得到$\gamma_{1,1}=-3$；对第二个叶子节点求解得到$\gamma_{2,1}=6$。

到此，步骤（C）计算完成。来看步骤（D）。

（D）更新整体预测值，计算公式如下：

$$F_m(x_i)=F_{m-1}(x_i)+\nu\sum_{j=1}^{J_m}\gamma_m I, x_i\in R_{j,m} \tag{6-26}$$

这个公式和回归算法一样，也是根据新计算的残差更新当前树的预测值。同样，这里的ν是更新步长，定义域为 (0, 1)。这里我们假设ν =0.1，那么 GBDT 回归第一轮的迭代结果如图 6.6 所示。

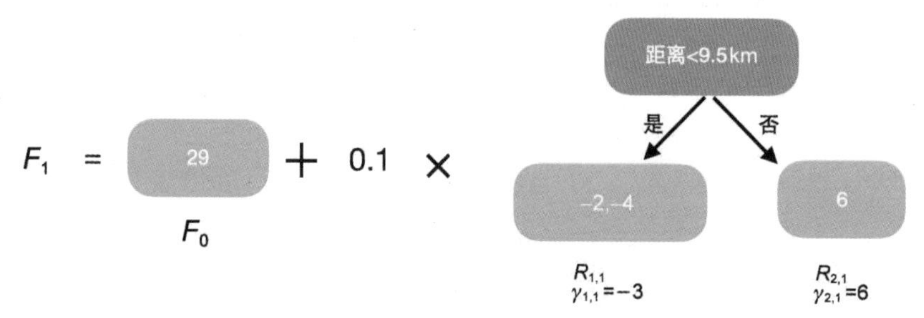

图 6.6 GBDT 回归第一轮的迭代结果

依次对每个样本计算得到第一轮预测结果，如表 6.5 所示。

表 6.5 第一轮预测结果

距离/km	时间/min	残差1	残差2	F_1的预测值
8	27	−2	−3	29+0.1×(−3)=28.7
9	25	−4	−3	29+0.1×(−3)=28.7
10	35	6	6	29+0.1×6=29.6

可以看到，F_1 的预测值比 F_0 的预测值要更接近真实的样本标签。这就是梯度更新的整个流程。到此为止我们就完成了第二步的第一轮循环。接着继续执行第二

步，就可以逐步趋近真实的样本值。

对于第三步，如果此时停止算法训练，那么 F_1 的预测值也就是最终的结果。如果第二步循环了 m 次，那么 F_m 的预测值就是最终的结果。

到此，我们就用 GBDT 解决了回归问题。

但是对于分类问题，情况要稍微复杂一些。

6.3.3 GBDT和分类问题

GBDT 解决分类问题的算法流程如下。

设输入数据为$Data\{(x_i,y_i)\}_{i=1}^n$，损失函数为$L[y_i,F(x_i)]$。

第一步，初始化模型。

$$F_0(x_i)=\arg\min_{\gamma}\sum_{i=1}^{n}L(y_i,\gamma) \tag{6-27}$$

第二步，继续创建第 $m=2,3,\cdots,M$ 棵树。

（A）计算样本值$r_{i,m}$。

$$r_{i,m}=-\left\{\frac{\partial L[y_i,F(x_i)]}{\partial F(x_i)}\right\}_{F(x_i)=F_{m-1}(x_i)},i=1,\cdots,n \tag{6-28}$$

（B）创建下一个基础模型，叶子节点命名为 $R_{i,m}$，并将样本值 $r_{i,m}$ 归属到叶子节点 $R_{i,m}$ 中，拟合出下一层的决策树。

（C）对于$j=1,2,\cdots,J_m$，计算$\gamma_{j,m}$：

$$\gamma_{j,m}=\arg\min_{\gamma}\sum_{x_i\in R_{i,j}}L[y_i,F_{m-1}(x_i)+\gamma] \tag{6-29}$$

（D）更新$F_m(x_i)$：

$$F_m(x_i)=F_{m-1}(x_i)+\nu\sum_{j=1}^{J_m}\gamma_m I,x_i\in R_{j,m} \tag{6-30}$$

第三步，输出结果$F_m(x_i)$。

从算法流程来看，解决分类和回归问题没有区别，但是每一步的细节还是不一样的。我们再用一个简单的数据集来复现 GBDT 的建树过程。这个“迷你”数据集通过个人的简单喜好信息推测是否喜欢看电影，具体信息如表 6.6 所示。

同行车时间预测数据集一样。表中每一行前 3 列是一个样本，也就是 $Data\{(x_i,y_i)\}_{i=1}^n$ 中的 x_i，而每一行最后一列的时间就是标签 y_i，这里 n=3。

表 6.6 看电影爱好分类特征表

喜欢吃爆米花	年龄/岁	喜欢的颜色	是否喜欢看电影
是	17	红色	是
否	55	黑色	是
否	29	红色	否

第一步，仍然是初始化模型。

$$F_0(x_i) = \arg\min_{\gamma} \sum_{i=1}^{n} L(y_i, \gamma) \tag{6-31}$$

其中$\sum_{i=1}^{n} L(y_i, \gamma)$就是损失函数。需要注意的是，这里的损失函数与回归问题中有些区别，回归问题中可以直接用平方损失函数，但是对于分类问题，平方损失会出现非凸的情况，所以我们需要采用特殊变换的损失函数，即对数损失函数（见 7.2 节）。对数损失函数的公式如下：

$$L(y_i, \gamma) = -\sum_{i=1}^{n} y_i \ln(p) - (1 - y_i) \ln(1 - p) \tag{6-32}$$

其中，为了保证损失函数是凸函数，令

$$p = \frac{1}{1 + \mathrm{e}^{-\gamma}} \tag{6-33}$$

公式（6-33）也是树的预测值与概率值之间的转化关系，把公式（6-33）代入公式（6-32）并简化后得到：

$$L(y_i, \gamma) = \sum_{i=1}^{n} y_i \ln(1 + \mathrm{e}^{-\gamma}) + (1 - y_i) \ln(1 + \mathrm{e}^{\gamma}) \tag{6-34}$$

进一步简化，得到：

$$L(y_i, \gamma) = \sum_{i=1}^{n} -[y_i \gamma - \ln(1 + \mathrm{e}^{\gamma})] \tag{6-35}$$

对损失函数关于γ求导，得到

$$\frac{\partial \sum_{i=1}^{n} L(y_i, \gamma)}{\partial \gamma} = \sum_{i=1}^{n} -y_i + \frac{\mathrm{e}^{\gamma}}{1 + \mathrm{e}^{-\gamma}} = \sum_{i=1}^{n} -y_i + p \tag{6-36}$$

令导数为 0，并代入每个样本的标签值$y_1 = 1$、$y_2 = 1$、$y_3 = 0$，得到第一棵树的初始预测值：

$$\frac{\partial\sum_{i=1}^{n}L(y_i,\gamma)}{\partial\gamma}=-1-1-0+3\times\frac{1}{1+\mathrm{e}^{-\gamma}}=0$$

解得

$$\gamma\approx0.69$$

$$p=\frac{2}{3}\approx0.67$$

此时，$F_0=0.69$，到这里第一步工作已经完成。注意实际工作中构建的第一棵树一般会有5层以上的节点，这里因为数据量很小，并且主要为了演示算法流程，所以第一棵树只有一个根节点。

第二步也是循环建树的过程。

首先来看步骤（A）。

（A）计算$r_{i,m}$。

$$r_{i,m}=-\left\{\frac{\partial L[y_i,F(x_i)]}{\partial F(x_i)}\right\}_{F(x_i)=F_{m-1}(x_i)},i=1,\cdots,n \tag{6-37}$$

此时我们仍需要计算建立第一棵树之后的每个样本的残差，从而得到表6.7。

表6.7 第一轮残差结果

喜欢吃爆米花	年龄/岁	喜欢的颜色	是否喜欢看电影	残差
是	17	红色	是（1）	1−p=0.33
否	55	黑色	是（1）	1−p=0.33
否	29	红色	否（0）	0−p=−0.67

到这里，步骤（A）完成。我们来看步骤（B）。

（B）创建下一个基础模型，叶子节点命名为$R_{i,m}$，并将样本值$r_{i,m}$归属到叶子节点$R_{i,m}$中，拟合出下一层的决策树。

在实际工作中，我们构建决策树需要的特征可能有几十个甚至更多，但是在这里我们为了清晰表达，只用一个特征来进行决策，如图6.7所示。

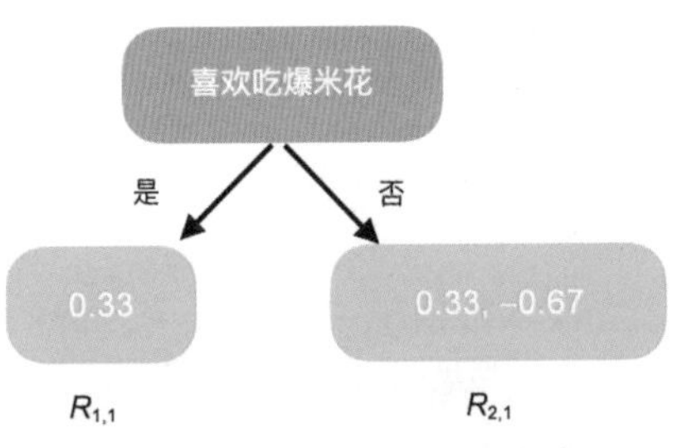

图6.7 GBDT分类基础模型

图中R的第一个角标代表叶子节点编号，

第二个角标代表第几棵树。{0.33} 是第一棵树的第一个叶子节点，因此是 $R_{1,1}$，{0.33，–0.67} 是第一棵树的第二个叶子节点，因此是 $R_{2,1}$。

这就是步骤（B）。接下来是步骤（C）。

（C）对于 $j=1,2,\cdots,J_m$，计算 $\gamma_{j,m}$：

$$\gamma_{j,m}=\arg\min_{\gamma}\sum_{x_i\in R_{i,j}}L[y_i,F_{m-1}(x_i)+\gamma] \tag{6-38}$$

和在回归问题中一样，在新建的树的基础上进一步计算新的预测值。也就是说，需要每个样本先在各自叶子节点更新当前预测值。对应地，我们得到如下计算公式。

对第一个叶子节点：

$$L[y_1,F_{m-1}(x_1)+\gamma]=-y_1[F_{m-1}(x_1)+\gamma]+\log_2[1+\mathrm{e}^{F_{m-1}(x_1)+\gamma}] \tag{6-39}$$

这个公式十分复杂，直接求解比较困难。我们可以用泰勒公式展开进行求解。公式如下：

$$L[y_1,F_{m-1}(x_1)+\gamma]\approx L[y_1,F_{m-1}(x_1)]+\frac{\mathrm{d}L[y_1,F_{m-1}(x_1)]}{\mathrm{d}F_{m-1}(x_1)}\gamma+\frac{1}{2}\frac{\mathrm{d}^2L[y_1,F_{m-1}(x_1)]}{\mathrm{d}F_{m-1}^2(x_1)}\gamma^2 \tag{6-40}$$

$$\frac{\mathrm{d}L[y_1,F_{m-1}(x_1)+\gamma]}{\mathrm{d}\gamma}\approx\frac{\mathrm{d}L[y_1,F_{m-1}(x_1)]}{\mathrm{d}F_{m-1}(x_1)}+\frac{1}{2}\frac{\mathrm{d}^2L[y_1,F_{m-1}(x_1)]}{\mathrm{d}F_{m-1}^2(x_1)}\gamma \tag{6-41}$$

令导数为 0，得：

$$\gamma=\frac{\dfrac{\mathrm{d}L(y_1,F_{m-1}(x_1))}{\mathrm{d}F_{m-1}(x_1)}}{\dfrac{1}{2}\dfrac{\mathrm{d}^2L(y_1,F_{m-1}(x_1))}{\mathrm{d}F_{m-1}^2(x_1)}} \tag{6-42}$$

根据公式（6-39），得到损失函数的二阶导数：

$$\frac{\mathrm{d}_2L(y_1,F_{m-1}(x_1))}{\mathrm{d}F_{m-1}^2(x_1)}=p(1-p) \tag{6-43}$$

然后根据公式（6-36）和公式（6-43）对公式（6-42）化简，得到：

$$\gamma_{1,1}=\frac{y_1-p}{p(1-p)} \tag{6-44}$$

代入数值 y_1=1 和 $p=\dfrac{2}{3}$，得：

$$\gamma_{1,1}=\frac{1-2/3}{2/3\times(1-2/3)}=1.5$$

对第二个叶子节点：

$$\gamma_{2,1}=\arg\min_{\gamma}\{L[y_2,F_{m-1}(x_2)+\gamma]+L[y_3,F_{m-1}(x_3)+\gamma]\} \tag{6-45}$$

求导得：

$$\frac{\mathrm{d}}{\mathrm{d}\gamma}\left[L(y_2,F_{m-1}(x_2)+\gamma)+L(y_3,F_{m-1}(x_3)+\gamma)\right]\approx\frac{\mathrm{d}L(y_2,F_{m-1}(x_2))}{\mathrm{d}F_{m-1}(x_2)}+ \\ \frac{\mathrm{d}L(y_3,F_{m-1}(x_3))}{\mathrm{d}F_{m-1}(x_3)}+\frac{\mathrm{d}^2L(y_2,F_{m-1}(x_2))}{\mathrm{d}F_{m-1}^2(x_2)}\gamma+\frac{\mathrm{d}^2L(y_3,F_{m-1}(x_3))}{\mathrm{d}F_{m-1}^2(x_3)}\gamma \tag{6-46}$$

令导数为 0，得：

$$\gamma_{2,1}=\frac{[y_2-p]+[y_3-p]}{[p\times(1-p)]+[p\times(1-p)]} \tag{6-47}$$

代入数值 y_2=1、y_3=0 和$p=\frac{2}{3}$，得：

$$\gamma_{2,1}=\frac{\left(1-\frac{2}{3}\right)+\left(0-\frac{2}{3}\right)}{2/3\times(1-2/3)+2/3\times(1-2/3)}=-0.75$$

对第一个叶子节点求解得到$\gamma_{1,1}=1.5$，对第二个叶子节点求解得到$\gamma_{2,1}=-0.75$。到此，步骤（C）计算完成。来看步骤（D）。

（D）更新整体结果。

$$F_m(x_i)=F_{m-1}(x_i)+\nu\sum_{j=1}^{J_m}\gamma_m I, x_i\in R_{j,m} \tag{6-48}$$

这个公式就比较好理解了，也就是根据新计算的残差更新当前树预测值。需要介绍的是，这里的 ν 是更新步长，定义域为 (0, 1)。这里我们设 ν =0.8，那么这一步的公式可以用图 6.8 表示。

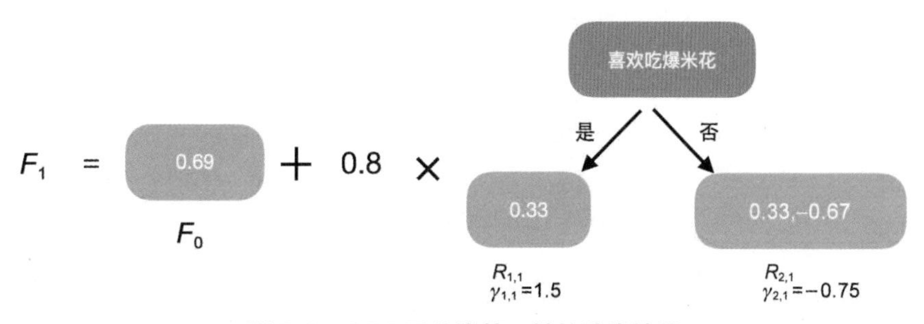

图 6.8 GBDT 分类第一轮的迭代结果

依次对每个样本计算得到第一轮预测结果，如表 6.8 所示。

可以看到 F_1 的预测值中样本 1 和样本 3 比 F_0 的预测值要更接近真实的样本标签，但是样本 2 反而不如 F_0 的值。这也告诉我们，为什么 GBDT 会选择建立多棵树，目的就是防止一棵树带来的偏差。

表 6.8　第一轮预测结果

喜欢吃爆米花	年龄/岁	喜欢的颜色	是否喜欢看电影	F_1的预测值
是	17	红色	是（1）	0.69+0.8×1.5=1.89
否	55	黑色	是（1）	0.69+0.8×(−0.75)=0.09
否	29	红色	否（0）	0.69+0.8×(−0.75)=0.09

对于第三步，如果此时停止算法训练，那么 F_1 的预测值也就是最终的结果。如果第二步循环了 m 次，那么 F_m 的预测值就是最终的结果。

我们再将上面的第二步重新执行一遍，建立下一棵树。

（A）更新树节点，计算第二轮初始残差，如表 6.9 所示。

（B）分配叶子节点，假设分裂特征阈值为年龄 =40 岁，那么结果如图 6.9 所示。

表 6.9　第二轮初始残差

喜欢吃爆米花	年龄/岁	喜欢的颜色	是否喜欢看电影	新残差
是	17	红色	是（1）	$1-\dfrac{e^{1.89}}{1+e^{1.89}}\approx 0.13$
否	55	黑色	是（1）	$1-\dfrac{e^{0.09}}{1+e^{0.09}}\approx 0.48$
否	29	红色	否（0）	$0-\dfrac{e^{0.09}}{1+e^{0.09}}\approx -0.52$

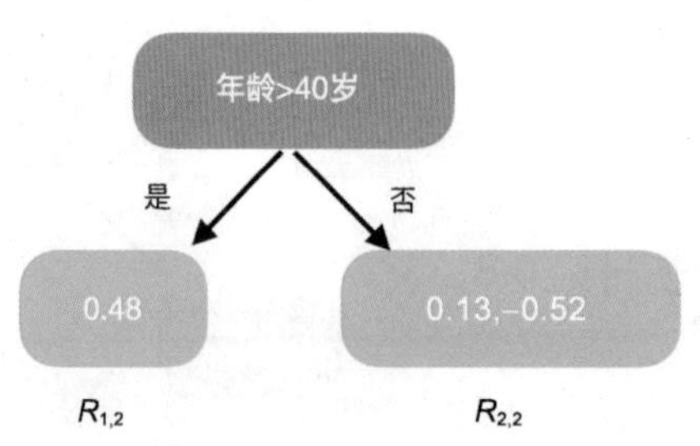

图 6.9　GBDT 分类第二轮决策树

（C）计算残差，如表 6.10 所示。

表 6.10 第二轮更新后残差

喜欢吃爆米花	年龄/岁	喜欢的颜色	是否喜欢看电影	新残差
是	17	红色	是（1）	$\gamma_{1,2} \approx -1.08$
否	55	黑色	是（1）	$\gamma_{2,2} \approx 1.92$
否	29	红色	否（0）	$\gamma_{1,2} \approx -1.08$

（D）重新计算分类结果，如图 6.10 所示。

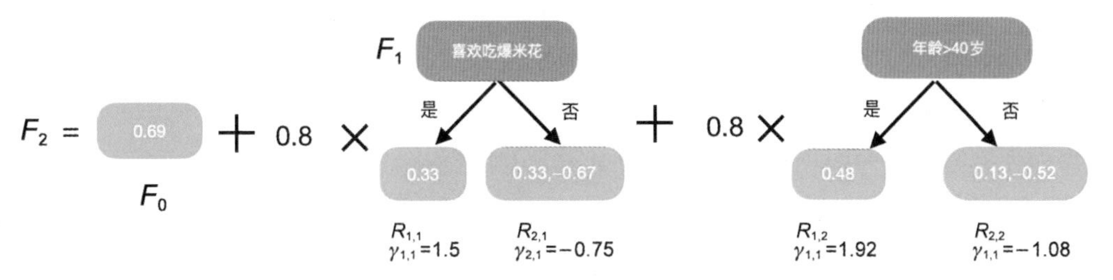

图 6.10 GBDT 分类第二轮的迭代结果

第二轮迭代预测值 F_2 如表 6.11 所示。

表 6.11 第二轮迭代预测值

喜欢吃爆米花	年龄/岁	喜欢的颜色	是否喜欢看电影	F_2预测值
是	17	红色	是（1）	$0.69+0.8\times1.5+0.8\times(-1.08)\approx1.03$
否	55	黑色	是（1）	$0.69+0.8\times(-0.75)+0.8\times(1.92)\approx1.63$
否	29	红色	否（0）	$0.69+0.8\times(-0.75)+0.8\times(-1.08)\approx-0.77$

第三步，输出最终结果$F_M(x)$，如表 6.12 所示。

表 6.12 最终结果

喜欢吃爆米花	年龄/岁	喜欢的颜色	是否喜欢看电影	分类结果（p）
是	17	红色	是（1.0）	$\frac{e^{1.03}}{1+e^{1.03}} \approx 0.74$（是）
否	55	黑色	是（1.0）	$\frac{e^{1.63}}{1+e^{1.63}} \approx 0.84$（是）
否	29	红色	否（0.0）	$\frac{e^{-0.77}}{1+e^{-0.77}} \approx 0.32$（否）

我们认为概率 p 大于 0.5 为喜欢看电影，小于 0.5 为不喜欢看电影。经过 3 棵

树的迭代，可以看到这个简单的模型在训练集上已经取得了不错的效果。

到此，我们就用 GBDT 解决了分类问题。

6.4 XGBoost

6.4.1 XGBoost简介

XGBoost 的目标损失函数在 GBDT 的基础上设定了两个目标：第一个目标是保证预测值和真实值的差距尽量小，即传统机器学习方法和 GBDT 通用的目标——减少训练误差和测试误差；第二个目标是让构建的树模型更加简单。XGBoost 的目标损失函数比起 GBDT 来说，加了一个正则项$\Omega(f_k)$，计算公式如下：

$$Obj=\sum_{i=1}^{n}L(y_i,\hat{y}_i)+\sum_{k=1}^{K}\Omega(f_k)+\mathrm{C} \tag{6-49}$$

其中，f_k 表示第 k 棵树，$\Omega(f_k)$表示第 k 棵树的结构复杂度，y_i 是目标结果，$\hat{y}_i$ 是树模型最终的预测结果，C 表示一个常数项。

对于损失函数的迭代训练过程，XGBoost 并不是对损失函数求导，然后令导数为 0 来寻找最优解，而是将损失函数用泰勒公式展开成二阶导数的形式，再根据叶子节点的收益来构建决策树[31]。

下面，我们先来看如何将损失函数转换为二阶泰勒展开形式。首先，因此公式（6-49）中的$\hat{y}_i$可以看作 t 棵树预测结果累加之和，给它加一个角标，命名为$\hat{y}_i^{(t)}$，根据公式（6-11），可以将公式（6-49）转化为：

$$\begin{aligned}Obj^{(t)}&=\sum_{i=1}^{n}\left(y_i-\left(\hat{y}_i^{(t-1)}+f_t(x_i)\right)\right)^2+\sum_{k=1}^{K}\Omega(f_k)+\mathrm{C}\\&=\sum_{i=1}^{n}\left[\left(y-\hat{y}_i^{(t-1)}\right)^2+2\left(\hat{y}_i^{(t-1)}-y_i\right)f_t(x_i)+f_t(x_i)^2\right]+\sum_{k=1}^{K}\Omega(f_k)+\mathrm{C}\end{aligned} \tag{6-50}$$

其中

$$\hat{y}_i^t=\hat{y}_i^{(t-1)}+f_t(x_i) \tag{6-51}$$

令

$$\begin{aligned}g_i&=\partial_{\hat{y}^{(t-1)}}L\left(y,\hat{y}_i^{(t-1)}\right)\\h_i&=\partial^2_{\hat{y}_i^{(t-1)}}L\left(y,\hat{y}_i^{(t-1)}\right)\end{aligned} \tag{6-52}$$

目标损失函数简化为

$$Obj^{(t)} = \sum_{i=1}^{n}\left[L[y_i, \hat{y}_i^{(t-1)}] + g_i f_t(x_i) + \frac{1}{2}h_i f_t^2(x_i)\right] + \Omega(f_t) + \mathrm{C} \tag{6-53}$$

因为$L[y_i, \hat{y}_i^{(t-1)}]$是常数，进一步简化得：

$$Obj^{(t)} \approx \sum_{i=1}^{n}\left[g_i f_t(x_i) + \frac{1}{2}h_i f_t^2(x_i)\right] + \Omega(f_t) \tag{6-54}$$

用泰勒公式展开成二阶导数：

$$f(x+\Delta x) \approx f(x) + f'(x)\Delta x + \frac{1}{2}f''(x)\Delta x^2 \tag{6-55}$$

我们把Δx看作$f_t(x)$，同时g_i、h_i分别是平方损失函数的一阶导数和二阶导数，那么，目标损失函数就转化为了展成的二阶泰勒公式。

下面我们来看正则项Ω。$\Omega(f_t) = \gamma T + \frac{1}{2}\lambda\sum_{j=1}^{T}\omega_j^2$，其中$T$是叶子节点个数，$\gamma$是叶子节点限制阈值，通过限制叶子节点数量来达到剪枝的目的。$\frac{1}{2}\lambda\sum_{j=1}^{T}\omega_j^2$是标准正则项，类似第2章中的L2正则化，$\omega_j$就是我们要计算的每个叶子节点值。那么如何将损失函数从样本遍历改成按叶子节点遍历呢？

首先我们说一下为什么要按照叶子节点遍历。这样做有两个好处：第一，减少性能开支，样本数量比叶子节点数量多得多，但是每个样本最终都会落入某个叶子节点，因此按照叶子节点遍历只是减少了计算次数，并不会降低模型的效果；第二，可以防止过拟合，通过遍历叶子节点，去掉收益为负的节点，从而达到减轻过拟合的目的。

我们来看以下转化

$$\begin{aligned} Obj^{(t)} &\approx \sum_{i=1}^{n}\left[g_i f_t(x_i) + \frac{1}{2}h_i f_t^2(x_i)\right] + \Omega(f_t) \\ &= \sum_{i=1}^{n}\left[g_i \omega_{q(x_i)} + \frac{1}{2}h_i \omega_{q(x_i)}^2\right] + \gamma T + \frac{1}{2}\lambda\sum_{j=1}^{T}\omega_j^2 \\ &= \sum_{j=1}^{T}\left[\left(\sum_{i\in I_j} g_i\right)\omega_j + \frac{1}{2}\left(\sum_{i\in I_j} h_i + \lambda\right)\omega_j^2\right] + \gamma T \end{aligned} \tag{6-56}$$

如公式（6-56）所示，从第一步到第二步，将$\boldsymbol{\omega}$展开，同时将$f_t(x_i)$改写成$\boldsymbol{\omega}_q(x_i)$，$q$表示一棵树的结构（一种映射关系），它能够将$x_i$映射到对应的叶子节点，

ω 是长度为 T 的一维向量，代表树 q 的每个叶子节点的权重；从第二步到第三步需要注意，第三步前面的求和改为相对叶子节点的函数求和，而不再是第二步相对样本的函数求和，因此可以将正则项的 $\frac{1}{2}\lambda\sum_{j=1}^{T}\omega_j^2$ 和泰勒公式的二阶导数进行合并。

令 $G_j=\sum_{i\in I_j}g_i$、$H_j=\sum_{i\in I_j}h_i$。通俗来讲，G_j 就是叶子节点 j 的预测值和该叶子节点包含的样本真实值之间的残差的和；而 H_j 就是残差的数量，也就是叶子节点包含样本的数量。对目标函数进行化简，公式如下：

$$\begin{aligned}Obj^{(t)}&=\sum_{j=1}^{T}\left[\left(\sum_{i\in I_j}g_i\right)\omega_j+\frac{1}{2}\left(\sum_{i\in I_j}h_i+\lambda\right)\omega_j^2\right]+\gamma T\\&=\sum_{j=1}^{T}\left[G_j\omega_j+\frac{1}{2}(H_j+\lambda)\omega_j^2\right]+\gamma T\end{aligned}\tag{6-57}$$

提取一个单独的叶子节点，令

$$J(\omega_j)=\left[G_j\omega_j+\frac{1}{2}(H_j+\lambda)\omega_j^2\right]+\gamma T\tag{6-58}$$

关于 ω_j 求导并令导数为 0，得：

$$\frac{\partial J(\omega_j)}{\partial\omega_j}=G_j+(H_j+\lambda)\omega_j=0\tag{6-59}$$

变形后得到：

$$\omega_j=-\frac{G_j}{H_j+\lambda}\tag{6-60}$$

这一步，我们就得到了更新的叶子节点值，但是 XGBoost 算法到这一步并不停止，而是要对这些 ω_j 带来的收益进行判定，从而决定是否继续对树进行拓展。因此下一步 XGBoost 算法将 ω_j 代回损失函数得：

$$Obj=-\frac{1}{2}\sum_{j=1}^{T}\frac{G_j^2}{H_j+\lambda}+\gamma T\tag{6-61}$$

那么，收益的计算公式如下：

$$Gain=\frac{1}{2}\left[\frac{G_L^2}{H_L+\lambda}+\frac{G_R^2}{H_R+\lambda}-\frac{G_L^2+G_R^2}{H_L+H_R+\lambda}\right]-\gamma\tag{6-62}$$

这里的$\frac{G_L^2}{H_L+\lambda}$和$\frac{G_R^2}{H_R+\lambda}$分别是分裂后的左子树和右子树的收益，第三项是父节点的收益。如果分裂节点的收益总和不大于父节点，那么本次分裂就没有意义，需要进行剪枝。最后的γ是叶子节点限制阈值，也就是说，叶子节点的收益不仅要大于父节点，而且差值还要大于γ才能进行分裂[31]。

以上就是XGBoost的基本原理，下面我们通过两个简单的例子来展示XGBoost如何进行回归和分类。

6.4.2　XGBoost回归算法

先来介绍一下用到的数据集。我们知道烧制瓷器的时候温度要控制在合理的范围，过高和过低都会导致次品率增加。我们来看不同温度下几次抽样样本的成功率结果，如图6.11和表6.13所示。

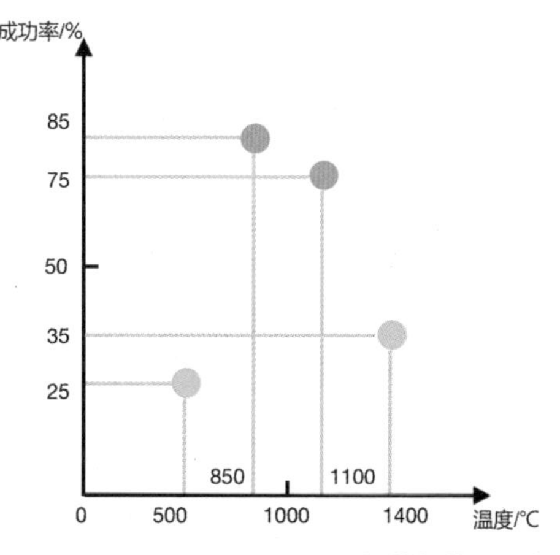

图6.11　XGBoost回归数据集

在训练模型之前，我们首先设定所有样本预测的成功率都是50%，然后根据温度这一特征去构建决策树。

求解之后最终得到的损失函数如下：

$$Obj=-\frac{1}{2}\sum_{j=1}^{T}\frac{G_j^2}{H_j+\lambda}+\gamma T \tag{6-63}$$

表6.13　XGBoost回归数据集

样本	温度/℃	成功率/%
样本1	500	25
样本2	850	85
样本3	1100	75
样本4	1400	35

分子中的G是平方损失的一阶导数，那么整个分子也就是样本真实值和样本初始化值的差值的平方和。分母中H是二阶导数，二阶导数是一个常数，求和之后也就是样本数量。λ我们暂且设为0。系数$-\frac{1}{2}$不影响结果，可以忽略不计，所以我们需要求解的是G和H，H是叶子节点包含的样本数量，那么在表6.13的例子中，

根节点对应的 H 就是 4，那么只需要求解 G。计算残差 G 的结果，如表 6.14 所示。

表 6.14 残差 G 计算结果

样本	温度/℃	成功率/%	残差G
样本1	500	25	25–50=–25
样本2	850	85	85–50=35
样本3	1100	75	75–50=25
样本4	1400	35	35–50=–15

第一步，定义相关参数。暂时令 $\gamma=0$ 、$\lambda=0$；迭代步长为 0.3；鉴于样本数量很少，这里设置树的深度为 2。

第二步，构建树。

（A）将所有残差放到一个节点 [–25, 35, 25, –15]，然后计算损失函数。这里称为相似度分数（Similarity score），计算公式如下：

$$\text{Similarity score}=\frac{(\sum_{j=1}^{T}G_j)^2}{H+\lambda} \tag{6-64}$$

代入 G、H 和 λ 的值得到：

$$\text{Similarity score}=\frac{(-25+35+25-15)^2}{4+0}=100$$

那么如何分裂节点呢？我们来看步骤（B）。

（B）对特征设置不同的阈值来分别计算分裂后的收益，选择收益最大的阈值进行分裂。

如果此时温度阈值为700℃，如图 6.12 所示。那么分裂节点效果如图 6.13 所示。

对每个叶子节点计算相似度分数，公式如下：

$$\text{Similarity score}_L=\frac{(-25)^2}{1+0}=625$$

$$\text{Similarity score}_R=\frac{(35+25-15)^2}{3+0}=675$$

（C）计算收益 $Gain$。

$$\begin{aligned}Gain&=\text{Similarity score}_L+\text{Similarity score}_R-\text{Similarity score}_{root}\\&=625+675-100=1200\end{aligned} \tag{6-65}$$

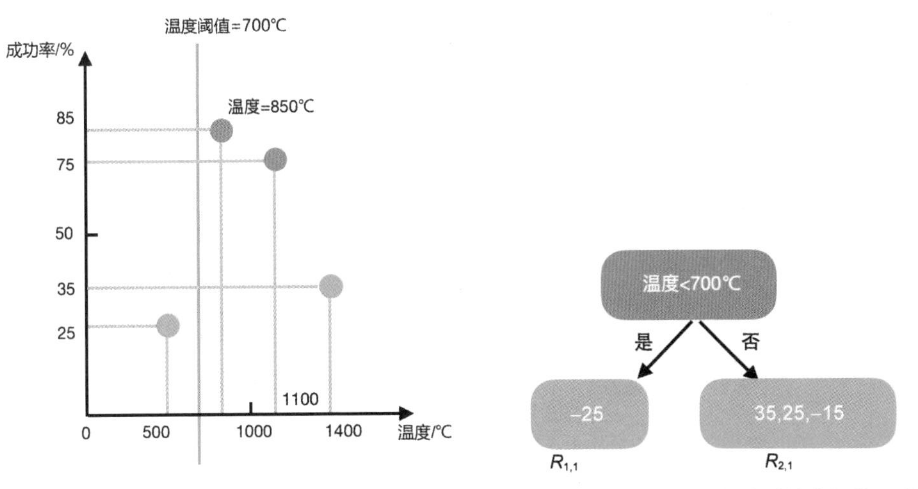

图 6.12　XGBoost 回归分裂阈值示例　图 6.13　XGBoost 回归分裂节点阈值示意 1

重复步骤（B）和步骤（C），如果此时温度阈值为 1000℃，那么分裂节点效果如图 6.14 所示。

计算左右节点的相似度：

$$\text{Similarity score}_L = \frac{(-25+35)^2}{2+0} = 50$$

$$\text{Similarity score}_R = \frac{(25-15)^2}{2+0} = 50$$

计算收益得：

$$Gain = 50 + 50 - 100 = 0$$

如果此时温度阈值为 1200℃，那么分裂节点效果如图 6.15 所示。

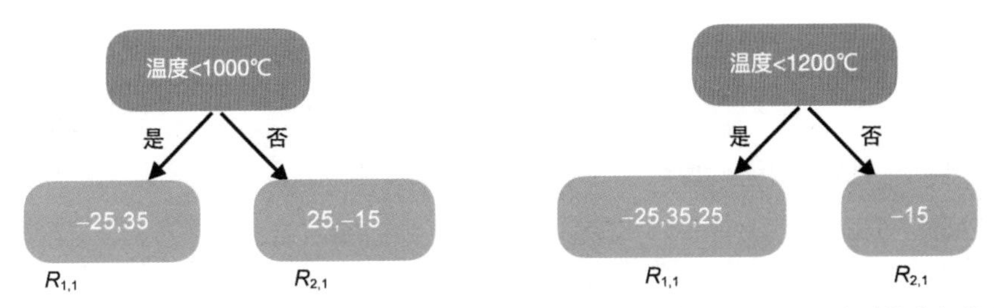

图 6.14　XGBoost 回归分裂节点阈值示意 2　图 6.15　XGBoost 回归分裂节点阈值示意 3

计算左右节点的相似度分数：

$$\text{Similarity score}_L = \frac{(-25+35+25)^2}{3+0} \approx 408$$

$$\text{Similarity score}_{R=}\frac{(-15)^2}{1+0}=225$$

计算收益得：

$$Gain=408+225-100=533$$

我们对比一下不同阈值的收益，如表 6.15 所示。

综上所述，温度阈值在 700℃的时候收益最大，因此我们第一个阈值选择 700℃作为分裂节点，如图 6.16 所示。

表 6.15　不同阈值的收益对比

温度阈值/℃	收益
700	1200
1000	0
1200	533

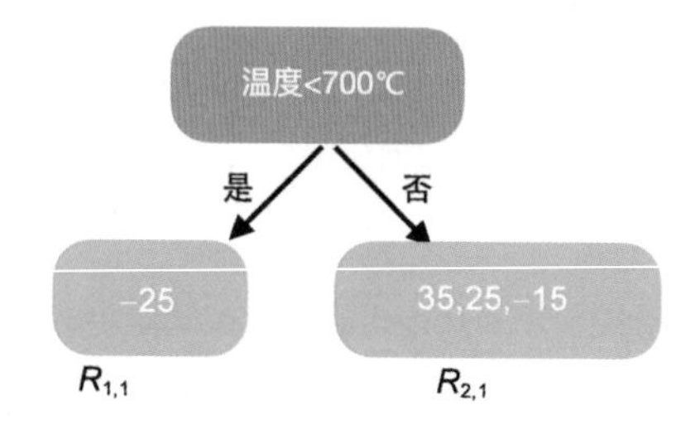

图 6.16　XGBoost 回归第一次分裂结果

此时左节点只有一个样本，不需要继续分裂，右节点有 3 个节点，需要进一步选择阈值并计算相似度分数，选择最佳分裂方式。这一步读者可以根据步骤（A）、（B）、（C）自行完成。这里给出的结果如下。

计算左右节点的相似度分数，如下：

$$\text{Similarity score}_L=\frac{(35+25)^2}{2+0}=1800$$

$$\text{Similarity score}_R=\frac{(-15)^2}{1+0}=225$$

计算收益得：

$$Gain=1800+225-100=1925$$

到这里第一棵决策树就建好了，如图 6.17 所示。

（D）输出预测结果。

预测结果如公式（6-66）所示。

$$Pred=p_{pre}+v\frac{\sum G}{H+\lambda} \tag{6-66}$$

其中，p_{pre} 是上一棵树的预测结果，这里 p_{pre}=50；v 是新建的树的权重，这里设

v=0.3；G 是该样本所在叶子节点的每个样本上一轮的残差；H 是叶子节点包含的样本数量；λ 是正则化参数。那么 4 个样本在 $\lambda=0$ 时的预测结果为：

$$Pred_1=50+0.3\times(-25)=42.5$$

$$Pred_2=50+0.3\times(35+25)/2=59$$

$$Pred_3=50+0.3\times(35+25)/2=59$$

$$Pred_4=50+0.3\times(-15)=45.5$$

可以看到每个样本相对于初始值都更接近了一步。但是此时 $\gamma=0$ 、$\lambda=0$，也就是剪枝策略和正则项都还没有起作用。下面介绍一下参数对预测结果的影响。

假如我们设置 $\gamma=2000$ 、$\lambda=0$，那么第二层分裂的节点增益将小于 $\gamma=2000$，因此要进行剪枝。

第一层叶子节点增益也小于 $\gamma=2000$，所以也要被剪掉，还原成初始值，如图 6.18 所示。

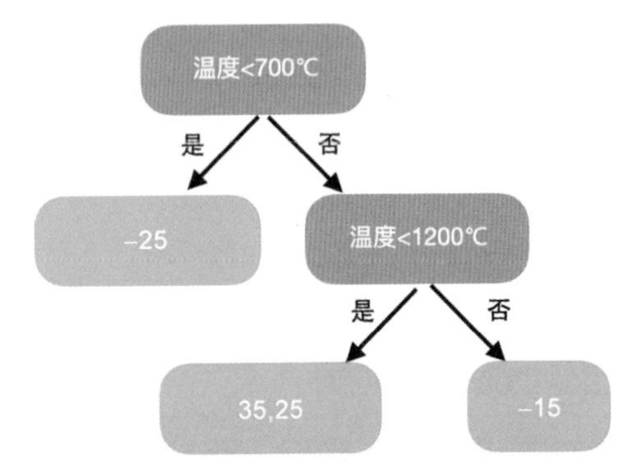

图 6.17　XGBoost 回归第一棵决策树

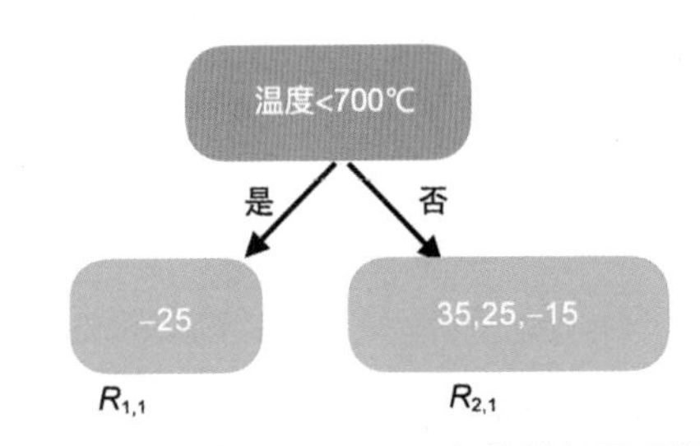

图 6.18　XGBoost 回归剪枝结果示例

下面我们再看一下 λ 的作用，设 $\gamma=0$ 、$\lambda=1$ 。

代入 G、H 和 λ 的值得到：

$$\text{Similarity score}=\frac{(-25+35+25-15)^2}{4+1}=80$$

那么如何分裂节点呢？

计算第一层节点，当阈值为 700 时，计算左右节点的相似度分数。

对每个叶子节点计算相似度分数，如下：

$$\text{Similarity score}_L = \frac{(-25)^2}{1+1} = 312.5$$

$$\text{Similarity score}_R = \frac{(35+25-15)^2}{3+1} = 506.25$$

可以看到，当λ增大时，样本数量越少的节点相似度分数减少的比例越多，样本数量越多的节点相似度分数减少的比例越少。例如上面的计算结果，左节点的相似度分数减少了 50%，而右节点的减少了 25%。

计算收益得：

$$Gain = 312.5 + 506.25 - 80 = 738.75$$

收益明显比之前小了很多，当设置$\gamma = 1000$时，这个树枝就会被剪掉。

我们再来看一种极端的情况，假如$\gamma = 0$、$\lambda = 1$、树的深度为 3。

那么我们要继续对第二层左子树叶子节点计算相似度分数，得到：

$$\text{Similarity score}_L = \frac{(35+25)^2}{2+1} = 1200$$

那么我们要继续对第三层左、右子树叶子节点计算相似度分数，如下：

$$\text{Similarity score}_L = \frac{(35)^2}{1+1} = 612.5$$

$$\text{Similarity score}_R = \frac{(25)^2}{1+1} = 312.5$$

计算收益得：

$$Gain = 612.5 + 312.5 - 1200 = -275$$

此时即使设置$\gamma = 0$，这个树枝也会被剪掉，所以当$\gamma = 0$时，也不代表这个参数γ不起作用。

以上就是 XGBoost 构建回归树和预测的整个流程，这里还介绍了每个参数在训练时的具体功能和效果。

6.4.3 XGBoost分类算法

在了解了回归算法的基础上，理解分类算法就比较容易了。我们仍然使用回归算法的数据集，只是稍微做一下调整。因为分类的结果是离散值，所以这里把样本标签——成功率改成是否成功方案，1 表示该制作方案可以接受，0 表示该制作方案不可接受，如表 6.16 所示。

表 6.16　XGBoost 分类数据集

样本	温度/℃	是否成功方案
样本1	500	0（否）
样本2	850	1（是）
样本3	1100	1（是）
样本4	1400	0（否）

XGBoost 分类数据集示例如图 6.19 所示。

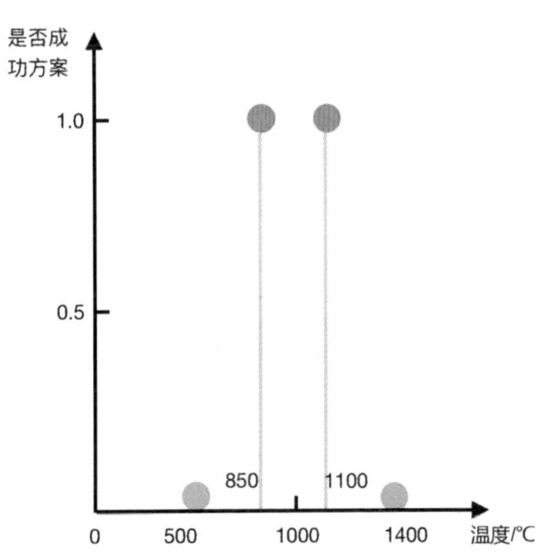

图 6.19　XGBoost 分类数据集示例

初始状态，样本取均值，即所有样本分类成正负类别的概率都是 0.5。当然初始化也可以取其他值，这里只是选取最常见的做法。

下一步就可以构建决策树了。

（A）将所有样本放入一个节点 [–0.5, 0.5,0.5, –0.5]，然后像回归算法一样计算相似度分数，但是计算公式有所不同。公式（6-67）的分子是残差 G_i 求和后再进行平方得到的值，分母的 H 为该叶子节点上所有样本上一步预测的概率 p_i 与 $1–p_i$ 乘积之和，计算公式如下：

$$\text{Similarity score} = \frac{(\sum G_i)^2}{H+\lambda} = \frac{(\sum G_i)^2}{\sum[(p_i)\times(1-p_i)]+\lambda} \tag{6-67}$$

这样做的区别在哪里呢？

因为分类算法的初始损失函数不是平方损失，而是交叉熵损失，因此它的二阶导不是常数，而是$\sum[(p_i)\times(1-p_i)]$。然后就可以像回归算法一样，求得第一个根节点的相似度分数。

代入 G、H 和$\lambda=0$得到：

$$\text{Similarity score} = \frac{(-0.5+0.5+0.5-0.5)^2}{0.5\times[1-0.5]+0} = 0$$

（B）对特征设置不同的阈值来分别计算分裂后的收益，选择收益最大的阈值进行分裂。

如果此时温度阈值为 1200℃，如图 6.20 所示。

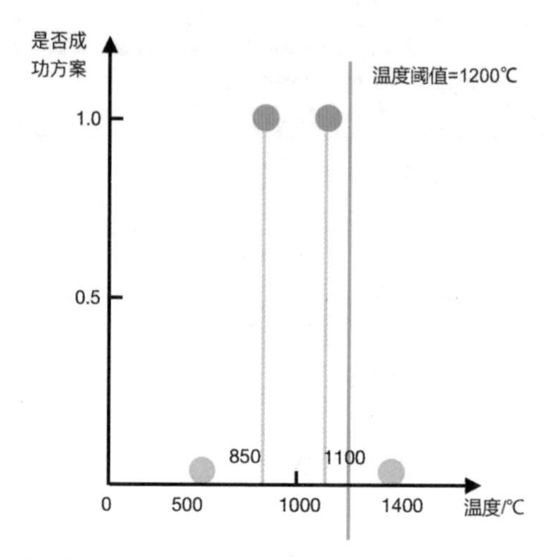

图 6.20　XGBoost 分类算法分裂阈值示例

分别计算左右节点的相似度分数，如下：

$$\text{Similarity score}_L = \frac{(-0.5+0.5+0.5)^2}{0.5\times(1-0.5)+0} = 1$$

$$\text{Similarity score}_R = \frac{(-0.5)^2}{0.5\times(1-0.5)+0} = 1$$

（C）计算收益得：

$$Gain = 1+1-0 = 2$$

第一层节点如图 6.21 所示。

当然，接下来还需要尝试其他分裂方法，如温度阈值 =1000℃、温度阈值 = 700℃，读者可以根据公式自行计算。这里直接给出收益最大的方式，就是上面计算的结果，即温度阈值 =1200℃。接下来就是循环执行步骤（A）、（B）、（C），建立下一层节点，而且建树之前，我们仍然可以通过 γ、λ 进行剪枝。XGBoost 分类第一棵决策树示例如图 6.22 所示。

最终预测结果时，分类算法的公式比回归算法要复杂一些。虽然还是用初始值 F_0 加上步长乘以第一棵树的结果 F_1，但是最后还需要用逻辑斯谛回归公式进行转换。这里设步长为 0.3。

Pred 公式为：

$$Pred = \frac{\sum G_i}{\sum[(p_i)\times(1-p_i)]+\lambda} \tag{6-68}$$

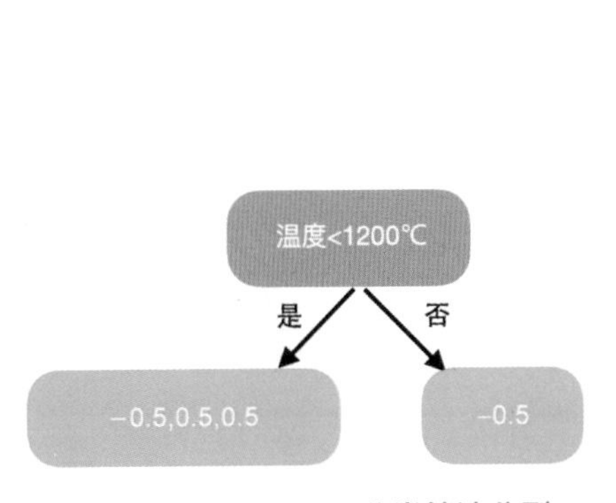

图 6.21 XGBoost 分类算法分裂节点阈值示例

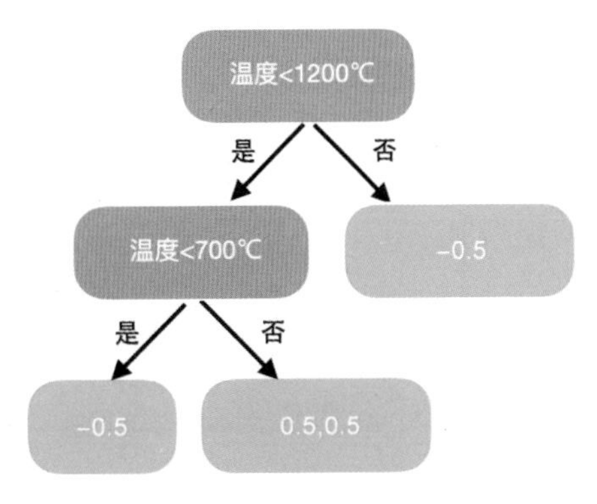

图 6.22 XGBoost 分类第一棵决策树示例

对于样本 1，最新的预测结果为

$$p=\frac{-0.5}{0.5\times(1-0.5)+0}=-2$$

对于样本 2：

$$p=\frac{0.5+0.5}{0.5\times(1-0.5)+0.5\times(1-0.5)+0}=2$$

依次计算样本 3、4，得到表 6.17。

表 6.17 第一轮分类概率结果

样本	温度/℃	是否成功方案	结果：*Pred*
样本1	500	0（否）	−2
样本2	850	1（是）	2
样本3	1100	1（是）	2
样本4	1400	0（否）	−2

再对每个样本计算真实概率值，使用公式：

$$\text{final\_prob}=F_0+\nu F_1 \tag{6-69}$$

我们需要知道每棵树的预测值。对于根节点，我们需要像 GBDT 分类模型那样用到公式（6-33），即概率值和预测值的转换公式。可知预测值就是

$$Pred=\ln\left(\frac{p}{1-p}\right) \tag{6-70}$$

因为现在初始化的根节点概率值都是 0.5，所以预测值为$\ln\left(\frac{0.5}{1-0.5}\right)$。

对于样本 1，第一棵树的预测值是 0，第二棵树的预测值是 –2，那么样本 1 最终的预测值为：

$$\text{final\_prob}_1=\log_2\left(\frac{0.5}{1-0.5}\right)+0.3\times(-2)=0-0.6=-0.6$$

样本 1 最终的概率值为

$$Pred_1=\frac{\mathrm{e}^{-0.6}}{1+\mathrm{e}^{-0.6}}\approx 0.35$$

可以看到新的预测值 0.35 比初始化的预测值 0.5 更接近真实标签 0。

接着计算样本 2：

最终的预测值为：

$$\text{final\_prob}_2=\log_2\left(\frac{0.5}{1-0.5}\right)+0.3\times 2=0+0.6=0.6$$

最终的概率值为

$$Pred_2=\frac{\mathrm{e}^{0.6}}{1+\mathrm{e}^{0.6}}\approx 0.65$$

依次计算样本 3、4，得到表 6.18。

表 6.18　第二轮分类概率结果

样本	温度/℃	是否成功方案	结果：p
样本1	500	0（否）	0.35
样本2	850	1（是）	0.65
样本3	1100	1（是）	0.65
样本4	1400	0（否）	0.35

如果此时不是分类的最终结果，就继续循环步骤（A）、（B）、（C），直到输出合理的计算结果。

到此 XGBoost 分类算法的流程就介绍完毕。

6.4.4　XGBoost的优化方法和特征评估

XGBoost 为了让模型更快速地收敛，采用了一些优化方法。这些优化方法让 XGBoost 的训练效率远超 GBDT。

最重要也是典型的优化方法是近似直方图算法，目标是加速寻找合适的节点分裂阈值。6.4.3小节在介绍XGBoost的训练方法时，提到算法要通过遍历所有样本，见图6.23，设自变量为x，因变量为y，a、b分别为y轴和x轴的单位1值，c为某个常量，每个点代表一个样本，算法要在样本集合中枚举每一种可能的分裂阈值（如图6.23中的竖线）来计算收益，选择收益最大的阈值进行分裂，这本质上是一种贪心策略。如果我们的样本数量很大，那么这个过程将是极其耗时的，事实上，这也是算法最耗时的步骤。XGBoost对这一步进行了优化，对于大数据的训练，算法并不是将每个样本的阈值都检查一遍再选取最优阈值，而是分批计算阈值的收益。

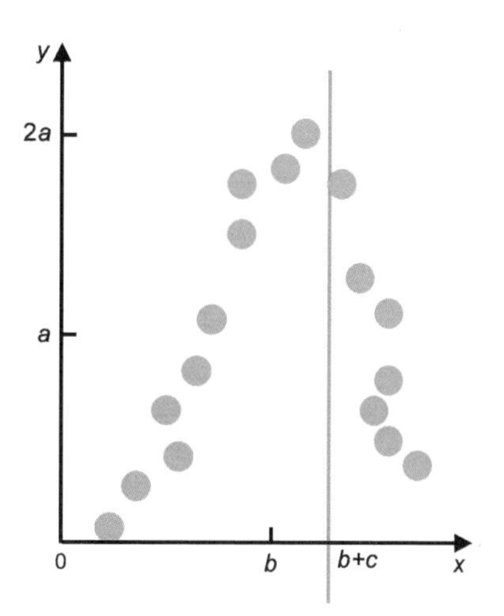

图6.23　样本数量大则阈值选择计算过于耗时

最简单的分批方法是直方图算法，即先将样本按照某个特征排序，然后分成特征值区间不等长但是样本数量相同的若干组，例如1～100℃有50个样本，100～110℃也有50个样本。这种分批方法虽然简单，但是并不实用，因为不同的样本在训练过程中起到的作用是不一样的，就像AdaBoost算法中，分错的样本从逻辑上要比分对的样本权重更高。因此，XGBoost采用了一种加权分组的方法[31]，也就是我们要介绍的第一种优化方法。

加权分组的方法根据样本的权重，将样本分成权重总和相等的若干组，每一组特征区间仍然是不定长的，样本数量也是不等量的，但是保证了权重高的样本占有更多的训练机会。那么问题来了，这个权重如何确定呢？

以分类算法为例：初始化阶段，所有样本的权重都是一样的，此时按照样本数量优先分组。第一轮训练完成之后，每个样本会有一个预测概率，如表6.19所示。

表6.19　样本的预测概率

样本	预测概率	标签	样本	预测概率	标签
样本1	0.7	1	样本4	0.9	1
样本2	0.4	0	样本5	0.9	1
样本3	0.3	0			

那么每个样本的权重Weight计算公式如下：

$$\text{Weight} = \text{PreviousProbability}_{(i)} \times [1 - \text{PreviousProbability}_{(i)}] \tag{6-70}$$

按照此公式计算，就能得到每个样本的权重，如表 6.20 所示。

表 6.20　样本及其权重

样本	预测概率	标签	权重
样本1	0.7	1	0.7×(1−0.7)=0.21
样本2	0.4	0	0.4×(1−0.4)=0.24
样本3	0.3	0	0.3×(1−0.3)=0.21
样本4	0.9	1	0.9×(1−0.9)=0.09
样本5	0.9	1	0.9×(1−0.9)=0.09

接下来，我们假设有 10 个样本，全部样本的权重和特征值分布如表 6.21 所示（按照特征值排序），如果分为 3 组，那么样本 1 和样本 2 的权值之和就基本等于样本 3 ～样本 8 的权重之和，也基本等于样本 9 和样本 10 之和。

表 6.21　样本的权重、特征值及其分组

样本	权重	特征值	分组	样本	权重	特征值	分组
样本1	0.25	50	第一组	样本6	0.04	173	第二组
样本2	0.24	77	第一组	样本7	0.08	192	第二组
样本3	0.11	105	第二组	样本8	0.15	202	第二组
样本4	0.09	133	第二组	样本9	0.23	243	第三组
样本5	0.03	151	第二组	样本10	0.25	261	第三组

模型在选择分裂阈值的时候就会在样本 2 和样本 3 之间计算一次相似度分数，再在样本 8 和样本 9 之间计算一次。

事实上，XGBoost 一般会把数据集分成约 30 多个数据组，然后从中选择合适的分裂阈值进行节点分裂。

第二种优化方法是并行分组。如果数据无法整体装入一台计算机的内存，那么 XGBoost 会将数据分成很多块，交给集群去处理。集群中的每台计算机会分到一个子数据块，这个子数据块中的数据是随机分配的，每台计算机都会将得到的数据分成若干个组，最后主节点再将每个节点的分组数据进行整合、输出。这其实是一个 MapReduce 的过程，XGBoost 通过这种机制将云计算的优点发挥到了极致。从整体上看，XGBoost 还是以串行的方式建树，但是在每一棵树的构建过程中，如计算样本分组、计算每个分组内样本的相似度分数都是并行计算的[31]。

第三种优化方法是缺失值处理。如果某些样本的部分特征值是缺失的，此时分裂节点又恰好用到这些特征，这些缺失值该如何处理呢？ XGBoost 的策略是，将

这些缺失特征值的数据单独提出来，在计算相似度分数的过程中，将这些数据依次加入左右节点中参与相似度分数的计算，然后对比收益大小。如果放入左节点的收益大于放入右节点的收益，那么这些样本就默认属于左节点；反之，属于右节点[31]。

特征评估

XGBoost 最大的优点就是可解释性，集成树模型不仅样本量巨大，而且特征值也很多。我们训练完成之后，如果需要知道每个特征在训练过程中的重要程度，就需要一些特定的评估指标。这些评估指标主要包括以下 3 个。

（1）增益

增益在建树的过程中用于判定该特征对分类样本做出的贡献。与其他特征相比，此值较高则意味着它对生成预测较为重要。这个值是建树分裂节点的依据，在建树的过程中已经计算完成。

（2）覆盖率

覆盖率指的是与此特征相关的样本的相对数量。假设有 100 个样本，某个特征决定了其中 15 个样本的最终分类结果，那么该特征的覆盖率为 15%。

（3）频率

频率表示特定特征在模型树中发生的相对次数的百分比。举例来说，如果特征 A 在树 1、树 2 和树 3 中分别分裂了 2 次、1 次和 4 次，那么特征 A 的权重将是 2 + 1 + 4 = 7[31]。

6.4.5　GBDT和XGBoost的对比评估

GBDT 和 XGBoost 的算法思想有很多相似之处，但是实现细节又有很多不同，本小节主要讨论 GBDT 和 XGBoost 的区别。

XGBoost 支持并行计算。虽然 XGBoost 本质上和 GBDT 一样，也是一种串行建树的梯度提升算法，但是 XGBoost 在每棵树的构建过程中是可以并行的。每当计算分裂节点的收益时，XGBoost 都会将样本按照特征值排序（这个排序从全局来看只需要进行一次），然后根据样本权重进行分组，接着在每个分组之间选择特征值计算收益[30,31]。

GBDT 的基分类器是 CART，而 XGBoost 还支持线性分类器[30,31]。

GBDT 的回归算法只用到了损失函数的一阶导数信息，XGBoost 则对损失函数进行了二阶泰勒展开，因此它的损失函数在计算过程中更接近真实的误差。

XGBoost 有强大的正则项机制，正则项里包含了树的叶子节点个数、L2 正则化，既能控制模型的规模，同时也能防止过拟合。

对于特征值有缺失的样本，XGBoost 可以根据收益自动将它们分配到合理的子节点上[31]。

XGBoost 的建树过程同时考虑了当前收益和全局收益，而 GBDT 主要考虑当前收益，因此 GBDT 容易发生过拟合。

6.5 小结

本章主要介绍常用的树模型算法。

6.1 节介绍基础树模型，基础树模型主要有 3 种：ID3、C4.5 和 CART。ID3 分裂节点的依据是信息增益，C4.5 依据信息增益率，而 CART 依据基尼系数。这 3 种算法中 CART 的功能最为强大，它不仅支持剪枝，还可以用作分类和回归。

6.2 节主要介绍了随机森林和 AdaBoost 算法。其中随机森林是一种 bagging 策略，它随机抽取特征和样本并行建树，最后结果由所有树投票产生。AdaBoost 算法则是串行建树，除第一棵树外，每棵树会适当增加上一棵树分错样本的权重，从而增加最后投票的可靠性。

6.3 节和 6.4 节介绍了复杂的集成树模型 GBDT 和 XGBoost 的建树过程与预测机制，最后给出了两者的对比。整体来看，XGBoost 考虑了特征的并行，增加了正则化机制，并且在建树过程中考虑了当前收益和全局收益，因此在实际效果上一般会优于 GBDT。

第 7 章　爱我所爱——推荐算法对比与评估

推荐算法是目前互联网行业最热门的算法之一，互联网公司常用推荐系统来捕捉用户的需求和偏好，在尽量满足用户需求的同时提高自己的经济效益，这就是一种典型的技术驱动型经济发展战略。本章将由浅入深地阐述推荐算法的各个环节，包括多路召回、常规算法排序及深度学习排序，同时也将介绍最前沿的 Transformer 算法在推荐系统中的应用以及本章的重点——推荐算法的对比评估。希望读者通过对本章的学习，能够对推荐算法有完整而深入的了解。

7.1　多路召回

现阶段，工业级的推荐系统常因为候选集数据量、系统响应时效等因素的影响，需要分多个阶段才能完成整个推荐的流程，具体来说，推荐流程常分为召回与排序两大阶段。对于具有一定规模的互联网业务而言，其所面对的待推荐物料库（商品、视频和音乐等）通常能达到百万量级，对于更大规模的业务，其待推荐物料库甚至能达到千万及亿量级。若针对任一指定的用户，我们都需要对全体物料进行打分排序以给出最终推荐结果，在有限的计算资源和响应时间下，这显然是不现实的事情。所以要求召回阶段所使用的策略和模型要足够简单。在工业实践中，我们通常先采用多路召回策略（如协同过滤、热点发掘和用户画像标签等）从待推荐物料库中先召回一批数据，使数据量下降到千量级。此时，便可以通过用户画像、物料画像和用户行为记录等数据来进行排序，从而得到理想的推荐结果[32,33]。本节主要介绍协同过滤算法。

协同过滤的含义是根据不同来源的信息对数据进行过滤。主要包括两种实现思路，分别是基于用户的协同过滤和基于物品的协同过滤。

7.1.1　基于用户的协同过滤

基于用户的协同过滤的原理是：通过寻找与目标用户高度相似的用户的偏好，来为目标用户推荐合适的商品。这就涉及一个相似度计算的问题，相似度计算的方法有很多，比如经典的欧式距离和曼哈顿距离，欧式距离即平面上两点间的直线距离，曼哈顿距离是一维直线上的数值之差的绝对值。但是这些距离一般用于空间计算，不太适合用于计算用户相似度，因为用户的特征维度很多，需要更复杂的距离表达方式，比如余弦相似度和皮尔逊相关系数。

如果用一个高维向量来表达用户的各个特征，那么用户之间的余弦相似度就表示他们的代表向量在高维空间的一致程度。以三维空间为例，两个向量的方向越相似，它们之间的空间夹角就越小，余弦值也就越大。这就是余弦相似度的计算原理。余弦相似度的计算方法如下：

$$\cos\theta = \frac{\sum_{i=1}^{n} A_i \cdot B_i}{\sqrt{\sum_{i=1}^{n} (A_i)^2} \sqrt{\sum_{i=1}^{n} (B_i)^2}} \tag{7-1}$$

其中，A_i表示用户 A 的第 i 个特征，B_i表示用户 B 的第 i 个特征，n 表示特征的总数。

还有一种距离表达方式，叫作皮尔逊相关系数，皮尔逊相关系数的计算因子不再是向量某一维的具体数值，而是该特征值和所有特征均值之差。这样做的好处是可以表达相关性的方向，结果是负值就是负相关，结果是正值就是正相关。计算方法如下：

$$P(A,B) = \frac{\sum_{i=1}^{n} (A_i - \mu_A) \cdot (B_i - \mu_B)}{\sqrt{\sum_{i=1}^{n} (A_i - \mu_A)^2} \sqrt{\sum_{i=1}^{n} (B_i - \mu_B)^2}} \tag{7-2}$$

其中，A_i表示用户 A 的第 i 个特征，B_i表示用户 B 的第 i 个特征，n 表示特征的总数，μ_A表示用户 A 所有特征的均值，μ_B表示用户 B 所有特征的均值。

下面介绍基于用户的协同过滤具体算法。首先需要找到用户和商品的关联表，如图 7.1 所示。关联表中的每一行代表一个用户，每一列代表一种商品，表中记录的是用户是否喜欢某件商品，也可以是喜欢的程度分数。

接下来需要生成商品和用户的倒排索引，如图 7.2 所示。倒排索引是每个商品对应的喜欢它的用户，比如第一行的啤酒，喜欢它的用户是 A 和 D，因此第一行的啤酒对应的用户就是 A 和 D。

最后要生成用户之间的相关性矩阵，如图 7.3 所示。用户相关性矩阵是一个对角矩阵，记录用户之间的喜好关联，对角线的数值全为 0，有相同喜好的用户对应的位置为 1。

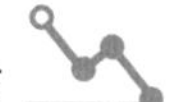

	啤酒	汽水	果汁	牛奶
A	喜欢	喜欢		
B		喜欢	喜欢	
C			喜欢	喜欢
D	喜欢			
E		喜欢		喜欢

图 7.1 用户和商品的关联表

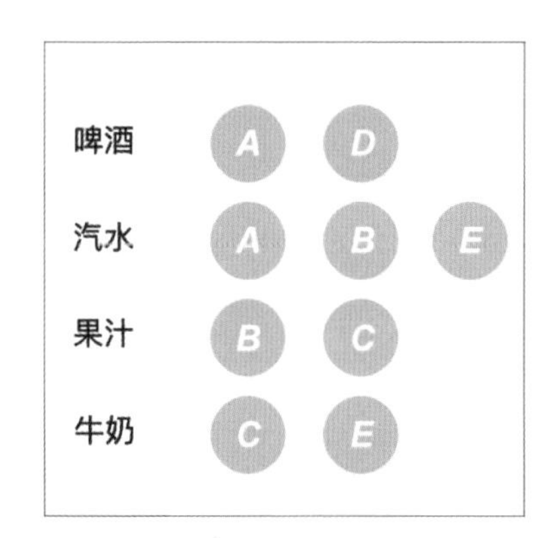

啤酒	A	D	
汽水	A	B	E
果汁	B	C	
牛奶	C	E	

图 7.2 商品 – 用户的倒排索引

	A	B	C	D	E
A	0	1	0	1	1
B	1	0	1	0	1
C	0	1	0	0	1
D	1	0	0	0	0
E	1	1	1	0	0

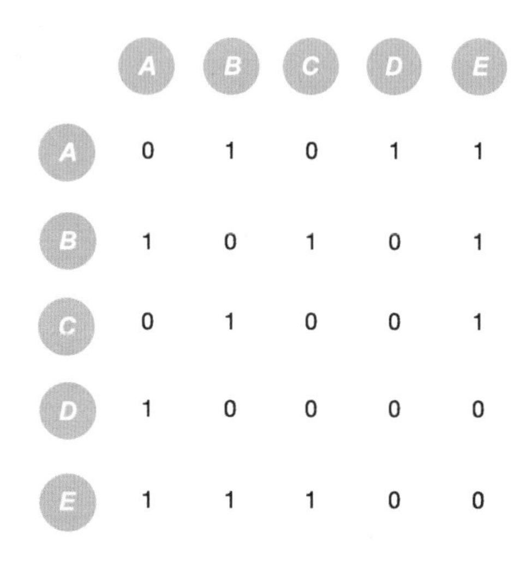

图 7.3 用户相关性矩阵

根据用户相关性矩阵可以计算用户之间的相似度，可以看到 B 行和 E 行在 A、C 和 D 3 列的数值都一样，相对于其他用户，它们的余弦相似度比较高，那么我们可以根据 B 的喜好给 E 推荐他还没有购买的商品。当然，在多路召回的场景下，我们可以保留排名前 N 个用户的喜好商品，作为候选推荐商品提供给排序层进行精排序。以上就是基于用户的协同过滤算法。

基于用户的协同过滤算法实现原理简单，计算复杂度也不高，因此在用户数量少的时候非常适合使用。但是一旦用户数量激增，最后的相关性矩阵也会变得无比庞大（以用户数量的二次方量级增长），甚至导致无法计算。因此需要一种计算复杂度稳定的算法来进行推荐，那就是基于物品的协同过滤。

7.1.2 基于物品的协同过滤

因为一个电商网站具备一定规模之后，其商品的数量一般不会有巨大的变化，所以基于物品的协同过滤相对基于用户的协同过滤，其计算量更加稳定。这也是很多知名电商创立初期使用非常广泛的推荐算法。基于物品的协同过滤算法的第一步也是要找到用户喜好商品的关联表，但是第二步是要生成用户－商品的倒排索引。仍然以图 7.1 的关联表为例，生成的用户－商品的倒排索引如图 7.4 所示。

接着建立商品之间的相关性矩阵，如图 7.5 所示。

A 啤酒 汽水

B 汽水 果汁

C 果汁 牛奶

D 啤酒

E 汽水 牛奶

图 7.4 用户－商品倒排索引

	啤酒	汽水	果汁	牛奶
啤酒	0	1	0	0
汽水	1	0	1	1
果汁	0	1	0	1
牛奶	0	1	1	0

图 7.5 商品相关性矩阵

得到商品相关性矩阵之后，就可以计算商品之间的相似度。在给用户推荐商品的时候，选择与用户的购买列表中商品相似度最高的商品进行推荐即可。

对比基于用户的协同过滤和基于物品的协同过滤，可以看到它们有以下两点区别。

1）基于用户的协同过滤算法更适合社交应用或者媒体应用，这些应用有很多用户的集中偏好，只要是在一个社交圈中，那么他们关注的事物（比如新闻热点）就可能高度相似。

2）基于物品的协同过滤更适合电商平台，这些平台商品数量稳定，用户数量呈现增长趋势，基于物品的协同过滤算法的成本会小很多。

7.2　逻辑斯谛回归

7.2.1　逻辑斯谛回归的基本原理

逻辑斯谛回归（Logistical Regression）算法虽然叫作“回归”，但是它本质上是一种分类模型。它的实现原理简单，计算复杂度低，对于大规模计算场景非常适用。它使用 sigmoid 函数来获得一个有数学依据的后验概率分布，这种特性除了能够快速地解决分类问题之外，还能够高效率地为样本排序提供依据，因此，逻辑斯谛回归模型在推荐系统中也能大展身手。下面我们先以简单的线性二分类问题为例来介绍逻辑斯谛回归模型，如图 7.6 所示。

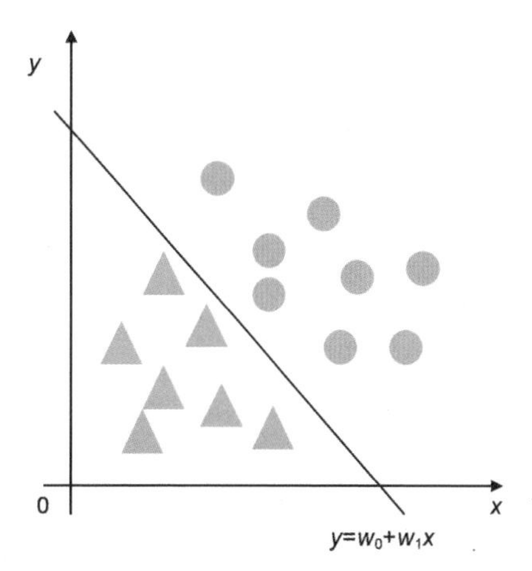

图 7.6　线性可分数据集

假设平面上有两个线性可分的集合。设圆形为 A 类，三角形为 B 类，那么可以找到一条直线将两个集合分开，这条直线的方程为：

$$y = w_0 + w_1 x \tag{7-3}$$

将公式（7-3）中的 x 设为x_1，并将 y 移动到等式右边作为一个新的因变量 x_2，得到：

$$z(x) = w_0 + w_1 x_1 + w_2 x_2 \tag{7-4}$$

如果将一个样本的值代入公式（7-4）中，得到$z(x) > 0$，那么该样本就是 A 类，如果$z(x) < 0$，该样本就是 B 类。那么如果将这个过程用一个更简便的公式来表达呢？这就引入了 sigmoid 函数：

$$\text{sigmoid}(\theta) = \frac{1}{1 + \mathrm{e}^{-\theta}} \tag{7-5}$$

其函数图像如图 7.7 所示。

可以看到，在自变量趋向负无穷时，函数值无限接近于 0，自变量趋向正无穷时，函数值无限接近 1。如果我们把二分类的标签设为 0 和 1，那么 sigmoid 函数就非常适合将公式（7-4）中的$z(x)$转化为二分类的标签值，现在就得到了逻辑斯谛回归的完整表达式：

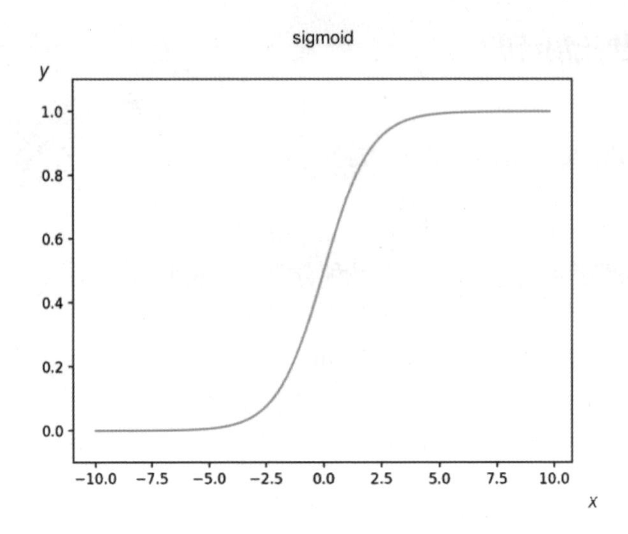

图 7.7　sigmoid 函数示意图

$$L = g(z) = \text{sigmoid}[z(x)] = \frac{1}{1+\mathrm{e}^{-(w_0+w_1x_1+w_2x_2)}} \tag{7-6}$$

由公式（7-6）可知，只要我们输入 x 的值，就可以得到样本的标签值 L。那么我们该如何得到公式（7-4）的权重向量 $\boldsymbol{w}$（$[w_0,w_1,w_2]$，下同）呢？

在二维平面中，我们可以根据直线和坐标轴的交点解方程，得到权重向量 $\boldsymbol{w}$。但是，如果维度很高，解方程就会变得不现实，那么就需要引入第 2 章介绍的梯度下降算法，通过大量样本进行多轮迭代来求解。在此之前，我们需要知道迭代求解的迭代公式，下面通过最大似然估计法来介绍迭代公式的推导过程。

首先，设样本x取得标签“1”的概率为$p(x)$，那么样本x取得标签“0”的概率为$1-p(x)$：

$$\begin{aligned} P(Y=1|x) &= p(x) \\ P(Y=0|x) &= 1-p(x) \end{aligned} \tag{7-7}$$

为了方便把每个样本映射为对应的标签，将公式（7-7）整理为一个公式：

$$p(y\,|\,x;w) = [h(x)]^{y}[1-h(x)]^{1-y} \tag{7-8}$$

其中，$\boldsymbol{w}$是公式（7-4）中的权重向量，$h(x)$ 相对于公式（7-7）中的 $p(x)$。

最大似然估计函数如下所示：

$$L(w) = \prod_{i=1}^{n}[h(x_i)]^{y_i}[1-h(x_i)]^{1-y_i} \tag{7-9}$$

把最大似然估计函数取对数，得到：

$$l(w)=\ln[L(w)]=\sum_{i=1}^{n}[y_i\ln h(x_i)+(1-y_i)\ln(1-h(x_i))] \tag{7-10}$$

将最大似然估计函数的对数对w求导，得到：

$$\frac{\partial\ln[L(w)]}{\partial w}=\frac{\partial}{\partial w}\left[\sum_{i=1}^{n}[y_i\ln h(x_i)+(1-y_i)\ln(1-h(x_i))\right] \tag{7-11}$$

进一步整理，得到：

$$\frac{\partial\ln[L(w)]}{\partial w}=\sum_{i=1}^{n}\left[\frac{y_i}{h(x_i)}+\frac{1-y_i}{1-h(x_i)}\right]h'(x_i) \tag{7-12}$$

注意，这里的$h(x)$是得到某一标签的概率，因此$h(x)=g(z)=\frac{1}{1+\mathrm{e}^{-(w_0+w_1x_1+w_2x_2)}}$，$g(z)$的导数为$g'(z)=g(z)(1-g(z))$，根据这些信息整理公式（7-11），得到：

$$\begin{aligned}\frac{\partial\ln[L(w)]}{\partial w}&=\sum_{i=1}^{n}\left[y_i\frac{g(z_i)[1-g(z_i)]}{g(z_i)}-(1-y_i)\frac{g(z_i)[1-g(z_i)]}{1-g(z_i)}\right]z'(wx)\\&=\sum_{i=1}^{n}[y_i(1-g(z_i))-(1-y_i)g(z_i)]z'(wx)\\&=\sum_{i=1}^{n}[y_i-g(z_i)]x\\&=\sum_{i=1}^{n}[y_i-h(x_i)]x\end{aligned} \tag{7-13}$$

到这里就得到了逻辑斯谛回归的迭代函数。在梯度下降的过程中，需要对迭代函数进一步矢量化：

$$J(\boldsymbol{w})=\frac{1}{n}\sum_{i=1}^{n}(y_i-h(x_i))x_i \tag{7-14}$$

梯度下降更新$\boldsymbol{w}$时，有公式（7-15）：

$$\boldsymbol{w}=\hat{\boldsymbol{w}}-\alpha\frac{\partial J(\boldsymbol{w})}{\partial\boldsymbol{w}} \tag{7-15}$$

其中，$\hat{\boldsymbol{w}}$是上一步的权重，α是步长。

以上就是整个逻辑斯谛回归迭代函数的推导过程和参数的求解过程。

7.2.2 逻辑斯谛回归和推荐排序

在 7.2.1 小节中，我们提到，逻辑斯谛回归不仅能用来解决分类问题，还可以根据 sigmoid 函数给出概率值并为样本排序，这也是逻辑斯谛回归能够应用于推荐系统的主要原因，下面我们以 CTR 预估为例，介绍逻辑斯谛回归在推荐系统中的应用。

CTR（Click-Through Rate，点击率）预估[33] 在工业级推荐系统、广告系统中是一个非常重要的环节，其预估效果会直接影响推荐系统的性能。CTR 预估常伴有训练数据量大、特征高度稀疏、推断性能要求高等特点，使得算法的设计多围绕这些特点来进行。

那么，为什么 CTR 预估的性能对推荐系统的总体性能起到至关重要的作用呢？ 假设我们现在面对的是一个电子商城场景，此时，推荐系统的结果就是用户看到的商品列表。电子商城能获得的期望收益如下所示：

$$\text{income} = \underbrace{P(\text{click}|\ \text{impression})}_{\text{CTR}} \times \underbrace{P(\text{order}|\ \text{click})}_{\text{CVR}} \times price \tag{7-16}$$

在公式（7-16）中，$P(\text{click}|\text{impression})$ 为用户在曝光数据集中的 CTR 预估，$P(\text{order}|\text{click})$ 为用户在点击后被转化的预估，也叫 CVR（Conversion Rate，转化率）预估，二者再与期望价格进行相乘，便可以得到期望收益。由此可见，对 CTR 的精确预估能直接提高期望收益，CTR 预估的性能直接影响了推荐系统的整体性能，对提高营收、社区活跃度等指标起到至关重要的作用。

在 CTR 预估中，我们通常使用独热编码来处理数据。这种编码承袭于 NLP（Natural Language Processing，自然语言处理）对词典中的词汇进行编码的方式，其使用一个维度为词汇个数的向量来表示每一个词汇，在该向量中，除了指定词汇所在位置取值为 1，其余位置均取值为 0。例如，假设数据集 $D=\{(\boldsymbol{x}_i, y_i)\}_{i=1}^{n}, y_i \in \{0,1\}$ 中每个样本都由若干个不同的域（field）组成（如 uid、gender、city、weekday、brand 等），若我们共有 3 个样本，如公式（7-17）所示：

$$\begin{aligned}
\boldsymbol{x}_0 &= \{uid=0, gender=\text{male}, city=\text{Beijing}, weekday=\text{Monday}, brand=\text{Nike}\} \\
\boldsymbol{x}_1 &= \{uid=1, gender=\text{male}, city=\text{Shanghai}, weekday=\text{Tuesday}, brand=\text{Puma}\} \\
\boldsymbol{x}_2 &= \{uid=2, gender=\text{female}, city=\text{Guangzhou}, weekday=\text{Saturday}, brand=\text{Adidas}\}
\end{aligned} \tag{7-17}$$

我们可以使用独热编码，将 3 个样本编码为公式（7-18）所示的向量化表示：

$$x_0=\{\underbrace{100}_{uid}\ \underbrace{10}_{gender}\ \underbrace{100}_{city}\underbrace{1000000}_{weekday}\ \underbrace{100}_{brand}\}$$
$$x_1=\{\underbrace{010}_{uid}\ \underbrace{10}_{gender}\ \underbrace{010}_{city}\underbrace{0100000}_{weekday}\ \underbrace{010}_{brand}\} \tag{7-18}$$
$$x_2=\{\underbrace{001}_{uid}\ \underbrace{01}_{gender}\ \underbrace{001}_{city}\underbrace{0000010}_{weekday}\ \underbrace{001}_{brand}\}$$

有了数据集$D=\{(\boldsymbol{x}_i,y_i)\}_{i=1}^n,y_i\in\{0,1\}$的向量化表示，对于向量$\boldsymbol{x}_i(i=1,\cdots,n)$，我们需要使用一个CTR模型来判断其是否会被用户点击。一个很自然的思路是，假设数据集$D=\{(\boldsymbol{x}_i,y_i)\}_{i=1}^n,y_i\in\{0,1\}$是线性可分的，那么我们可以使用一个线性超平面$y=\boldsymbol{w}^{\mathrm{T}}\cdot\boldsymbol{x}+b$来将$y_i\in\{0,1\}(i=1,\cdots,n)$的点进行分离。具体地，假设我们已经得到最优的超平面参数$\boldsymbol{w},b$，则有：

$$\begin{cases}\text{Click}, & \boldsymbol{w}^{\mathrm{T}}\cdot\boldsymbol{x}+b\geqslant 0\\ \text{NOT Click}, & \boldsymbol{w}^{\mathrm{T}}\cdot\boldsymbol{x}+b<0\end{cases} \tag{7-19}$$

通过公式（7-19），我们便可以预测样本$\boldsymbol{x}_i(i=1,\cdots,n)$是否会被点击了。由公式（7-16）可知，我们最后希望得到的是模型对后验概率$P(\text{click}|\text{impression})$的估计值，所以，我们还需要对公式（7-19）做进一步的处理。具体地，我们使用sigmoid函数$\sigma(x)=\dfrac{1}{1+\mathrm{e}^{-x}}$将公式（7-19）的预测结果映射为一个概率分布，如公式（7-20）所示：

$$P(y=1|\boldsymbol{x};\boldsymbol{w},b)=\frac{1}{1+\mathrm{e}^{-(\boldsymbol{w}^{\mathrm{T}}\boldsymbol{x}+b)}} \tag{7-20}$$

公式（7-20）即逻辑斯谛回归模型，它直接对后验概率分布$P(y=1|\boldsymbol{x};\boldsymbol{w},b)$进行建模，避免引入先验假设时由假设不准确带来的误差，同时，sigmoid函数是任意阶可导的凸函数，这一性质使得大部分的数值优化方法都可以用来对其参数进行估计。由公式（7-20）可以得到模型的CTR预估：

$$\begin{cases}\text{Click}, & P(y=1|\boldsymbol{x};\boldsymbol{w},b)\geqslant 0.5\\ \text{NOT Click}, & P(y=1|\boldsymbol{x};\boldsymbol{w},b)<0.5\end{cases} \tag{7-21}$$

虽然LR模型使用sigmoid函数来获得一个合法的后验概率分布，但其本质上还是一个线性模型，通过对公式（7-20）稍作调整就可以看出端倪：

$$\begin{aligned}&\ln\frac{P(y=1|\boldsymbol{x};\boldsymbol{w},b)}{P(y=0|\boldsymbol{x};\boldsymbol{w},b)}=\boldsymbol{w}^{\mathrm{T}}\boldsymbol{x}+b,\\ &P(y=0|\boldsymbol{x};\boldsymbol{w},b)=1-P(y=1|\boldsymbol{x};\boldsymbol{w},b)\end{aligned} \tag{7-22}$$

由公式（7-22）可以看出，我们使用线性模型 $y=\boldsymbol{w}^{\mathrm{T}}\cdot\boldsymbol{x}+b$ 对样本的 $\ln\frac{P(y=1|\boldsymbol{x};\boldsymbol{w},b)}{P(y=0|\boldsymbol{x};\boldsymbol{w},b)}$ 进行回归和预测，所以本质上 LR 模型还是一个线性模型，我们称之为广义线性模型。那么，应该如何来对其参数进行求解呢？我们使用最大似然估计（maximum likelihood estimation，MLE）来指导模型的训练，构造似然函数，如公式（7-23）所示：

$$\text{Likelihood}(\boldsymbol{w},b)=\prod_{i=1}^{n}P(y=y_i|\boldsymbol{x}_i;\boldsymbol{w},b) \tag{7-23}$$

我们只需要令公式（7-23）取得最大值，即可得到最优解，如公式（7-24）所示：

$$\boldsymbol{w}^*,b^*=\arg\max_{\boldsymbol{w},b}\text{Likelihood}(\boldsymbol{w},b) \tag{7-24}$$

不过，实践中我们会对最大似然函数取对数，由公式（7-23）进一步整理出公式（7-25）：

$$\begin{aligned}-\ln\text{Likelihood}(\boldsymbol{w},b)&=-\ln\prod_{i=1}^{n}P(y=y_i|\boldsymbol{x}_i;\boldsymbol{w},b)\\&=-\sum_{i=1}^{n}\ln P(y=y_i|\boldsymbol{x}_i;\boldsymbol{w},b)\\&=-\sum_{i=1}^{n}[y_i\cdot\ln P(y=1|\boldsymbol{x}_i;\boldsymbol{w},b)+(1-y_i)\cdot\ln P(y=0|\boldsymbol{x}_i;\boldsymbol{w},b)]\end{aligned} \tag{7-25}$$

我们称公式（7-25）为负对数似然（Negative Log Likelihood，NLL）函数，它使用交叉熵（cross entropy）来度量模型预测的后验分布与真实分布之间的差距，通过最小化负对数似然函数

$$\text{NLL}(\boldsymbol{w},b)=-\ln\text{Likelihood}(\boldsymbol{w},b) \tag{7-26}$$

即可获得最优解：

$$\boldsymbol{w}^*,b^*=\arg\min_{\boldsymbol{w},b}\text{NLL}(\boldsymbol{w},b) \tag{7-27}$$

得益于 LR 模型优秀的数学性质，我们可以采用梯度下降法和牛顿法等常用的优化算法对公式（7-27）进行求解。

7.3　FM、FFM 和特征组合

通过 7.2 节的阐述，我们很容易发现，使用独热编码与 LR 模型来进行 CTR 预估有明显的缺陷：1）独热编码带来非常稀疏的样本特征；2）样本集可线性分离的

假设是一个局限性非常强的假设，实际上样本集不一定是可线性分离的；3）没有考虑特征之间的相关性，这通常需要算法工程师在特征工程阶段结合业务进行手动挖掘，非常费时费力，而且不一定有好的效果。为了解决这几个问题，我们需要一种方案，它能在非常稀疏的样本特征中很好地进行特征组合，以挖掘特征之间的相关性，并向模型引入非线性[33]，这种方案叫作 FM 模型。

7.3.1　FM基本原理

FM[33,34]（Factorization Machine，因子分解机）模型的提出很好地解决了这些问题。FM 模型给独热稀疏特征的每一维特征都学习一个稠密的 k 维隐向量，再使用该隐向量来进行特征之间的两两交叉，从而给模型引入自动化的特征组合和非线性机制：

$$\hat{y}(\boldsymbol{x}) = w_0 + \sum_{i=1}^{n} w_i x_i + \sum_{i=1}^{n}\sum_{j=i+1}^{n} <\boldsymbol{v}_i, \boldsymbol{v}_j> x_i x_j \qquad (7\text{-}28)$$

在公式（7-28）中，$\boldsymbol{x} = [x_1, \cdots, x_n]^{\mathrm{T}} \in \mathbf{R}^n$ 为 n 维稀疏特征向量，$\boldsymbol{v} \in \mathbf{R}^k$ 为 k 维稠密隐向量，$\langle \boldsymbol{v}_i, \boldsymbol{v}_j \rangle = \sum_{f=1}^{k} v_{if}$，其中 v_{if} 为两个向量之间的内积。由公式（7-28）可以看出，FM 模型的输出结果是由线性模型与特征的二阶交叉组合而成的，所以 FM 模型可以看成 LR 模型的一个延伸扩展。由于采用了为每个特征都学习一个稠密隐向量的机制，因此 FM 模型能很好地从稀疏的特征向量中学习那些隐含于其中的特征关联关系。如何理解这一过程呢？ 假如我们不采用这种隐向量的机制，而是使用标量参数对特征的交叉进行直接建模，即特征交叉部分为 $\sum_{i=1}^{n}\sum_{j=i+1}^{n} w_{ij} x_i x_j$，则我们有可能会因为特征的稀疏性而没能学到某些特征之间的关联，如特征 x_i、x_j 从未在训练集的样本中同时出现，那我们将无法学习到其标量参数。而使用隐向量的机制则能很好地克服这一点，如虽然特征 x_i, x_j 从未在训练集的样本中同时出现，但经常会有特征 x_i, x_k 和特征 x_j, x_k 同时出现，那么我们就能正常地学习到特征 x_i 的隐向量 $\boldsymbol{v}_i$ 和特征 x_j 的隐向量 $\boldsymbol{v}_j$，则在模型进行预测时，我们便可以通过 $\langle \boldsymbol{v}_i, \boldsymbol{v}_j \rangle$ 的关联性克服稀疏特征所带来的弊端。

由于我们对原始的样本进行了独热编码，所以在同一时刻，属于同一个域的多个特征中只会有一个取值为 1，其余的均取值为 0。我们在构造属于同一个域的多个特征的隐向量时，在数学上可以理解为使用隐向量组成的矩阵 $\boldsymbol{V}$ 与独热特征向量 $\boldsymbol{ft}_i$ 进行乘法运算，其中下标 i 表示非零位的索引，其结果为非零位 i 所对应的矩阵 $\boldsymbol{V}$ 的列，即

$$\boldsymbol{V}_i = \boldsymbol{V} \cdot \boldsymbol{ft}_i \qquad (7\text{-}29)$$

在公式（7-29）中，$V_i \in \mathbf{R}^k$就是 k维隐向量。隐向量的构造过程在 FM 模型示意图（图 7.8）中有清晰的呈现，这个过程本质上是将独热编码特征向量中的每一维都映射成 $\mathbf{R}^k$空间中的一个低维向量，而后再通过向量之间的内积来获得特征之间的关联性，从而完成特征的组合。这种做法与通过 word2vec 获得词语的嵌入向量表示是一脉相承的，所以我们也将特征的隐向量表示称为嵌入向量。

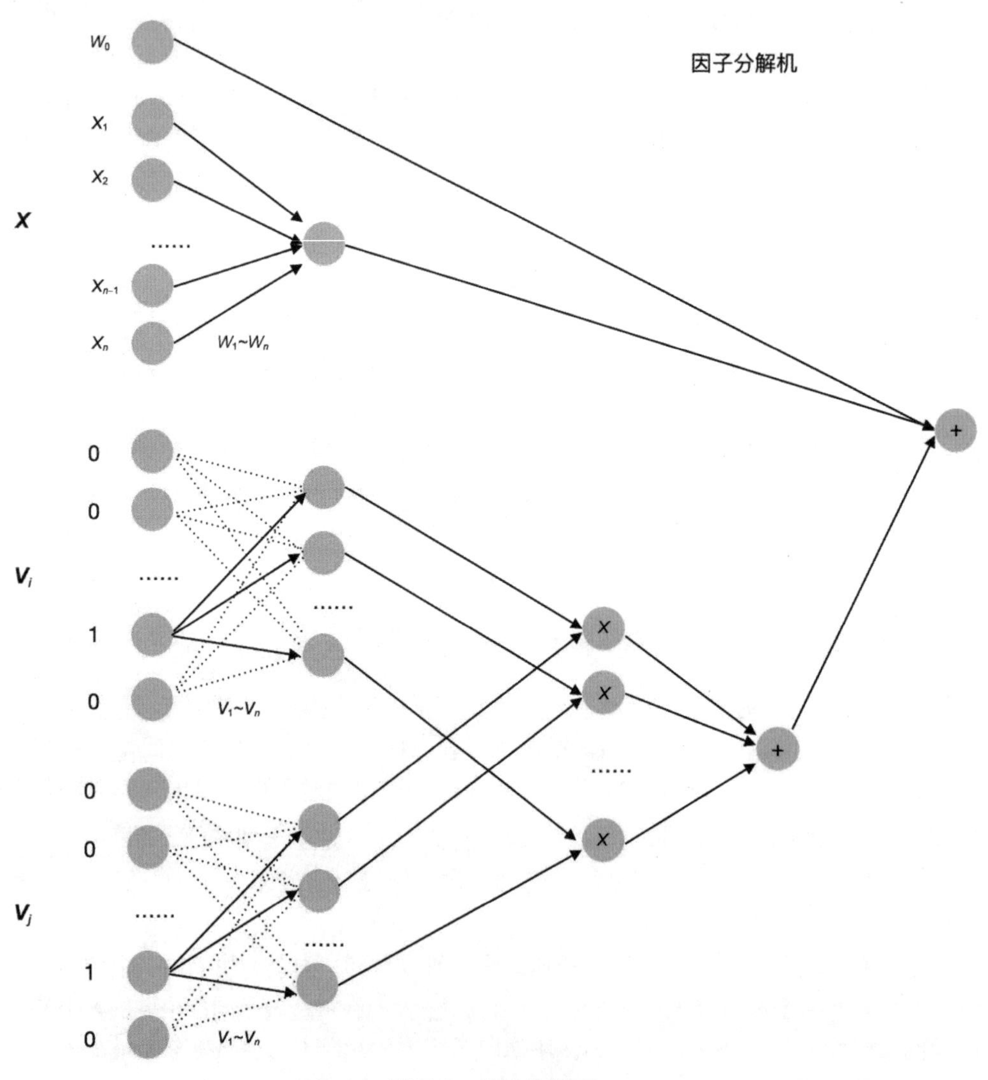

图 7.8　FM 原理图

我们在 7.1 节介绍了两种协同过滤算法，其实还有另一种对协同过滤算法的

优化思路，那就是矩阵分解（Matrix Factorization，MF），其典型代表算法有 Funk SVD、SVD++ 等，它们的核心思想都是通过对用户－商品（user-item）评分矩阵进行分解，分别得到用户和商品的隐向量所组成的矩阵，再使用对应的隐向量进行内积运算，来获得用户对商品的评分，从而给出推荐结果。以 Funk SVD 算法为例，具体过程如公式（7-30）所示：

$$\arg\min_{\boldsymbol{H},\boldsymbol{W}} \|\boldsymbol{R}-\tilde{\boldsymbol{R}}\|_F+\alpha\|\boldsymbol{H}\|+\beta\|\boldsymbol{W}\| \\ \tilde{\boldsymbol{R}}=\boldsymbol{H}\boldsymbol{W} \tag{7-30}$$

其中，$\boldsymbol{R}\in\mathbf{R}^{users\times items}$，表示用户－商品标注评分矩阵；$\tilde{\boldsymbol{R}}\in\mathbf{R}^{users\times items}$，表示用户－商品预测评分矩阵；$\boldsymbol{H}\in\mathbf{R}^{users\times latentfactors}$，表示用户的隐向量矩阵；$\boldsymbol{W}\in\mathbf{R}^{items\times latentfactors}$，表示商品的隐向量矩阵。当我们想获得用户 u 对商品 i 的评分时，只要将对应的隐向量进行内积运算即可：

$$\tilde{r}_{ui}=\sum_{f=0}^{k\ \text{factors}}\boldsymbol{H}_{u,f}\boldsymbol{W}_{f,i} \tag{7-31}$$

如果我们在训练 FM 模型时，训练数据只由用户的 id 和商品的 id 组成，则通过训练我们分别得到了用户与商品的隐向量，而后 FM 模型在预测时就会使用对应的用户与商品的隐向量进行内积，获得预测结果，这个过程与 MF 进行预测的过程是一致的，所以我们可以认为MF模型是训练数据只有用户 id 和商品 id 的FM模型，即 MF 模型是 FM 模型的一种特殊情况。

7.3.2 用FFM和GBDT进行高阶特征组合

FFM 模型在 FM 模型的基础上引入了域（field）的概念，把拥有共同性质的特征都组织到一个域中，与 FM 模型不同的是，FFM 模型的每一维特征 $\boldsymbol{x}_i$ 会针对不同的域 $\boldsymbol{f}_i$ 分别训练一个隐向量 $\boldsymbol{v}_i\boldsymbol{f}_i$，而在预测阶段，也会根据所组合的特征所在的不同域而使用不用的隐向量来参与计算，如公式（7-32）所示：

$$\hat{y}(\boldsymbol{x})=w_0+\sum_{i=1}^{n}w_ix_i+\sum_{i=1}^{n}\sum_{j=i+1}^{n}\langle\boldsymbol{v}_i\boldsymbol{f}_j,\boldsymbol{v}_j\boldsymbol{f}_i\rangle x_ix_j \tag{7-32}$$

因此，在FFM模型中，隐向量的使用不仅与特征相关，还与特征所在的域相关。若特征向量 $\boldsymbol{x}$ 的维度为 n，且划分为 f 个域，则 FFM 模型总共需要学习 nf 个隐向量。FM 模型可以看成所有特征都在同一个域中的 FFM 模型。所以 FM 模型是 FFM 模型的一种特殊情况。由于 FFM 模型的表达式无法进行化简，所以时间复杂度还是 $O(kn^2)$，在特征维度较大且数据量较多时，FFM 模型的运算性能将远不如 FM 模型。

FM 模型和 FFM 模型只利用了二阶特征组合，并没有使用更高阶的特征组合。当然，我们也可以将它们的特征组合扩展到更高阶，但这样做会使模型的时间复杂度呈指数增长。有什么方案能高效地进行高阶特征组合呢？答案就是利用第 6 章介绍的树模型 GBDT。GBDT 是集成学习的典型代表算法，其拥有理论基础扎实、易扩展、可解释性强等特点。

Facebook[33,35] 提出了一种使用 GBDT 实现 LR 模型特征发现和高阶特征组合的方案。使用 GBDT 的决策路径作为 LR 模型的特征输入就是一种天然的特征发现与特征组合的过程。使用 GBDT 进行特征发现和特征组合的核心思想是：样本 $x_i, i=1,\cdots,n$ 经过 GBDT 每棵树的路径都作为 LR 的一维特征，以期达到将路径上所有特征进行组合的效果。使用原始的特征训练 GBDT 模型，然后利用 GBDT 模型来构造新的特征向量。新特征向量由一串 (0,1) 向量组成，其每个特征对应 GBDT 模型树的一个叶子节点，当样本落在某个叶子节点上时，该特征取值为 1，否则取值为 0。新特征向量的长度等于 GBDT 模型里所有树包含的叶子节点数之和 [33,35]。

如图 7.9 为例，图中的 GBDT 模型由两棵树组成，共 5 个叶子节点，故 $\boldsymbol{x}$ 经由 GBDT 模型处理后将生成 5 维的新特征向量。假设其分别落在第一棵树的 2 号叶子节点和第二棵树的 1 号叶子节点，则生成的新特征向量为 $[0,1,0,1,0]^{\mathrm{T}}$，而后再使用 LR 模型进行后续操作。

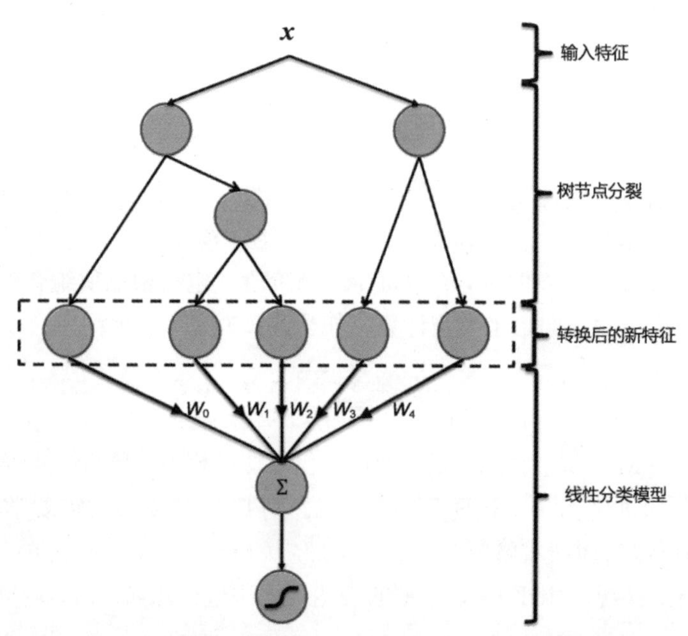

图 7.9　使用 GBDT+LR 进行 CTR 预估示意图

在工业级的推荐系统中，使用 GBDT 代替人工的特征发现和特征组合已经得到广泛的应用，并表现出了卓越的性能。另外，除了与 LR 模型进行糅合，还有一些工作尝试了 GBDT+FM、GBDT+FFM 等方案，总的来说都不逊色于人工特征发现的效果 [33]。

7.4 Wide&Deep

到目前为止，本章介绍了基于常规特征的线性模型——逻辑斯谛回归，也介绍了基于嵌入的模型矩阵分解和树模型。本节介绍一种组合模型——Wide&Deep[36]。

Wide&Deep 是一种将深度学习和线性模型联合训练的组合模型，目标是整合线性模型的记忆能力和深度学习的泛化能力，以提升推荐系统的效果。推荐系统与 NLP 中的搜索排序问题类似，都需要两个重要能力——记忆和泛化。记忆能力可以粗略地定义为模型对样本或特征同时出现的频率的感知能力和对历史数据之间相关性的利用能力。而泛化能力是基于相关性的传递性，探索过去从未或很少出现的新特征组合的能力。基于记忆的推荐通常更具目的性，并且与用户已经执行过操作的项目直接相关。与记忆相比，泛化一般倾向于提高推荐项目的多样性。

逻辑斯谛回归等广义线性模型因其简单、可扩展性和可解释性等特点而得到了广泛应用。这些模型通常使用独热编码对二进制稀疏特征进行训练，并在训练过程中通过广泛的特征组合使模型具备较强的记忆能力和可解释性，但线性模型存在的一个问题是通常需要手动进行特征设计，导致它们不能对未出现在训练数据中的查询项特征对进行泛化。基于嵌入的模型，如因子分解机或深度神经网络，通过为每个用户的查询项和特征学习一个低维的稠密嵌入向量，可以将先前看到的查询项特征对推广到以前未看到的查询项特征对，一般不需要人工设计特征。然而，当底层查询项矩阵稀疏且维度较高时，如用户具有特定的偏好，则很难学习有效的低维查询和向量表示。在这种情况下，这种特殊查询项和大部分常规查询项之间不应该有交互，但是因为密集的嵌入会导致所有查询项对的组合预测都是非零的，所以模型可能会过度泛化并给出不太相关的建议。而具有交叉积特征转换的线性模型可以用少量的参数专门记忆这些特殊规则。

在实际的应用中，由于数据库中有超过百万候选物品，因此很难在服务延迟要求（通常为 10 毫秒）内对每个应用的每个查询进行详尽的评分。因此，接收到查询时，首先要初步筛选，返回与查询最匹配的项目的简短列表。在减少候选集后，排序系统根据所有项目的得分对其进行排序。Wide&Deep 的主要功能就是对小候选集物品进行高精度排序，如图 7.10 所示。

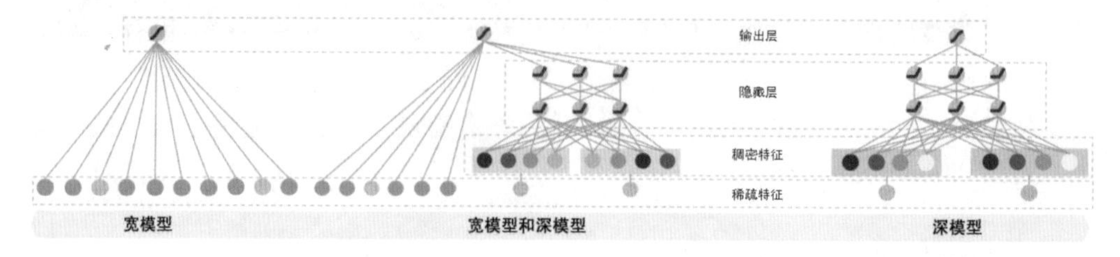

图 7.10　Wide&Deep

Wide&Deep 中的宽（Wide）模型是形式为 $y = \boldsymbol{w}^{\mathrm{T}} x + b$ 的广义线性模型，如图 7.10（左）所示。y 是预测值，$\boldsymbol{x} = [x_1, x_2, \cdots, x_d]$ 是 d 个特征的向量，$\boldsymbol{w} = [w_1, w_2, \cdots, w_d]$ 是模型参数，b 是偏差。功能集包括原始输入功能和转换后的功能。最重要的转换之一是跨产品转换，其定义如下所示：

$$\phi_k(\boldsymbol{X}) = \prod_{i=1}^{d} x_i^{c_{ki}} \qquad c_{ki} \in \{0,1\} \tag{7-33}$$

其中，c_{ki} 是布尔变量，如果第 i 个功能是第 k 个转换 ϕ_k 的一部分，则 c_{ki} 为 1，否则 c_{ki} 为 0。对于二元特征，当且仅当组成特征的值（例如，“性别 = 女性”和“语言 = en”）都为 1 时，跨乘积转换的值（例如，“AND（性别 = 女性，语言 = ch）”）为 1，否则为 0。这捕获了二元特征之间的相互作用，并为广义线性模型增加了非线性。

深度（Deep）模型是前馈神经网络，如图 7.10（右）所示。对于分类要素，原始输入是要素字符串（例如，“语言 = en”）。首先将这些稀疏的高维分类特征中的每一个特征转换为低维且密集的实值向量，通常将其称为嵌入向量。嵌入的维数通常在 $O(10) \sim O(100)$ 的数量级上。随机初始化嵌入向量，然后训练值用最小化模型来训练期间的最终损失函数。最后，将这些低维密集嵌入向量在前向传递中馈入神经网络的隐藏层。具体来说，每个隐藏层执行如下计算：

$$a^{(l+1)} = f(\boldsymbol{W}^{(l)} a^{(l)} + b^{(l)}) \tag{7-34}$$

其中，l 是隐藏层的层数，$f()$ 是激活函数，通常采用整流线性单元（Rectified Linear Unit，ReLU）。$a^{(l)}$、$b^{(l)}$ 和 $\boldsymbol{W}^{(l)}$ 是第 l 层的激活函数、偏置项参数和模型权重。

Wide&Deep 将宽（Wide）模型和深度（Deep）模型的输出加权和作为预测结果，然后将其输入一个共同的逻辑斯谛回归损失函数中进行联合训练。注意，集成训练和联合训练是有区别的。在集成训练中，单独的模型在相互不了解的情况下单独训练，它们的预测值只在最后预测时进行组合，在训练时不合并。相比之下，联合训练同时优化所有参数，在训练时同时考虑线性模型参数和深度模型参数以及它们求和的权重。在模型的规模方面，集成训练和联合训练也是不一样的：对于一个集成

模型，由于训练是不相交的，因此每个单独的模型通常规模都比较大，而且包含全部的特征；对于一个联合模型，线性模型部分只需要通过少量的特殊特征来补充深度模型部分的弱点，而不需要一个全量特征的宽模型。

Wide&Deep 的联合训练利用小批量随机优化方法，同时将输出梯度反向传播到宽模型和深度模型两部分。宽模型使用 FTRL（Follow-the-Regularized-Leader）算法[36]，并用 L1 正则化作为模型的优化因子，AdaGrad 用于模型的深度部分。组合模型如图 7.10（中）所示。对于最后的逻辑斯谛回归层，模型的预测概率分布如公式（7-35）所示：

$$P(Y=1|\boldsymbol{x})=\sigma(\boldsymbol{w}_{wide}^{\mathrm{T}}[\boldsymbol{x},\phi(\boldsymbol{x})]+\boldsymbol{w}_{deep}^{\mathrm{T}}a^{(l_f)}+b) \tag{7-35}$$

其中 Y 是二进制类标签，$\sigma()$ 是 sigmoid 函数，$\phi(\boldsymbol{x})$ 是原点的叉积变换最终特征，$\boldsymbol{x}$ 和 b 是偏差项。$\boldsymbol{w}_{wide}^{\mathrm{T}}$ 是所有宽模型权重，$\boldsymbol{w}_{deep}^{\mathrm{T}}$ 是应用于最终激活函数 $a^{(l_f)}$ 的权重。最终的结果由逻辑斯谛回归的概率分数来决定。

以上就是 Wide&Deep 模型的基本原理。它整合了广义线性模型的记忆能力和深度模型的泛化能力，在推荐排序场景取得了不错的效果，目前依然是业界最流行的排序算法之一。

7.5 更有趣的模型——Transformer

7.4 节提到了 Google 团队的 Wide&Deep 模型在推荐系统中的广泛应用：在深度学习和线性模型的组合下综合利用用户属性特征、商品属性特征和商品统计特征等信息进行建模。尽管该算法表现出了优秀的推荐性能，但是它忽略了实际推荐场景中一个重要的信息——用户对商品的点击行为序列信息，由于用户与物品之间的交互是一个动态的过程，只利用属性等静态特征难以产生多样性高的推荐结果，同时也没办法很好地预测当前的用户意图，因此把自然语言处理的模型引入推荐系统中成为如今学术界和工业界的一大研究热点。

我们在第 4 章提到过经典的 RNN 模型，基于 RNN 的序列建模大部分从 3 个角度发展。1）训练方向：从单向 RNN 发展为双向 RNN，也就是不只考虑预测词的上文，而是借助预测词的上下文的重要信息来进行预测；2）网络深度：从单层 RNN 发展为多层 RNN，也就是堆叠多个 RNN 单元来对复杂结构建模；3）模型结构：从传统 RNN 模型发展为 LSTM、GRU 等模型，由于在传统 RNN 模型的循环网络结构中，随着时间步的不断增加，梯度会呈指数级递减趋势，极有可能出现梯度消失的问题，使得传统 RNN 无法学习长期依赖信息，因此研究者引入了门控单元，提出了更优的 LSTM、GRU 模型。

传统的基于 RNN 的序列模型还存在以下一些弊端：梯度消失导致记忆力有限，只能处理短序列；没有并行机制，运行效率差；无法根本上解决变长序列，造成一定程度的数据损失。借助注意力机制的热潮，Google 团队在 2017 年发表的 *Attention is All You Need* [37] 一文提出了创新的 Transformer 模型，首次摆脱了传统序列模型必须结合 RNN 模型的固有模式，只利用注意力机制进行建模，通过并行化提高了模型效率，同时还保证了良好的实验效果。本节旨在由浅入深地介绍 Transformer 这一有趣的模型。

7.5.1 模型整体架构

Transformer 模型的整体架构如图 7.11 所示。

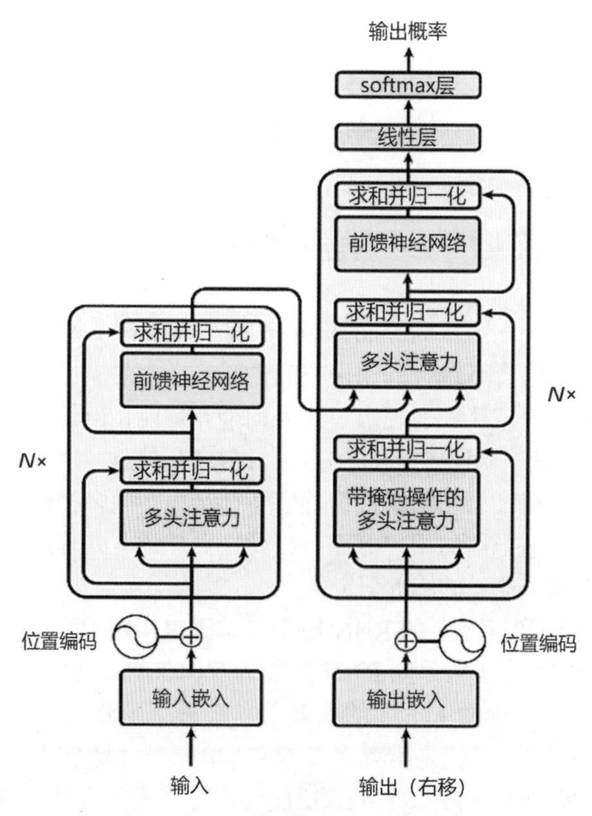

图 7.11 Transformer 模型架构

读者在刚看到 Transformer 模型的复杂架构 [37] 时，可能会打起退堂鼓。但是，

Transformer 模型结构看似复杂，其实和传统的编码 - 解码（Encoder-Decoder）模型结构是很相似的，也就是输入一个序列，经过编码器（Encoder）得到相应的隐表示，根据所得隐表示，由解码器（Decoder）生成输出序列。我们可以尝试画出 Transformer 模型的简化结构，如图 7.12 所示。

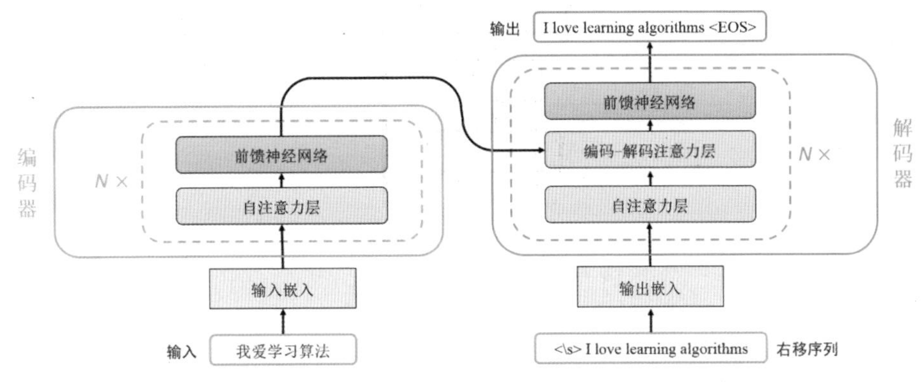

图 7.12 Transformer 模型简化结构

具体来看，Transformer 模型的编码器部分由 N 层完全相同的编码层堆叠而成，解码器部分由 N 层完全相同的解码层堆叠而成，而每一层编码层和解码层具有不同的内部结构。可以观察到，每层编码层包括 2 个子层，分别为自注意力层和前馈神经网络；区别于编码层，每层解码层包括 3 个子层，分别是自注意力层、编码 - 解码注意力层以及前馈神经网络，其中前两个注意力层都采用了多头注意力（Multi-Head Attention）机制。

7.5.2 注意力机制

第 4 章已经对一般注意力机制的概念进行了简单概述，本节进一步介绍两类改进的注意力机制，分别叫作缩放点乘注意力（Scaled Dot-Product Attention）和多头注意力。注意力机制究竟有何过人之处？在介绍 Transformer 模型的具体结构之前，我们先来探索这些改良的注意力机制是怎么运作的。

1. 缩放点乘注意力

先从简单的缩放点乘注意力说起，其结构如图 7.13 所示。

具体而言，缩放点乘注意力的实现流程可以细分为以下 3 个步骤。

1）给定输入嵌入矩阵，通过 3 个线性转换把输入嵌入矩阵转换为查询矩阵 $\boldsymbol{Q}$、键矩阵 $\boldsymbol{K}$ 以及值矩阵 $\boldsymbol{V}$，如图 7.14 所示。

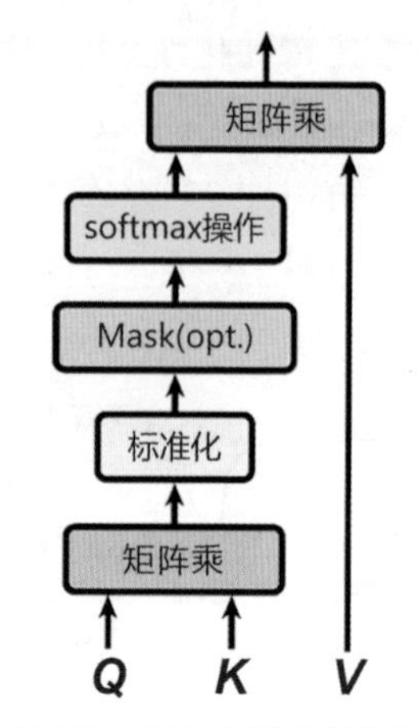

图 7.13　缩放点乘注意力结构

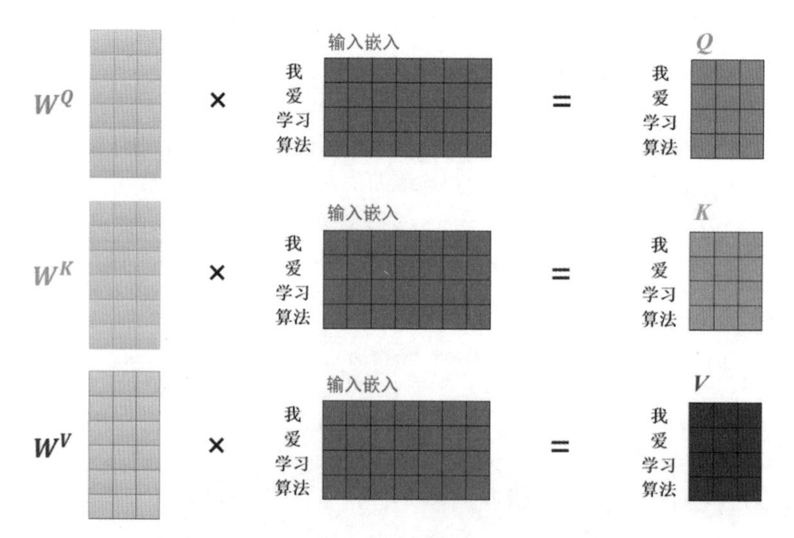

图 7.14　查询矩阵 ***Q***、键矩阵 ***K*** 以及值矩阵 ***V***

2）计算相似度。Transformer 所使用的相似度计算方式是点乘的方式，也就是将查询矩阵 ***Q*** 和键矩阵 ***K*** 相乘（MatMul）。但是，由于查询向量和键向量的点乘分数的方差为 d_k（设 d_k 为向量的维数），因此当嵌入维度较大时容易出现特别大或者特别小的点乘分数，二者都将导致后续 softmax 函数的梯度比较小，从而影响模型的反向传播效果。为了消除这一影响，通过对每个点乘分数除以 $\sqrt{d}$ 进行标准化，通过标准化操作把点乘分数的方差从 d_k 缩小到 1。上述步骤所得结果是句子中每个词与其他词的注意力矩阵，其中，矩阵中的每一行都是每个查询向量和键向量的相

似性，此处可以把一行中的每个值视为当前行对应词与其他词的注意力值，具体如图 7.15 所示。

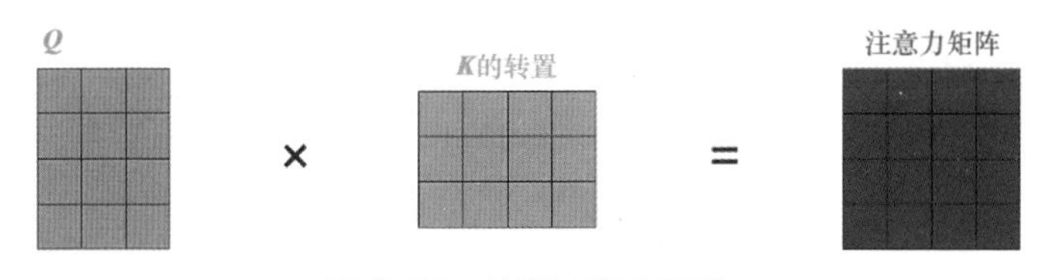

图 7.15　计算注意力矩阵

值得注意的是，编码器中的注意力机制是自注意力，而解码器中则是采用掩码（Mask）操作的自注意力。此处的掩码操作是指在解码阶段不希望未来的信息会被提前泄露。因此，对于解码器的输入，只能计算当前词与之前词的注意力值。具体操作时应该把注意力矩阵的上三角元素全部填充为 0，如图 7.16 所示。详细地说，“我”作为第一个词，应该只计算与自身的注意力值；“爱”作为第二个词，应该计算与当前词“爱”和之前出现的“我”的注意力值；“学习”作为第三个词，应该计算与当前词“学习”和之前出现的“我”“爱”的注意力值；“算法”作为最后一个词，方可计算与句子中全部词的注意力值。

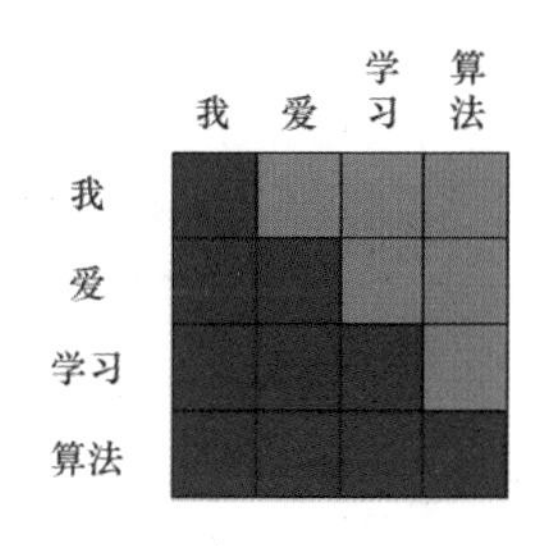

图 7.16　掩码注意力矩阵

3）计算最终注意力加权结果。在本步骤，为了归一化，对于掩码操作后的注意力矩阵的每行进行 softmax 处理，后把注意力矩阵与值矩阵 $\boldsymbol{V}$ 相乘（MatMul），即可得到最终注意力加权结果，如图 7.17 所示。

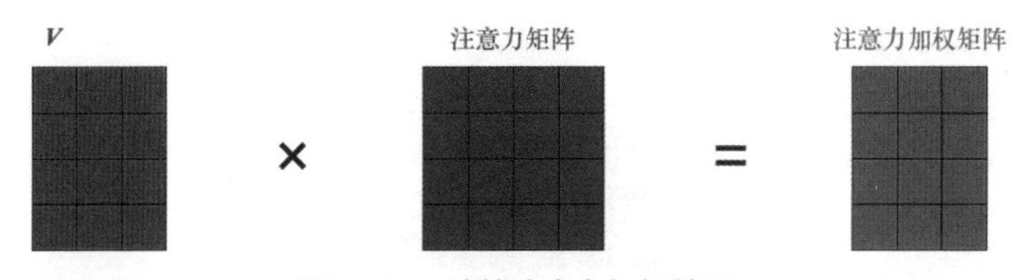

图 7.17　计算注意力加权结果

2. 多头注意力

深入了解缩放点乘注意力后，理解多头注意力的基本原理就很容易了，简单来说，就是进行若干次缩放点乘注意力，最后把结果整合在一起，其结构图如图 7.18 所示。

多头注意力允许模型的不同表示子空间联合关注不同位置的信息。如果只有一个注意力单元，模型则不足以全面学习到这个信息，具体流程如图 7.19 所示。

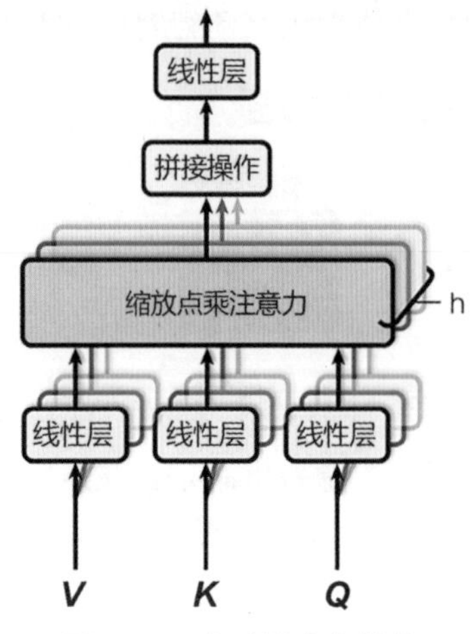

图 7.18 多头注意力结构

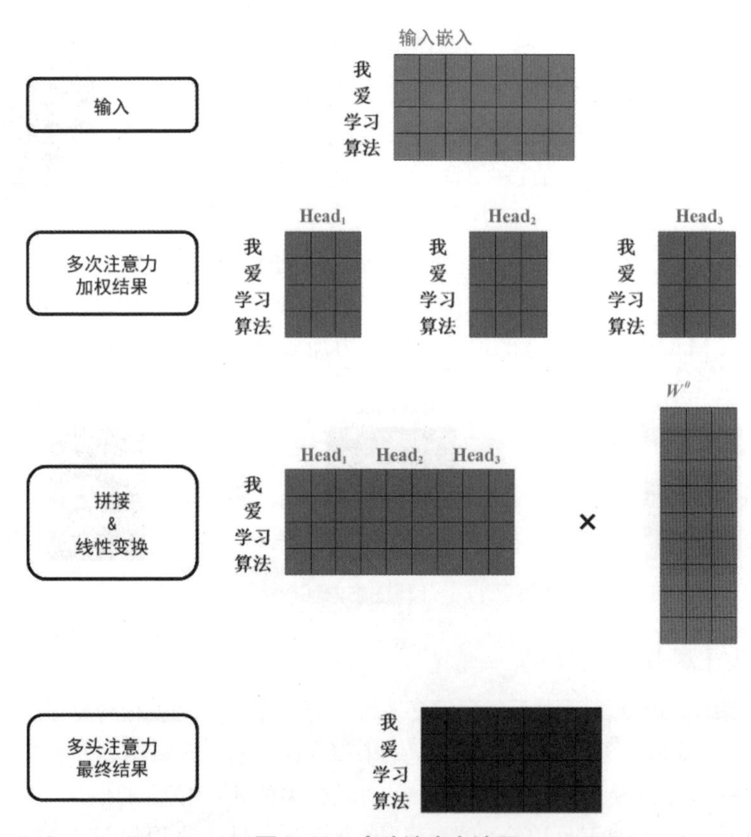

图 7.19 多头注意力流程

7.5.3　编码器

编码器包括 N 层（默认为 6 层）编码层，其中第一层编码层的输入是输入序列的嵌入表示，而其余层编码层的输入均为上一层编码层的输出。每层编码层包括两个子层：第一个子层为自注意力层，用来计算输入的多头注意力加权结果；第二个子层是前馈神经网络，就是一个简单的全连接网络。

编码器结构如图 7.20 所示。

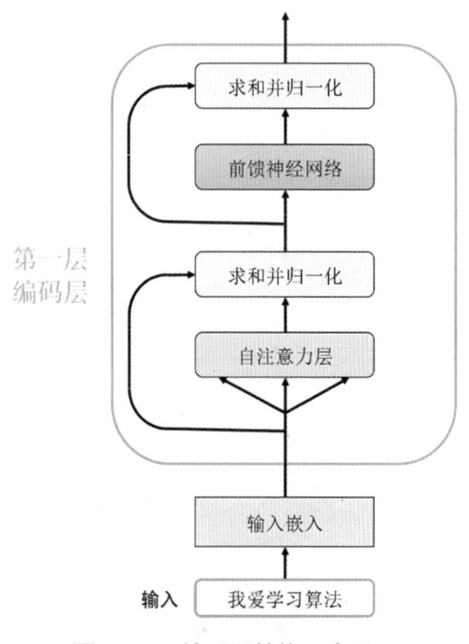

图 7.20　编码器结构示意图

7.5.4　解码器

Transformer 的解码器同样包括 N 层（默认为 6 层）解码层，其中第一层解码层的最初的输入是起始符的嵌入表示，后续时间步的输入都是前一个时间步的输出的嵌入表示（比如前一个时间步的预测输出是“love”，那么当前时间步的输入就应该是“love”的嵌入表示，以此预测下一个时间步的输出词），而其余层解码层的输入均为上一层解码层的输出。每层解码层包括 3 个子层：第一个子层是采用掩码操作的自注意力层，此层同样也是计算输入的多头注意力加权结果，但是因为是生成过程，所以需要保证只有当前词和之前出现过的词有结果，需要对注意力矩阵进行掩码操作；第二个子层是编码 - 解码注意力层，与前一层的不同之处在于，此层的输入为最后一层编码层的输出的嵌入表示；第三个子层与编码器相同，同样是前馈神经网络。

对于编码器与解码器，由于每个子层都采用了残差连接，并且进行了层归一化操作，对应 Transformer 模型架构（图 7.11）中的“求和并归一化”操作。因此每个子层的输出都是：$\text{LayerNorm}(\boldsymbol{x}+\text{Sublayer}(\boldsymbol{x}))$，其中 $\text{Sublayer}(\boldsymbol{x})$ 表示子层对输入 $\boldsymbol{x}$ 的映射。为了合理地利用残差连接，所有的子层和嵌入层的输出向量都具备相同维度。

编码器与解码器的连接结构如图 7.21 所示。

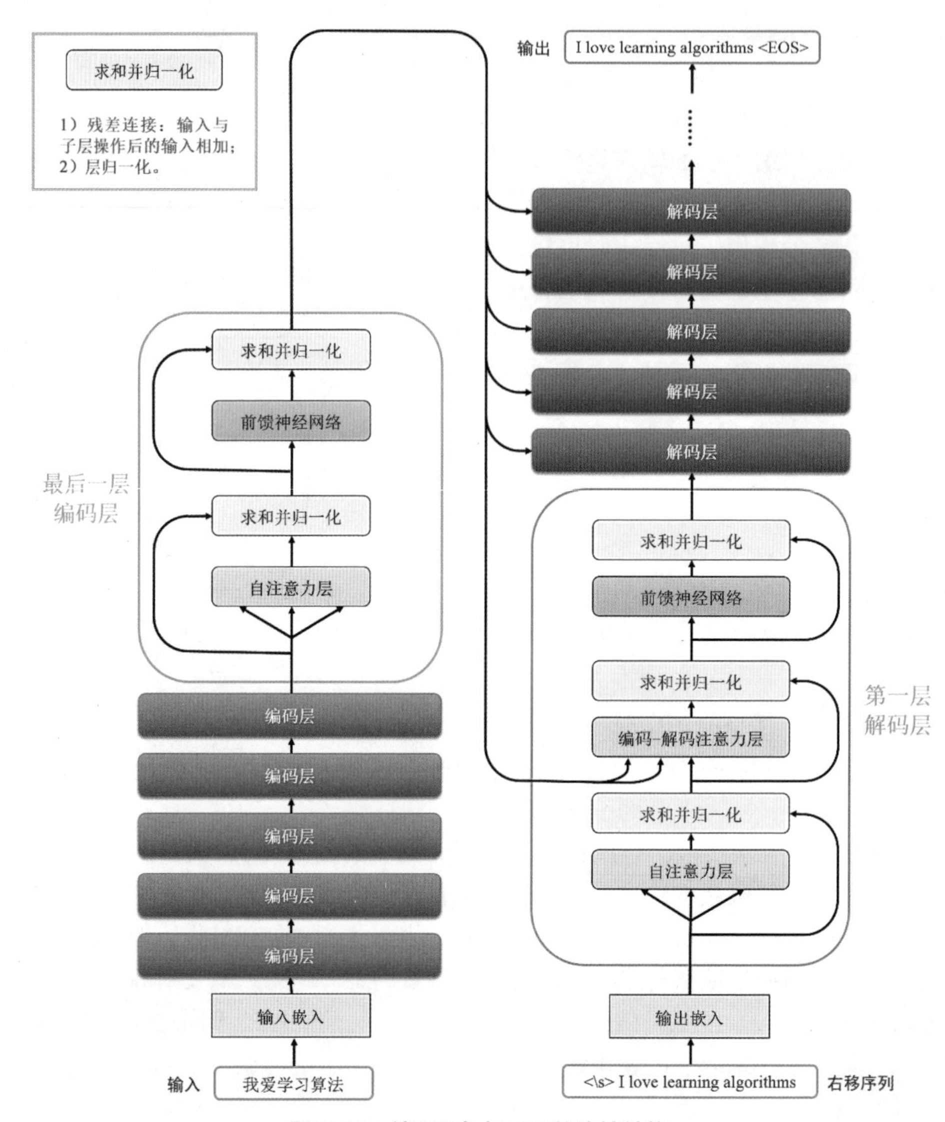

图 7.21　编码器与解码器的连接结构

7.5.5　基于位置的前馈神经网络

由于注意力层总的来说只是线性的操作，因此除了注意力层之外，模型的编码器和解码器中的每个层都包含一个全连接前馈神经网络，以增加非线性的交互，该

网络对序列中每个位置的向量分别进行相同的操作，包括两个线性变换和一个修正线性单元激活输出：

$$\mathrm{FFN}(\boldsymbol{x}) = \max(0, \boldsymbol{x}\boldsymbol{W}_1 + b_1)\boldsymbol{W}_2 + b_2 \tag{7-36}$$

尽管线性变换在不同位置上是相同的，但不同层之间的参数是不同的。

7.5.6　嵌入层

从图 7.21 可以观察到，第一层编码层和第一层解码层的输入均为序列的嵌入表示。对于每个输入序列，嵌入层包括两类嵌入：一类是通过词汇表的嵌入矩阵映射得到的词嵌入表示；一类是融入位置信息的嵌入表示。前者与 RNN 的输入嵌入表示是一致的，不再赘述；之所以提出后者，是因为 Transformer 模型不包含循环结构和卷积结构，无法很好地保留序列至关重要的顺序信息，所以通过位置编码（Positional Encoding）引入了位置嵌入（Positional Embedding, PE）来给模型融入序列中每个 ID 的相对位置信息或者绝对位置信息。具体计算如下：

$$\begin{aligned}\mathrm{PE}_{pos,2i} &= \sin(pos/10000^{2i/d}) \\ \mathrm{PE}_{pos,2i+1} &= \cos(pos/10000^{2i/d})\end{aligned} \tag{7-37}$$

其中，pos 表示当前 ID 位于序列的第 pos 个位置，d 表示位置嵌入的维度数，i 表示位置嵌入的第 i 维元素，$2i$ 表示偶数维度，$2i+1$ 表示奇数维度。选用正弦和余弦函数进行位置信息编码的原因主要包括以下两点[37]。

1）根据函数的特性，由于 $\sin(A+B)=\sin(A)\cos(B)+\cos(A)\sin(B)$ 以及 $\cos(A+B)=\cos(A)\cos(B)+\sin(A)\sin(B)$，因此 PE_{pos+k} 可以表示成 PE_{pos} 的线性变换，这一性质可以保证模型不仅可以学习到位置嵌入本身的绝对位置信息，还可以较好地保留相对位置信息。

2）假设测试集出现了比训练集里面所有序列更长的序列，使用公式（7-37）可以计算出更大长度的相应位置嵌入，从而使模型可以更好地适应实际应用中常见的长序列场景。

综上所述，在嵌入层中将词嵌入和位置嵌入设置为相同维度 d，二者相加则可得到最终的 d 维输入嵌入表示，如图 7.22 所示。输出嵌入亦同理。

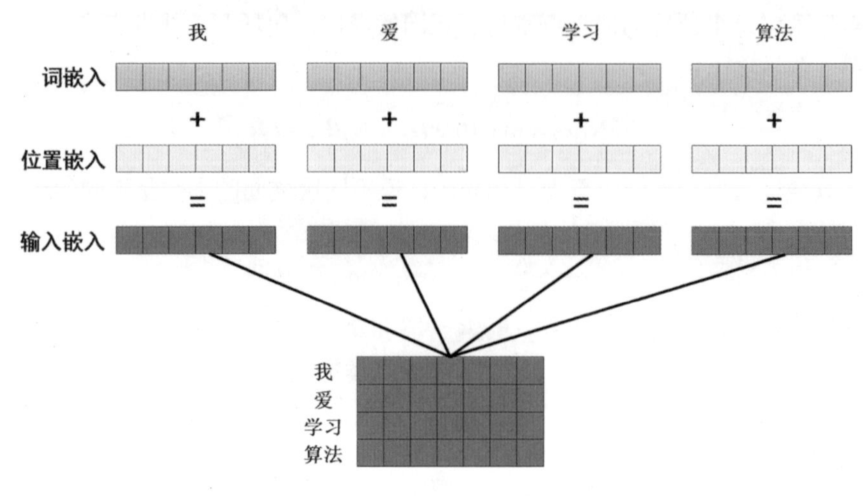

图 7.22 Transformer 的输入嵌入

7.5.7 线性层和 softmax 层

Transformer 模型架构中的最后两层为线性（Linear）层和 softmax 层，也就是解码器的输出会经过线性层和 softmax 层，得到最终的结果，其中线性层为全连接网络，softmax 层旨在将线性层的输出归一化为词汇表概率分布，据此可输出最大概率的预测词，如图 7.23 所示。

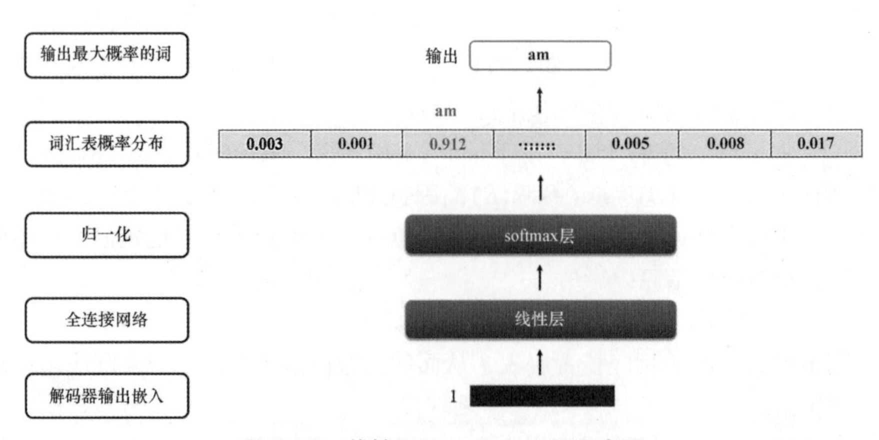

图 7.23 线性层和 softmax 层示意图

7.5.8 Transformer在推荐系统的应用

看完本章前面的介绍，相信大家已经对 Transformer 模型有了更加深入的了解。本节主要简单介绍工业界是怎么把 Transformer 模型应用于推荐系统中的。我重点选取了阿里巴巴团队近年来 3 项具有代表性的工作进行讲解，其中前两项工作适用于精排阶段 [38]，最后一项工作适用于召回阶段以及精排阶段 [39]。

第一项工作来自 *Deep Session Interest Network for Click-Through Rate Prediction*[40]。由于不同会话中的用户偏好一般是不相同的，因此研究人员提出了深度会话兴趣网络（Deep Session Interest Network，DSIN），使用 Transformer 模型，根据多个会话中的行为序列来挖掘用户的潜在兴趣。DSIN 模型的左边是简单的用户画像（User Profile）嵌入和目标商品画像（Item Profile）嵌入，重点是 DSIN 模型右边的 Transformer 编码部分。实现具体步骤如下所示。

1）把用户的 N 次点击行为按照时间顺序排列，构成行为序列 $\boldsymbol{S}$，每当点击间隔大于 30 分钟时则切分 $\boldsymbol{S}$，从而把 $\boldsymbol{S}$ 划分为 K 个会话，构成会话序列 $\boldsymbol{Q}$，此模块称为会话分割层（Session Division Layer），会话序列的嵌入表示将作为 Transformer 部分的输入。

2）后续处理和 Transformer 模型的编码部分是一致的，因此每个会话都可以被编码为 $T \times d$ 维嵌入表示，最后经过平均池化操作，即可得到每个会话对应的 d 维兴趣嵌入表示，此模块称为会话兴趣提取层（Session Interest Extractor Layer）。

3）经过 Transformer 的兴趣提取层后，输出的兴趣嵌入表示将经过 Bi-LSTM 模型得到融合了上下文信息的兴趣嵌入表示，此模块称为会话兴趣交互层（Session Interest Interacting Layer）。

4）通过注意力机制，也就是激活单元（Activation Unit），根据每个会话兴趣信息和目标商品的相关程度，分别对兴趣嵌入表示以及融合了上下文信息的兴趣嵌入表示进行加权求和，即可得到最终的用户兴趣嵌入以及融合了上下文信息的用户兴趣嵌入，此模块称为会话兴趣激活层（Session Interest Activating Layer）。

5）把用户画像嵌入、目标商品画像嵌入、用户兴趣嵌入以及融合了上下文信息的用户兴趣嵌入拼接在一起，经过两层 RELU 激活并进行 softmax 操作便可预测得到目标商品的出现概率。DSIN 模型架构如图 7.24 所示。

第二项工作来自 *Behavior Sequence Transformer for E-commerce Recommendation in Alibaba*[41]，该团队提出了行为序列 Transformer（Behavior Sequence Transformer，BST），使用 Transformer 模型对用户行为序列（User Behavior Sequence）进行建模。BST 模型的输入嵌入与第一项工作大体相似，不同的是第二项工作对于位置嵌入进

行了讨论，指出 Transformer 原文[37]中使用正弦（sine）和余弦（cosine）函数进行位置信息编码的做法效果不佳，提出采用时间戳来构建嵌入，步骤如下所示。

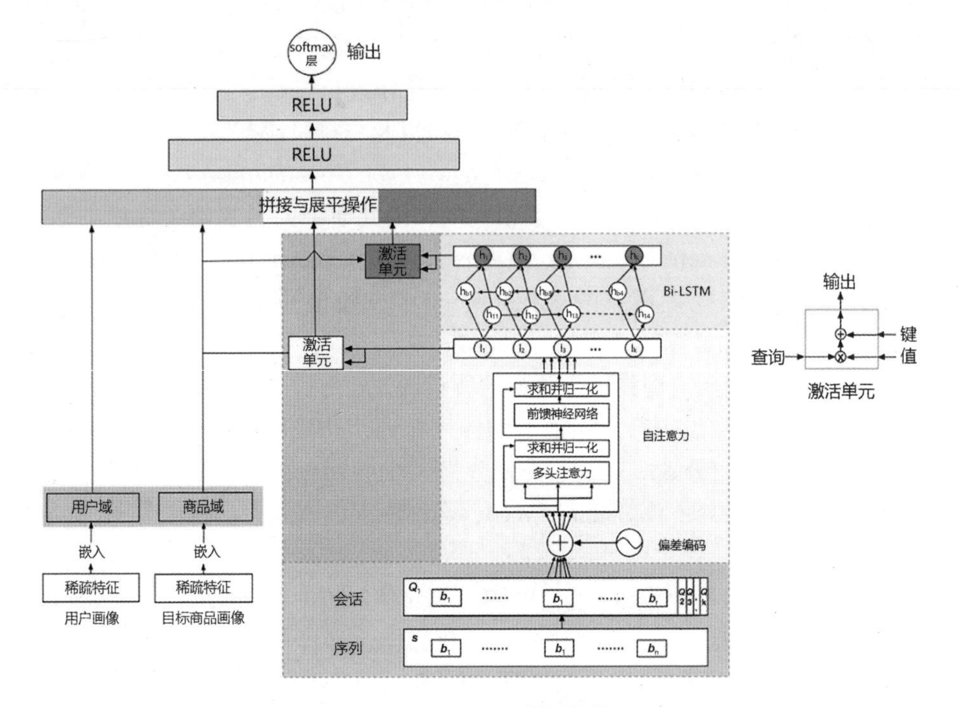

图 7.24　DSIN 模型架构

1）对于物品 v_i，其位置表示为 $pos(v_i)=t(v_t)-t(v_i)$，其中 $t(v_t)$ 为推荐时间戳，$t(v_i)$ 为用户点击物品 v_i 的时间戳，采用指数区间划分的形式把 $pos(v_i)$ 转化为低维嵌入表示。

2）把用户行为序列中每个商品和目标商品的自身嵌入表示以及位置嵌入表示输入 Transformer 模型中，在 Transformer 层，同样采取了编码器部分将每个商品编码为嵌入表示的方法。

3）把用户画像特征（User Profile Feature）、商品特征（Item Feature）、上下文特征（Context Feature）、交叉特征（Cross Feature）、位置特征（Positional Feature）以及行为序列商品特征（Behavior Sequence Item Feature）和目标商品（Target Item）编码后的特征拼接在一起，经过 3 层带泄露整流线性单元（Leaky RELU）激活并进行 sigmoid 操作便可预测得到目标商品的出现概率。BST 模型架构如图 7.25 所示。

第三项工作来自 *BERT4Rec: Sequential Recommendation with Bidirectional Encoder Representations from Transformer*[42]。众所周知，Transformer 的双向编码器表示

（Bidirectional Encoder Representations from Transformer，BERT）是谷歌团队在 2018 年提出的基于 Transformer 双向编码器的预训练模型，近年来以其强大的性能在 NLP 以及推荐系统领域大放异彩。阿里巴巴团队希望可以在用户行为序列中有效利用双向信息，在该模型基础上提出了 BERT4Rec 模型，通过 BERT 对用户的行为序列进行建模。输入嵌入与前两项工作大体相似，不同的是该模型的位置嵌入是可学习的。BERT4Rec 模型步骤大致如下。

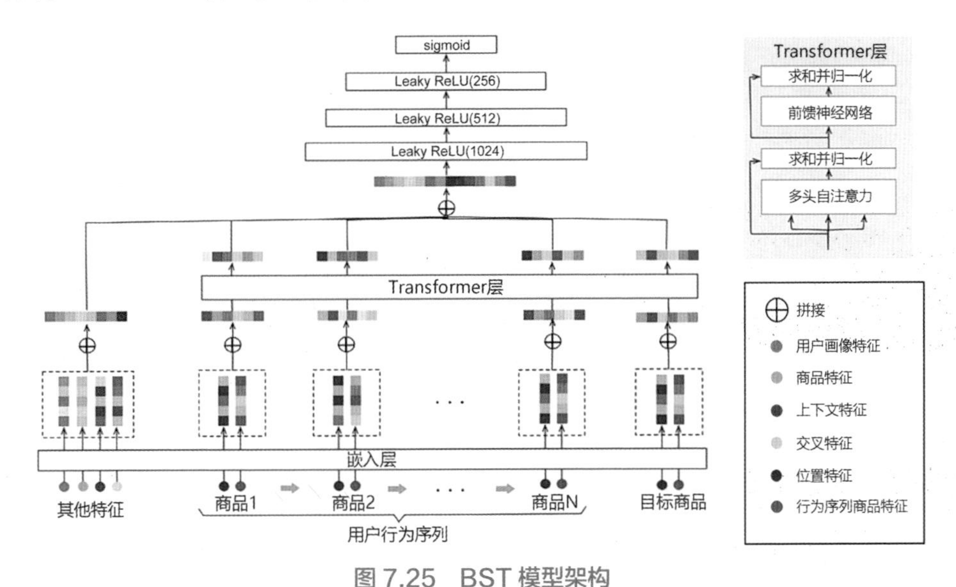

图 7.25 BST 模型架构

1）把用户行为序列的每个商品的自身嵌入表示和位置嵌入表示输入 Transformer 中，经过 L 层 Transformer 层得到了编码后的商品嵌入。

2）经过两层全连接层，其中最后一层全连接层的权重矩阵为商品的嵌入矩阵。

3）经过 softmax 函数操作便可预测全体商品的出现概率。

BERT4Rec 模型架构如图 7.26 所示。值得注意的是，为了防止需要预测的商品 v_t 的泄露，可以看到输入的最后一个商品是 [mask]，并且参考 BERT 模型中的掩码语言模型（Masked Language Model）的训练方式——完形填空（Cloze Test），通过数据生成器随机选择需要掩盖的元素，然后把原来的元素替换为 [mask] 标记，根据剩余的上下文元素预测 [mask] 标记位置的元素。这一创新的操作方式有两大好处：1）因为对于 t 时刻的点击商品也做了 [mask] 标记处理，所以预测 [mask] 标记位置的元素时其实也同时完成了预测下一个点击商品的任务；2）通过随机掩盖元素，可以使模型更有效地学习到更多的上下文信息，从而提高模型的泛化能力。最后作者通过大量实验证明，BERT 模型的训练方式对于模型的推荐性能具有一定的改进作用。

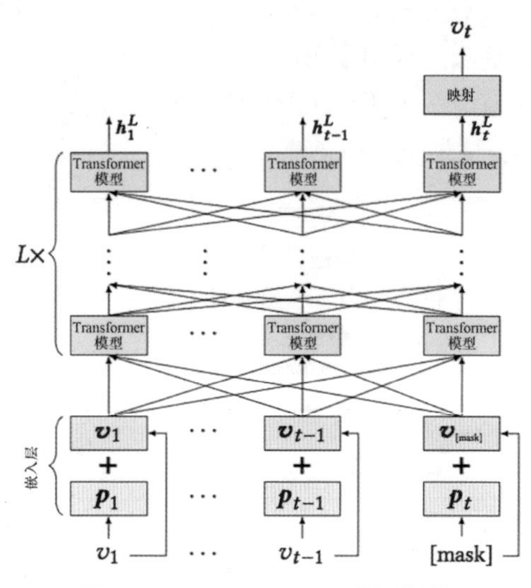

图 7.26　BERT4Rec 模型架构

经过对于 Transformer 模型的理论知识和实际应用的学习之后，相信大家了解到了 Transformer 模型的真正魅力所在了，大家可以结合官方代码进一步巩固对于 Transformer 模型整体架构的实现。

7.6　推荐算法的评估

从逻辑斯谛回归等传统机器学习算法到 Transformer 等深度学习算法，本章前面的内容对目前业界常见的推荐算法进行了全面而详尽的介绍。在此基础上，本节主要介绍如何评估这些算法在实际应用中是否是一个好的推荐算法。

读者看到此处时可能会想：只要一个推荐算法预测得足够准确，不就是一个好的算法了吗？的确，在对推荐系统的早期研究中，算法的预测准确度是研究关注的重点，也就是说推荐系统预测一个用户将来会购买《机器学习》这本书，后来用户的确购买了，说明推荐系统对于用户的购买行为预测准确。但是，一味追求准确度会导致推荐系统只是按照历史行为为用户推荐最符合其偏好或者当前最热门的商品，如此循环往复，将会形成信息茧房，用户得不到惊喜的同时，长尾商品也无法得到有效的曝光。因此，准确度不应该成为唯一的评估指标，一个好的推荐算法应该不仅可以准确预测用户行为，还能挖掘用户潜在的兴趣偏好，能在恰到好处的时

候，使用户邂逅意料之外却又情理之中的事物，这基本上就是一个好的推荐算法一直追求的目标。本节将从准确度指标、排序指标、覆盖率以及多样性和新颖性这几个角度简要阐述推荐算法的评估指标[43, 44]。

7.6.1　准确度指标

正如前文所说，推荐算法的预测准确度仍然是最重要的评估指标之一。除了第1章介绍的AUC和ROC等指标，根据推荐任务的不同，推荐算法还包括以下两个准确度指标。

1．评分预测

在大部分网站上，由于用户可以根据自身的喜好程度给物品打分，因此该网站的推荐系统存储了海量用户对于物品的历史评分。借助这一信息，推荐系统可以通过特定算法来挖掘用户的行为偏好，据此预测用户在将来遇到新物品时可能的打分是多少，这就是评分预测任务。

评分预测任务的准确度指标主要衡量算法预测的评分和用户实际评分的偏差程度，一般可以使用均方根误差（Root Mean Square Error, RMSE）和平均绝对误差（Mean Absolute Error, MAE）两种指标[43]。假设定义在测试集 T 中的用户 u 对于物品 i 的实际评分为r_{ui}，而预测评分为$\tilde{r}_{ui}$，则RMSE通过平方根计算得到：

$$\mathrm{RMSE}=\frac{\sqrt{\sum_{u,i\in T}(r_{ui}-\tilde{r}_{ui})^2}}{|T|} \tag{7-38}$$

而MAE则通过绝对值计算得到：

$$\mathrm{MAE}=\frac{\sum_{u,i\in T}|r_{ui}-\tilde{r}_{ui}|}{|T|} \tag{7-39}$$

可以观察到，RMSE指标对于预测评分的绝对误差进行了平方操作，因此相比于MAE，RMSE对于绝对误差较大的预测评分具有更大的惩罚。

2．TopN 推荐

当我们在网站上浏览、点击或者购买商品时，推荐系统便获取了我们与商品的交互行为信息。比如我是一个喜欢看纪实类和叙事类图书的用户，在亚马逊图书模块可以看到，推荐商品列表根据我的所购商品个性化地为我推荐了不少相似类型的商品，如图7.27所示。

图 7.27　亚马逊的推荐商品列表

TopN 推荐任务的准确度指标主要衡量算法推荐商品列表和用户实际交互商品的准确程度，一般通过精确率（Precision）和召回率（Recall）计算[43]。其中，$R(u)$是算法根据用户 u 的历史行为推荐的商品集合，而$T(u)$是用户 u 在测试集 T 中实际交互的商品集合，U 为全体用户集合。精确率表示在算法推荐列表中包含用户实际交互商品的比例：

$$\text{Precision}=\frac{\sum_{u\in U}\left|R(u)\cap T(u)\right|}{\sum_{u\in U}\left|R(u)\right|} \tag{7-40}$$

召回率表示在用户实际交互商品中包含算法推荐的商品的比例：

$$\text{Recall}=\frac{\sum_{u\in U}\left|R(u)\cap T(u)\right|}{\sum_{u\in U}\left|T(u)\right|} \tag{7-41}$$

在实际应用中，一般来说，随着推荐商品列表的长度的增加，精确率会减小，而召回率会增加，二者通常是呈负相关关系的。在此基础上，研究者提出了综合考虑精确率和召回率的指标——F1 分数，F1 分数越高，说明推荐算法越稳健，F1 分数的定义如公式（7-42）所示：

$$\text{F1}=\frac{2\times\text{Precision}\times\text{Recall}}{\text{Precision}+\text{Recall}} \tag{7-42}$$

7.6.2　排序指标

排序指标可以按照推荐商品列表的排名对推荐效果进行加权后的评估，既适用于

评分预测任务，也适用于 TopN 推荐任务。排序指标主要评价高关联度的结果是否出现在更靠前的位置，一般通过归一化折损累计增益（Normalized Discounted Cumulative Gain，NDCG）计算[44]。这一排序指标初看有些许晦涩，先从简单的指标说起。

1．累计增益（Cumulative Gain，CG）

将 rel_i 定义为推荐商品列表中第 i 个商品的相关度或者评分。假设推荐列表的长度为 p，那么可以使用公式（7-43）定义该推荐商品列表的 CG：

$$\mathrm{CG}_p = \sum_{i=1}^{p} rel_i \tag{7-43}$$

由公式（7-43）可以观察到，CG 只评估了推荐商品列表中的商品的总体相关度是否足够高，但是忽略了推荐商品列表中每个商品所在位置的影响，因此研究者提出了下面的 DCG 指标。

2．折损累计增益（Discounted Cumulative Gain，DCG）

“折损”的意思是在每一个 CG 的结果上除以相应位置的折损值，目的就是让排名越靠前的结果对排序指标的影响越大[44]。此处定义第 i 个商品的折损值为 $\log_2(i+1)$。那么可以使用公式（7-44）定义推荐商品列表的 DCG：

$$\mathrm{DCG}_p = \sum_{i=1}^{p} \frac{rel_i}{\log_2(i+1)} \tag{7-44}$$

由公式（7-44）可以观察到，DCG 和推荐商品列表的长度是相关的，这给不同长度的推荐商品列表的排序指标的对比带来了不便，因此需要进行归一化处理，研究者提出了下面的 NDCG 指标。

3．归一化折损累计增益（Normalized Discounted Cumulative Gain，NDCG）

归一化的具体操作是把 DCG 除以理想折损累计增益（Ideal Discounted Cumulative Gain，IDCG），因此可以使用公式（7-45）定义推荐商品列表的 NDCG：

$$\mathrm{NDCG}_p = \frac{\mathrm{DCG}_p}{\mathrm{IDCG}_p} \tag{7-45}$$

顾名思义，IDCG 是理想情况下最大的 DCG 值，其定义如公式（7-46）所示：

$$\mathrm{IDCG}_p = \sum_{i=1}^{|\mathrm{REL}|} \frac{rel_i}{\log_2(i+1)} \tag{7-46}$$

其中，REL 表示把推荐列表中的商品按照相关性从大到小的顺序排序，取前 p 个结果组成的集合，由此得到最优的推荐列表。

看到此处，如果读者还是觉得不太清楚，不妨结合以下示例加以理解。

假设推荐商品列表中有 6 个商品，按照位置从高到低显示，对应的评分分别是 5、3、4、2、1、1，那么可以计算得到：

$$\mathrm{CG}_6 = 5+3+4+2+1+1=16$$

可以观察到，CG 只计算了推荐商品的评分总和，和商品所在位置没有关系。根据公式（7-44）和表 7.1 继续计算 DCG 的值。

表 7.1　DCG 公式和 IDCG 公式中各部分的值

位置i	rel_i	$\log_2(i+1)$	$\frac{rel_i}{\log_2(i+1)}$
1	5	1	5
2	3	1.58	1.90
3	4	2	2
4	2	2.32	0.86
5	1	2.58	0.39
6	1	2.81	0.36

可以得到：

$$\mathrm{DCG}_6 = 5+1.90+2+0.86+0.39+0.36=10.51$$

接下来进行归一化操作，首先需要计算 IDCG，那么在理想情况下的评分排序应该是 5、4、3、2、1、1，如表 7.2 所示。

表 7.2　IDCG 示例

位置i	rel_i	$\log_2(i+1)$	$\frac{rel_i}{\log_2(i+1)}$
1	5	1	5
2	4	1.58	2.53
3	3	2	1.5
4	2	2.32	0.86
5	1	2.58	0.39
6	1	2.81	0.36

根据公式（7-46）和表 7.2 继续计算 IDCG 的值，可以得到：

$$\mathrm{IDCG}_6=5+2.53+1.5+0.86+0.39+0.36=10.64$$

最终可以得到排序指标 NDCG 的值：

$$\mathrm{NDCG}_6=\frac{\mathrm{DCG}_6}{\mathrm{IDCG}_6}=\frac{10.51}{10.64}=98.78\%$$

7.6.3 覆盖率

覆盖率（Coverage）表示算法向用户推荐的商品覆盖全体商品的比例，可以用来描述对长尾商品的挖掘能力[43]。换句话说，如果一个推荐系统只能推荐最热门的商品，那么它的覆盖率就会非常低，反之，如果一个推荐系统可以把所有商品都合理推荐给用户，那么其覆盖率就是100%。此处将全体商品集合定义为 I，而 $R(u)$ 表示为用户 u 推荐的商品集合，因此可以把覆盖率定义如下：

$$\text{Coverage}=\frac{\sum_{u\in U}|R(u)|}{|I|} \tag{7-47}$$

7.6.4 多样性和新颖性

用户的兴趣总是丰富多样的，推荐商品列表的多样性（diversity）越高，用户找到感兴趣的商品的概率也就越高[43]。多样性和推荐商品列表中商品之间的相似性呈负相关关系，此处将物品 i 和物品 j 之间的相似度定义为 $s(i,j)\in[0,1]$，因此可以把用户 u 的推荐商品列表 $R(u)$ 的多样性定义如下：

$$\text{Diversity}(R(u))=1-\frac{\sum_{i,j\in R(u),i\neq j} s(i,j)}{\frac{1}{2}|R(u)|(|R(u)|-1)} \tag{7-48}$$

因此，推荐算法的多样性可以定义为所有用户的推荐商品列表的多样性的均值[43]：

$$\text{Diversity}=\frac{1}{|U|}\sum_{u\in U}\text{Diversity}(R(u)) \tag{7-49}$$

新颖性的定义大致可以分为两种，一种指的是推荐算法向用户推荐非热门、非流行商品的能力；另一种指的是推荐算法向用户推荐未知商品的能力，其中未知商品指用户在过去没有浏览、点击或者购买等交互行为的商品。总而言之，推荐商品列表中商品的平均流行度越小，或者推荐商品列表中用户未知商品越多，推荐算法的新颖性就越高。

显然，推荐算法最重要的目标是最大化预测准确度和排序准确性，同时仍然需要确保较高的覆盖率、多样性与新颖性。但是，鱼与熊掌不可兼得，在实际推荐场景中，如何在准确度、排序指标和其他评估指标之间找到最合适的平衡点已然成为一大研究热点。

7.7 小结

本章主要介绍了多路召回、常规算法排序、深度学习排序以及热门的Transformer模型，在充分介绍了推荐算法原理的基础上，进一步详细阐述了推荐算法的多种评估指标。但是纸上得来终觉浅，希望大家可以在掌握本章的理论内容后结合自身的兴趣爱好和研究内容多动手实践，这样方能做到真正的掌握。

第 8 章　奇门遁甲——LBS 算法与评估

基于位置的服务（Location-Based Service，LBS）是机器学习领域中和人们生活息息相关的一项重要服务，无论是地图搜索、出行导航还是交通监管，基于位置的服务都发挥着不可替代的作用。整体来讲，基于地理位置的服务分为点、线、面 3 个维度。其中最常见的是与点和线相关的服务，如坐标定位和路线导航等。本章我们通过一些生活中常见的业务实例，分别从点和线两个维度来讨论机器学习在基于位置的服务中扮演的角色，并讨论如何有效地对算法进行评估。

8.1　坐标

8.1.1　坐标生成

我们先来介绍一些坐标生成和评估的方法。

首先，我们知道一个好的坐标必须具备足够的代表性，代表性包含三重含义。

第一，它必须和坐标对应的地址文本描述一致，如地址——“清华大学东门”，它对应的坐标必须和这个地址文本强相关。

第二，坐标必须反映真实的地理位置，即“清华大学东门”的坐标必须和现实世界的地理位置保持一致。

第三，必须符合实际业务的需求。在现实生活中，无论坐标还是路线都是为用户服务的，因此坐标的位置必须符合业务需求，不能误导用户，如上车点必须在路边不影响交通的位置，而不能出现在马路正中间。

下面，我们通过模拟滴滴出行的上车点挖掘方法来简单介绍坐标生成。

上车点挖掘可以基于乘客和司机的历史数据来进行。目前滴滴出行公布的最高日单量突破 3000 万，我们假设一天有 3000 万单，每单对应一个上车位置和一个下车位置，那么一天之内，网约车平台就能获取 6000 万个地址以及每个地址对应的司机停车的定位点。当然，这些地址可能有重复的，有些热门地址每天的流量可能是两位数或者三位数。我们通过这些定位点可以做一个简单的地址坐标推荐。

首先来看一下司机停车定位点的分布，图 8.1 是一个简单的上车点分布示意。

大部分情况下它们符合二维高斯分布，因为司机为了更好地和乘客沟通，通常会选择把车停在方便乘客上车的位置。这个停车位置采集的坐标点就会比较密集，但是也存在一些特殊情况，如定位点飘移，或者出于天气、交通状况等原因，司机会把车停在稍微远一点的地方。这种情况极少出现，所以从我们肉眼来看，这些定位点分布大致呈二维高斯分布。

用二维高斯分布对这些坐标点可视化之后得到图 8.2，可以看到，高斯分布的中心区域定位点热度很高，越往边缘，热度越低。以人的直观感觉，我们选择高斯分布的中心作为推荐上车点一定是最合理的。那么问题来了，怎么找到这个推荐点呢？

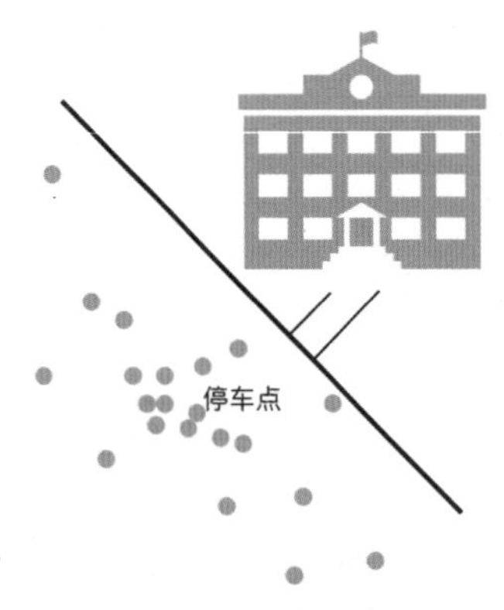

图 8.1　停车位置分布示意

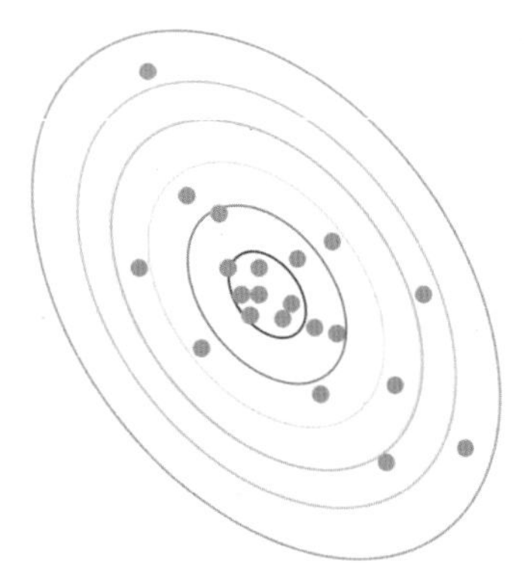

图 8.2　停车位置分布热力图

我们知道，将问题明确地表示出来相当于解决了一半问题，因此在介绍方法之前，我们必须先明确这个问题的难点。

第一个难点是参数的普适性。高斯分布是可以拟合某个地址对应的一簇定位点的分布，但是全世界的地址数量成千上万，每个地址对应的停车定位点不会都服从一种分布，不同地址附近的停车定位点的数量、距离、地理分布千变万化，所以也不可能通过一个高斯分布拟合全部地址的停车点分布。因此参数的普适性是一个难点。

第二个难点是确定合适的位置。人的眼睛可以比较准确地判断定位点哪里密集、哪里稀疏，甚至轻松识别它们在地理上分成几簇，但是计算机不能，它必须有一套清晰的逻辑来指导判断。这对算法的要求很高，它需要具备像人一样的自动标注能力。

通常有两种方法，一种是基于密度的聚类算法，近似拟合中心点；另一种需要借助地理哈希（GeoHash）编码，通过判断地理哈希编码的定位点热度来近似拟合中心点。

8.1.2 基于密度的坐标生成

第 3 章我们介绍了很多基于密度的聚类算法，经典的莫过于 DBSCAN，它有两个主要的参数——密度半径 eps 和最小密度数量 n。n 越大聚成的类越多，因为 n 越大表示连通的条件越严格，类簇越不容易蔓延，而 eps 越大聚类条件越宽松，也就越容易生成单个类簇样本数量比较大而类簇总数量比较少的类簇集合。

DBSCAN 不可以直接用于坐标定位等场景，因为对于一些热度很高的地址，定位点的数量会非常多，分布也很广，很可能聚成一个巨大无比的类簇。如果用这个类簇的中心来作为推荐上车点的话，就和直接求定位点的几何平均值没有什么区别了，因为我们的目标是找到这一簇定位点最密集的位置。不过这并不意味着 DBSCAN 完全无用，因为我们知道 DBSCAN 在扩展的过程中会统计每个点密度半径内的相邻点数量，所以我们只要知道哪个点的密度最高就可以达到人眼判断的效果，这要求我们对 DBSCAN 算法做一个改造。整个算法流程如下：

1）预设一个比较小的 eps，如 eps=10m，让 DBSCAN 算法正常蔓延；

2）蔓延过程中记录下每个点 P_i 密度半径内的相邻点数量 n；

3）对每个点 P_i 按照其相邻点数量 n 的大小进行排序；

4）取 n 最大的 P_i 作为推荐上车点。

以图 8.3 为例，我们可以看到红色的点的相邻点最多，所以这个点就是我们最终要找的推荐上车点。

和图 8.4 对比可以发现，基于密度的停车点推荐和高斯分布的中心点几乎是一致的。所以 DBSCAN 算法的准确率相对较高，但是它的弊端也是显而易见的，那就是时间复杂度也比较高。

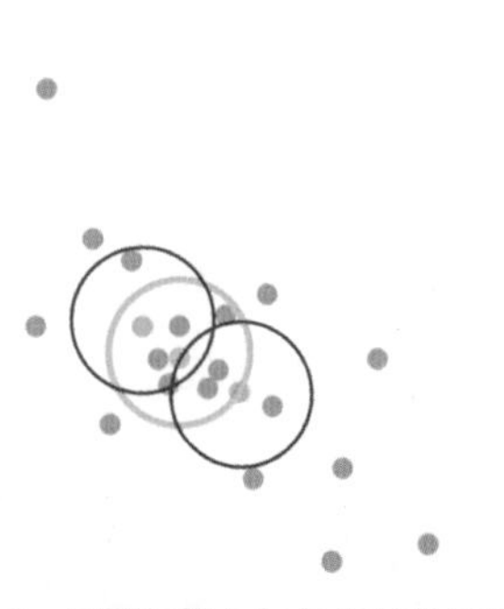

图 8.3 聚类算法上车点挖掘示意

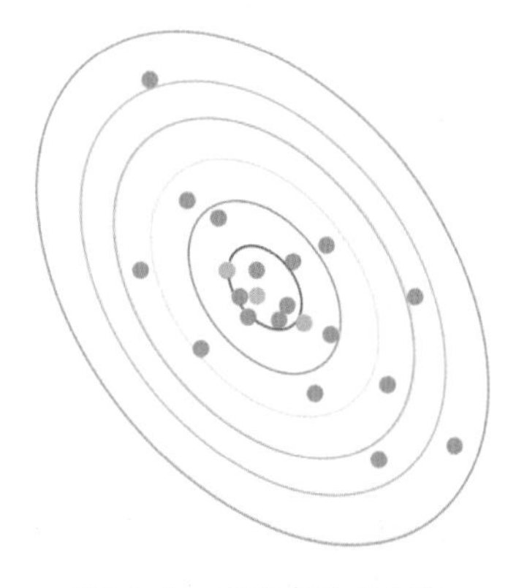

图 8.4 定位点分布示意

8.1.3 基于GeoHash块热度的坐标生成

地理哈希（GeoHash）编码是基于位置的服务常用的数据集，它用GeoHash块将地球表面分割，并对每个GeoHash块赋予唯一一个ID，这个ID就是地理哈希（GeoHash）编码。编码长度越长，说明GeoHash块越小，每个GeoHash块覆盖的地球表面积也就越小；编码越短，说明GeoHash块越大，每个GeoHash块覆盖的地球表面积也就越大。对于同样长度的编码，GeoHash块的大小也不是全都一样的，通常越偏向赤道的GeoHash块越大，越偏向两极的GeoHash块越小。对于中纬度区域，如亚欧大陆，GeoHash块的大小相对是比较均匀的，我们可以近似认为它们大小相同。在地图相关的服务中，我们常用的是GeoHash7 ～ GeoHash9，也就是编码长度为7 ～ 9的地理哈希编码，因为GeoHash7对应的GeoHash块的边长是几百米，GeoHash8对应的GeoHash块的边长为10 ～ 20m，GeoHash9对应的GeoHash块的边长为1m左右。这些大小的GeoHash块比较适合衡量人们平时的活动范围。而对坐标生成来说，GeoHash8无疑是最合适的，10 ～ 20m的误差基本符合业务需求，而且它的计算量也相对适中。以刚才的定位点分布为例，我们把它映射到GeoHash块，如图8.5所示。

所以，第二种生成坐标的方法就是取定位点热度最高的GeoHash块中心点作为推荐上车点。首先我们找到每个定位点对应的GeoHash编码，并以此编码为键值key，GeoHash块内定位点数量为value，如果有其他定位点也在这个GeoHash块内，就将value值累加，得到GeoHash块的热力分布图，如图8.6所示。图中颜色越深表示定位点的数量越多，我们可以看到第三行第二列的GeoHash块就是我们要找的目标GeoHash块，五角星所在的位置就是我们要找的推荐上车点。

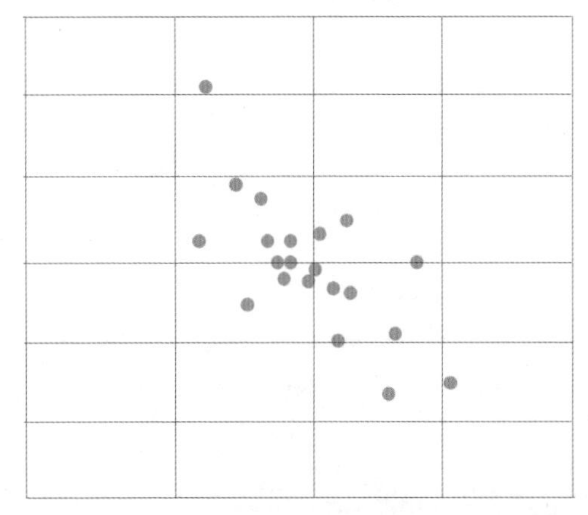

图8.5　GeoHash块和定位点分布示意

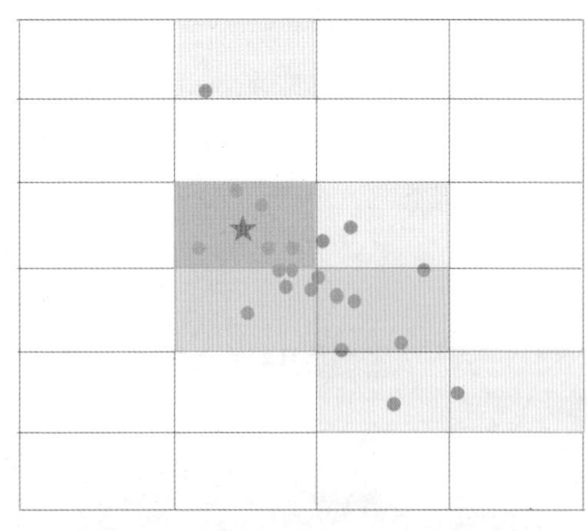

图8.6　GeoHash块的热力分布图

将 GeoHash 块和高斯分布叠加之后如图 8.7 所示，可以看到虽然目标 GeoHash 块和高斯分布的中心略有偏差，但是如果我们选择的是 GeoHash8 的话，偏差范围在 10 ～ 20m，在停车点推荐这个场景基本可以接受。事实上，高斯分布的中心也不一定永远落在 GeoHash 块的边缘，如果能落在 GeoHash 块的中心附近，那么也会取得和基于密度聚类相匹敌的效果。这种基于 GeoHash 块热度推荐坐标的方法在计算复杂度上优势极为明显，只需要做一个键 - 值对统计就可以完成，时间复杂度为 $O(n)$。

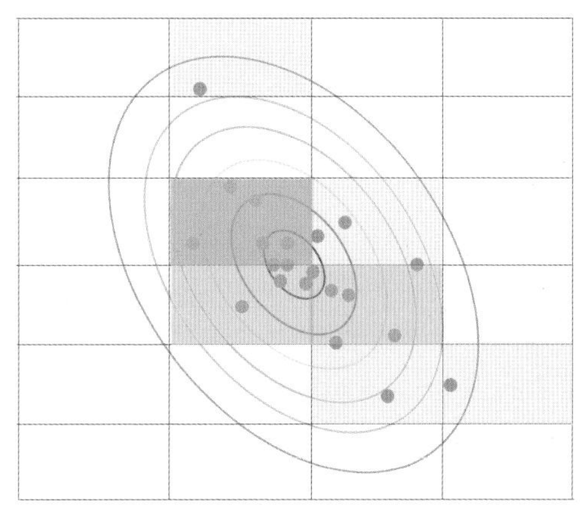

图 8.7 GeoHash 块和高斯分布叠加

8.1.4 坐标质量评估

上文介绍了坐标的评估方法，也将两个坐标生成方案做了简单对比。本小节继续来讨论坐标生成的效果评估。

1．性能

8.1.3 小节提到了基于密度的算法比基于 GeoHash 块热度的算法时间复杂度要高，那么到底高在哪儿呢？

GeoHash 块热度统计的时间复杂度比较容易计算。对定位点进行一次遍历，先得到对应的每个 GeoHash 编码，然后建立 GeoHash 块字典，并进行热度统计就可以得到结果，时间复杂度为典型的 $O(n)$。代码如下：

```
GeoHash_of_pnt_count_dict = {}
for pnt in report_pnts:
```

```
GeoHash = get_GeoHash(pnt)   # 获取坐标点对应的 GeoHash 编码
if GeoHash_of_pnt_count_dict.has_key(GeoHash):
      # 如果字典中有这个 GeoHash 键，对应的值加 1
  GeoHash_of_pnt_count_dict.has_key(pnt) += 1
else: # 如果字典中没有这个 GeoHash 键，就创建该键并将对应的 value 设为 1
  GeoHash_of_pnt_count_dict[GeoHash]=1
```

代码中通过坐标点获取 GeoHash 块的代码是开源的，大家可以自行去了解。整段代码只用了一个 for 循环，简单实用。

对于基于密度的算法，每一个点做圆心都要计算和周围点的距离来判断是否在距离阈值 eps 之内，时间复杂度在 $O(n^2)$ 级别，而基于 GeoHash 块热度的算法的时间复杂度无论如何不可能达到 $O(n^2)$，因此采用基于 GeoHash 块热度的算法是比较高效的策略。

2．准确率

那么如何判断一个坐标的准确程度呢？

我们知道，对于符合高斯分布的定位点，最终生成的坐标最好的位置应该在高斯分布的中心，而对于不符合高斯分布的定位点，最好的位置应该在密度最高的区域，这也是大部分人工判定的标准。

我们可以从定位点中随机选择一些点作为候选集，如 $\{p_1, p_2, p_3\}$，并将它们和生成的坐标 p_r 进行比较，来校验生成坐标的准确率。校验的指标可以分为以下几种：均值、中位数和长尾。

（1）均值

计算全部定位点到 $\{p_1, p_2, p_3\}$ 和 p_r 的距离，并求均值。如果 p_r 处在定位点密度最高的位置，那么它到定位点的距离均值将小于绝大部分其他候选点。

（2）中位数

计算全部定位点到 $\{p_1, p_2, p_3\}$ 和 p_r 的距离，并求中位数。如果 p_r 处在定位点密度最高的位置，那么它到定位点的距离中位数也将小于绝大部分其他候选点。

（3）长尾

计算全部定位点到 $\{p_1, p_2, p_3\}$ 和 p_r 的距离，分别统计距离这些点在 x m 以上的定位点比例。如果 p_r 处在定位点密度最高的位置，那么它的长尾比例也将大概率小于绝大部分其他候选点。

还有一种方法就是 3.2.3 小节提到的“类簇的内聚性评估”，该方法对代表性强的 p_r 点会给出一个较高的打分，对一个不在核心密度区域的 p_r 点会给出一个较低的打分。

但是到这里，并不意味着坐标评估的结束，一个好的坐标在线上使用还必须考虑很多的特殊情况。例如，坐标落在马路中央，或者落在草坪、高架桥、河流等隔离带上，这些都是需要考虑的场景，最起码要用这些隔离带数据对坐标进行过滤和校验。另外，还需要注意重名地址的坐标生成，如一个城市有多个连锁店的情况；对每个门店生成坐标还需要加上地理范围的限制，如用 GeoHash6 先对多个门店的定位点进行分离。坐标的生成并不是一个简单的任务，在实际生活中还有更多复杂的情况，而且坐标的精确度在地图服务中也扮演着重要角色，这就需要我们在实际工作中更严谨地思考它的实用性，否则很可能会发生“失之毫厘，谬之千里”的非理想情况。

8.2 路线

路线是地理服务领域最核心也是最重要的数据结构之一，因为路线涉及的业务众多，例如热门路线挖掘、路线规划和路线排序等，几乎覆盖地图服务业务的方方面面。本节我们就来看一下与路线相关的算法及评估方案。

8.2.1 路线相似度评估

路线是由一串按时间排列的轨迹点组成的连线，本质上也是一种序列数据，类似于声波、文字和基因组。序列数据的特点是，它的排列方式决定它包含的意义，一旦排列方式发生变化，它的含义也会发生变化。例如两张图片交换位置时它们展示的内容不会发生变化，但是语言的顺序变了，表达的含义就会完全不同，如“好不”和“不好”。同样，轨迹点的顺序变了，那么轨迹的方向也会发生变化。轨迹分析的算法就是在分析轨迹点排列顺序所表达的动作含义。

1. 为什么需要路线相似度评估

路线作为一种经典的序列数据，它具有和其他序列数据一样的复杂性和数据量庞大的特点，在实际业务中经常需要对数据进行简化和提炼，如热门路线推荐。这就需要我们对大量的基础数据进行筛选和对比，相似度评估就是这其中重要的一环，有广泛的应用。

2. 路线相似度评估的方法——DTW

动态时间规整（Dynamic Time Wrapping，DTW）[45] 是对序列数据进行相似度评估的算法，本质上是使用动态规划的思想求解最优路线。我们可以用它来进行路线的相似度评估。

路线相似度评估的前提是两条路线的起－终点完全相同或者具备相同的地理意义，如图 8.8 所示。

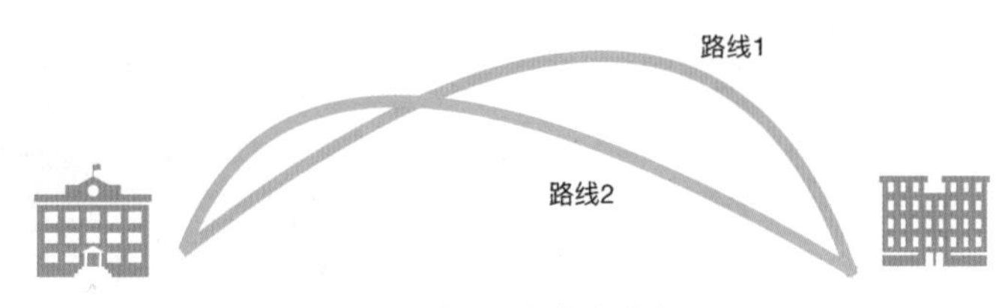

图 8.8　起－终点完全相同

DTW 将自动扭曲时间序列（即在时间轴上进行局部缩放），使得两个序列的形态尽可能一致，得到最大可能的相似度 [45,46]。

假设有两个轨迹序列

$$序列A：p_1,p_2,p_3,\cdots,p_m$$

和

$$序列B：q_1,q_2,q_3,\cdots,q_n$$

轨迹序列 A 和 B 中的点不一定是一对一的，也有可能是一对多或者是多对一的，组合形式不是固定的。如图 8.9 所示，序列 B 的轨迹点数量比序列 A 少一个，所以在匹配时，可以让 q_3 对应 p_3 和 p_4；也可以让 q_4 对应 p_4 和 p_5，如图 8.10 所示。动态规划的目标就是在很多种组合中找到一个最佳匹配方案，让两个序列中的对应点距离之和最小 [45,46]。

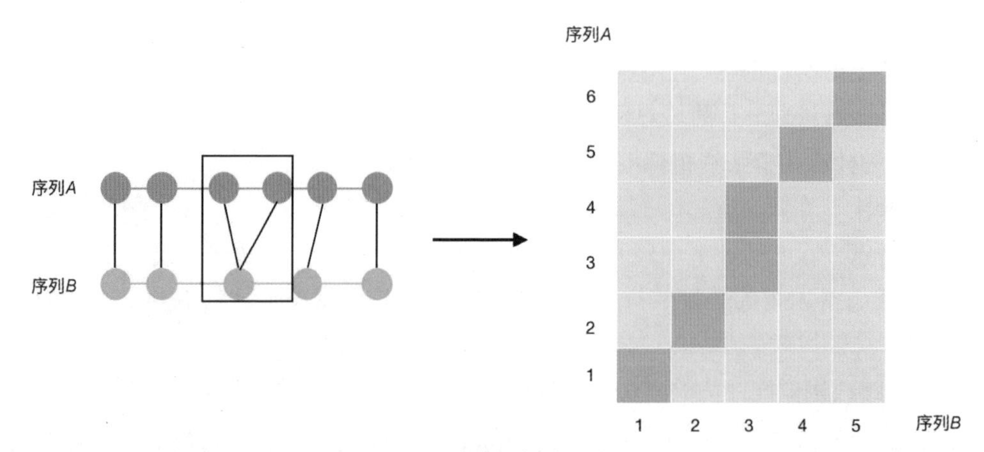

图 8.9　路线相似度示意 1

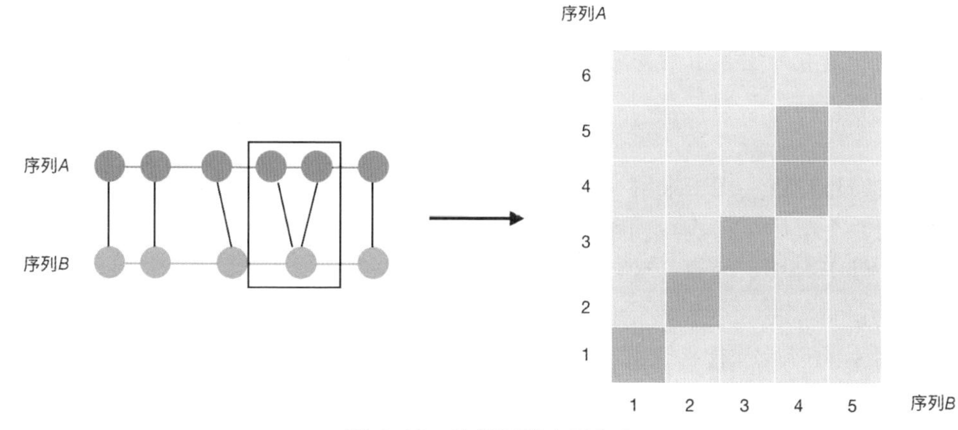

图 8.10　路线相似度示意 2

我们可以根据对应关系，构建一个 $m \times n$ 大小的矩阵，矩阵中每一个元素 $distance(i,j)$ 可以表示p_i和q_j之间的距离。在路线相似度计算问题上，我们通常采用平面欧式距离 [45,46]，即：

$$Point\_distance = [(lng_a^i - lng_b^j)^2 + (lat_a^i - lat_b^j)^2]^{\frac{1}{2}},\ i \in (1,2,\cdots,m), j \in (1,2,\cdots,n) \quad (8\text{-}1)$$

其中，lng 和 lat 分别代表经度和纬度，那么两条轨迹的距离为：

$$Trace\_distance = \sum_{k=1}^{\max(m,n)} Point\quad distance_{\max(m,n)} \quad (8\text{-}2)$$

算法的目标就是找到两个序列的对应关系，使整体的距离最小 [45,46]。同时，该匹配需要遵循以下约束。

1）边界条件，即 $p_1 = q_1$、$p_m = q_n$。

2）连续性条件，当序列 B 的点向序列 A 映射时，必须按时间顺序映射，不能跳跃和间断，反之亦然。最终序列 A 和序列 B 之间的连线可以平行或重叠，但不能交叉 [45,46]。

3）单调性条件，对于序列之间任意两点之间的距离$Point_distance_k$，有：

$$Point\_distance_k - Point\_distance_{k-1} \geqslant 0 \quad (8\text{-}3)$$

我们也可以用平方距离取代平方根距离，这样做不但可以简化代码，还可以节约时间。因为函数是单调的，且为凸函数，所以这样做不会改变计算结果 [45,46]。

8.2.2　路线规划——Dijkstra算法

“迪杰斯特拉（Dijkstra）算法是由荷兰计算机科学家狄克斯特拉于 1959 年提

出的，因此又叫狄克斯特拉算法。该算法是从一个顶点到其余各顶点的最短路径算法，解决的是有向图中最短路径问题。迪杰斯特拉算法的主要特点是以起始点为中心向外层层扩展，直到扩展到终点为止。”

——搜狗百科

迪杰斯特拉算法用于求解一个集合 s，集合内的点是已经确定的最短路线的点，可以视为一个整体。每次找出距离这个集合最近的点加入集合中，并确定它的最短路线为它的上一个点的最短路线 + 该边权值，存储在 dis 列表中。我们通过一个例子来介绍它的解法。

如图 8.11 所示，有 8 个顶点，箭头表示顶点之间的路线方向，数值代表每条路线的距离。我们的目标是寻找 V_1 依次经过其他各个顶点的最短路线。

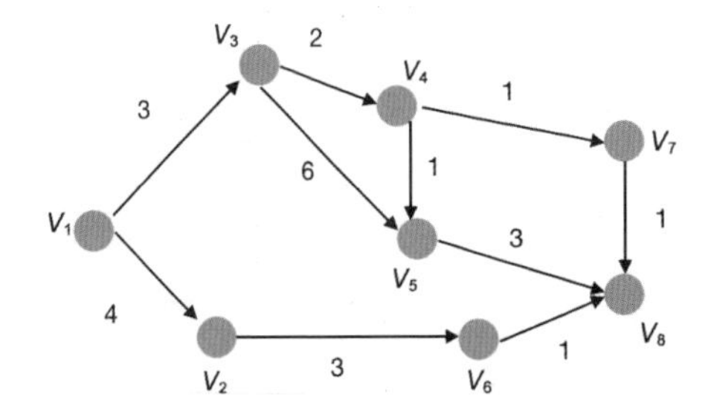

图 8.11　Dijkstra 算法流程 1

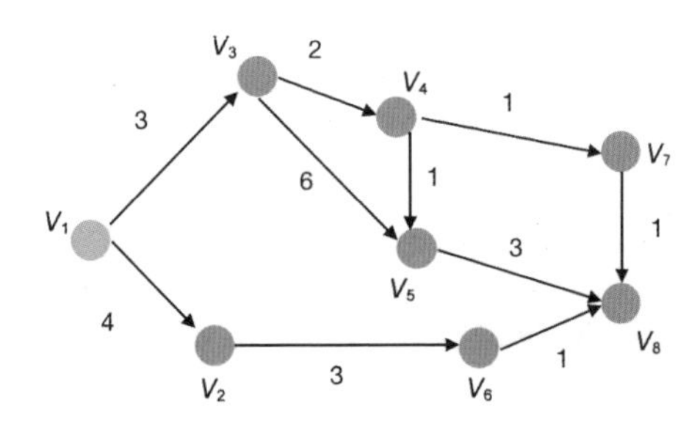

图 8.12　Dijkstra 算法流程 2

首先找到 V_1 到其自身的最短路线为 0，到其他顶点的路线为正无穷，如图 8.12 所示。接着按顺序进行第二轮和第三轮遍历，得到 $V_1 \rightarrow V_2$ 和 $V_1 \rightarrow V_3$ 的距离分别为 4 和 3，$V_1 \rightarrow V_2$ 和 $V_1 \rightarrow V_3$ 都只有一条路线，所以没有选择余地，不需要对比，直接就可以确定，如图 8.13 所示。

接着是 $V_1 \rightarrow V_4$ 和 $V_1 \rightarrow V_6$，也只有一条路线，直接可以确定距离分别为 5 和 7，如图 8.14 所示。

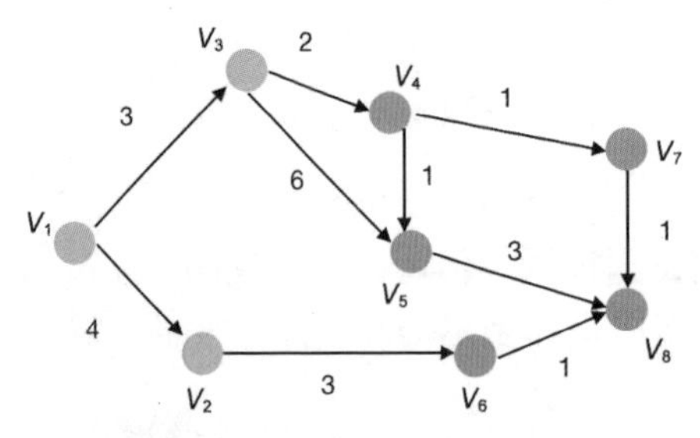

图 8.13　Dijkstra 算法流程 3

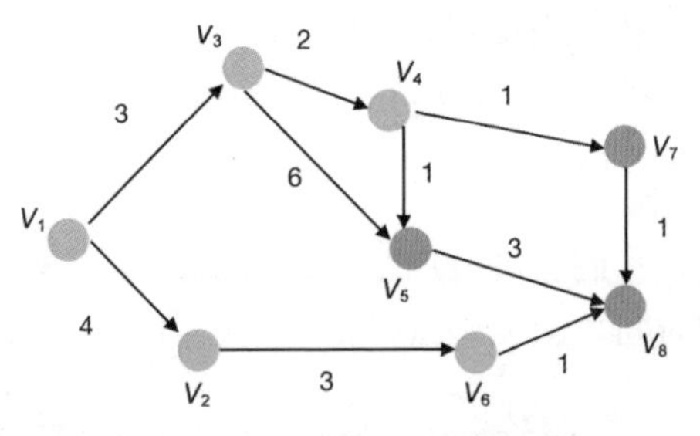

图 8.14　Dijkstra 算法流程 4

需要注意的是，$V_1 \to V_5$ 有两条路线：$V_1 \to V_3 \to V_5$ 和 $V_1 \to V_3 \to V_4 \to V_5$。此时需要对比两条路线的长度，其中 $V_1 \to V_3 \to V_5$ 长度为 9，$V_1 \to V_3 \to V_4 \to V_5$ 长度为 6，那么取最小距离 6，如图 8.15 所示。

然后是 $V_1 \to V_7$，也只有一条路线，直接可以确定距离为 6，如图 8.16 所示。

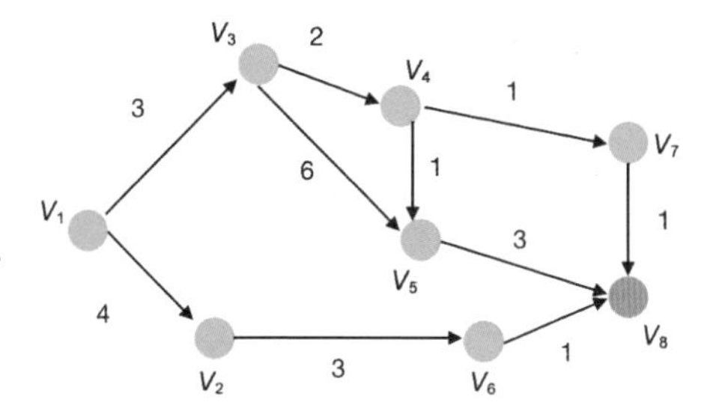

图 8.15　Dijkstra 算法流程 5

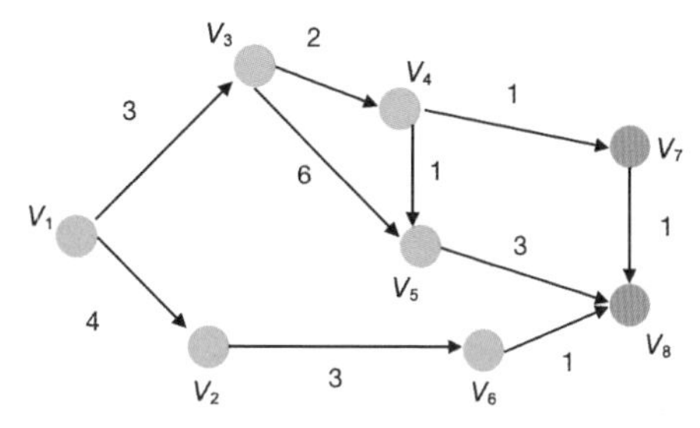

图 8.16　Dijkstra 算法流程 6

最后是 $V_1 \to V_8$，有 3 条路线：$V_1 \to V_3 \to V_4 \to V_5 \to V_8$、$V_1 \to V_3 \to V_4 \to V_7 \to V_8$ 以及 $V_1 \to V_2 \to V_6 \to V_8$，对比 3 个距离得到 $V_1 \to V_3 \to V_4 \to V_5 \to V_8$ 长度为 9，$V_1 \to V_3 \to V_4 \to V_7 \to V_8$ 长度为 7，$V_1 \to V_2 \to V_6 \to V_8$ 长度为 8，那么此时 $V_1 \to V_8$ 取最小距离 7。

整个流程如表 8.1 所示。

表 8.1　Dijkstra 算法流程

顶点	V_1	V_2	V_3	V_4	V_5	V_6	V_7	V_8
第一轮	0	∞	∞	∞	∞	∞	∞	∞
第二轮	0	4	∞	∞	∞	∞	∞	∞
第三轮	0	4	3	∞	∞	∞	∞	∞
第四轮	0	4	3	5	∞	∞	∞	∞
第五轮	0	4	3	5	∞	7	∞	∞
第六轮	0	4	3	5	6	7	∞	∞
第七轮	0	4	3	5	6	7	∞	∞
第八轮	0	4	3	5	6	7	6	∞
第九轮	0	4	3	5	6	7	6	7

实现迪杰斯特拉算法的代码如下：

```
def dijkstra(dis_list)
    n=len(dis_list)
    v[1]=1
    dis=[0]
```

```
    for i in range(n):
        int k=0;
        for j in range(n):  # 找出距离最近的点
            if !v[j] and (k==0 or dis[j]<dis[k]):
                k=j
        v[k]=1  # 加入集合
        for j in range(n):
            if !v[j] and dis[k]+a[k][j]<dis[j]:
                dis[j]=dis[k]+a[k][j];
```

通过上述代码不难发现，迪杰斯特拉算法的时间复杂度是$O(n^2)$。

迪杰斯特拉算法是一种常用的路线规划算法，在明确路线距离的情况下，它可以帮助我们精确评估每条路线的最短路线。

8.2.3 路线排序

路线排序本质上是一个推荐算法。推荐算法主体分为两层——召回层和排序层。召回层的主要目的是提供一定数量的相关备选项，排序层则是为备选项提供合理的排序策略。

路线排序也是基于“召回 + 排序”这个原理，召回层有多种导航路线，是各大地图厂商提供的官方导航数据，它们对同一对起 - 终点的导航路线可能基本一致，也可能不相同，这时候就需要排序层对某对起 - 终点之间的路线进行排序。因为每种备选路线可能各有优势，所以针对不同的起 - 终点，排序的结果也不尽相同。

在网约车业务场景下，我们也可以用司机历史轨迹生成热门路线作为候选路线，放入召回层。热门路线的生成方案有很多，例如基于起 - 终点之间 GeoHash 块热度的生成方案、基于 RNN 的生成方案、基于增强学习的生成方案以及基于路线相似度的生成方案等。下面我们主要介绍基于路线相似度的生成方案。

1．召回层——基于路线相似度的热门路线生成

提到路线相似度，那么一定会用到前文提到的 DTW 算法。如果我们能知道给定起 - 终点之间哪条路线和其他路线整体相似度最高，那么就可以将它作为一条备选路线推荐到排序层，这就是基于路线相似度的热门路线生成的基本原理。但是这样做有两个问题：第一，DTW 算法性能比较差，完成多条路线两两相似度计算时，时间复杂度较高；第二，噪声影响，对于一对热门起 - 终点，路线是千变万化的，很可能出现一些路程较远的异常路线，这些路线就是噪声，如果直接参与相似度计算会造成严重影响。

为了解决这两个问题，在对路线进行相似度计算之前需要先用算法对轨迹数据

集进行预处理，在去除噪声的同时，大大减少需要计算相似度的候选路线，这个算法就是孤立森林（Isolation Forest）。

孤立森林的原理是：随机选择特征建立若干棵树，将数据集样本进行切分，越是异常的噪声样本越容易被分离出去，也就会落在层数较浅的叶子节点上，而越核心的样本越不容易被分离出去，往往落在层数较深的叶子节点上，如图 8.17 所示。

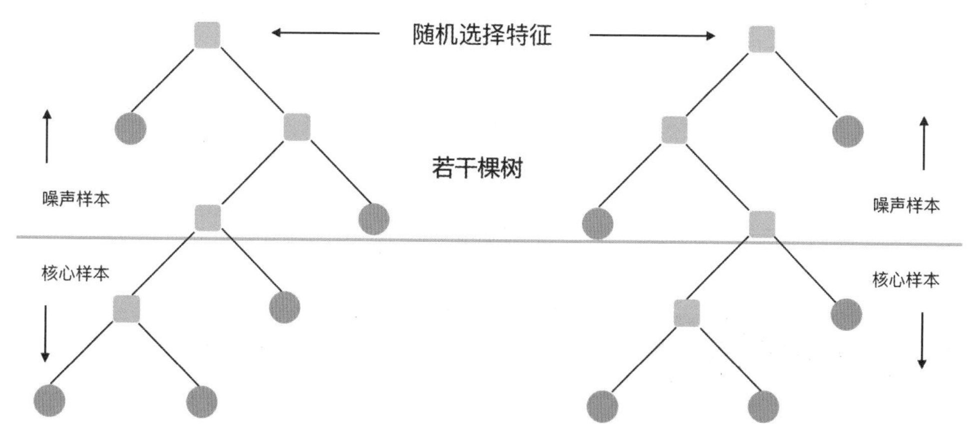

图 8.17　孤立森林原理图

孤立森林最大的优点是对参数不敏感，无论数据集是大是小，只需要设定去噪的比例，就可以统一计算，最后留下相对核心的样本。对于路线去噪任务，孤立森林最重要的是特征选择，路线数据可选择的特征也很多，如路线长度、红绿灯数量、路程用时、平均速度等。基于这些特征，我们就可以去掉大部分噪声样本，保留核心样本，样本数量也会大大减少，下一步计算路线相似度时的性能就会大大提升。

得到路线的核心样本之后，我们需要对路线进行两两相似度距离计算，最终距离最小的样本就是我们要找的热门路线，如图 8.18 所示的路线 1。

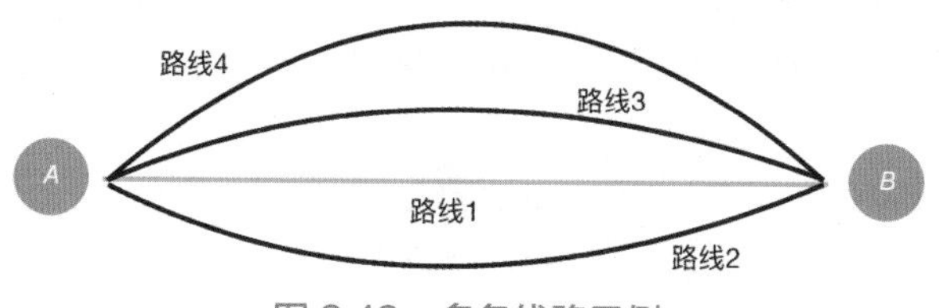

图 8.18　多条线路示例

除了基于距离的热门路线以外，还有基于 GeoHash 块热度的热门路线，主要思想是：将所有起 - 终点之间的路线中的轨迹点全部映射到 GeoHash 块中，从起点 GeoHash 块开始，选取热度最高的相邻 GeoHash 块作为下一步路线节点；然后在新加入的 GeoHash 块的相邻节点中选择热度最高的 GeoHash 块继续延伸；最终将起点到终点的所有 GeoHash 块相连的链路作为热门路线。这种方法效率比较高，但是效果不太好，也容易受到噪声影响。比较方便的改进方式是增加滑动窗口的大小，即判断最热 GeoHash 块时，不仅考虑当前 GeoHash 块，也把上一个 GeoHash 块的相邻节点考虑进来，增加每次蔓延的候选集，保证算法能够找到最优的热门路线，如图 8.19 所示。

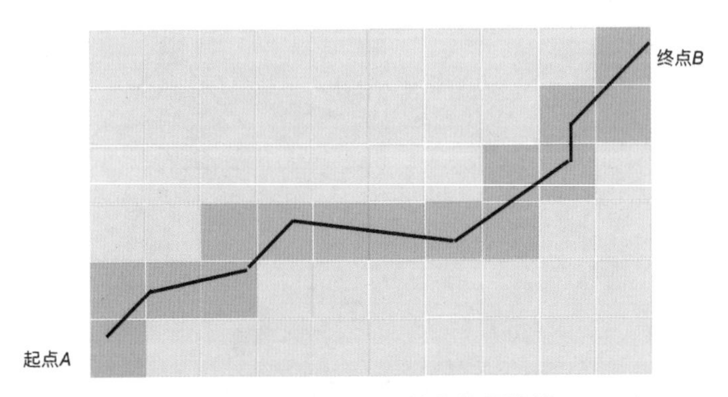

图 8.19　GeoHash 块和热门路线

通过 RNN 的方法寻找热门路线也需要 GeoHash 块作为辅助，但是不需要计算 GeoHash 块的轨迹热度，只需计算每个 GeoHash 块向周围邻居的转移概率，然后通过这个概率向前延伸，最终得到完整的轨迹。

2．排序层

经过召回层的处理后，可以得到很多条候选路线，这些候选路线有不同的特点，有的可能用时较短，有的可能长度较短。路线排序层根据前面提供的备选路线进行评价和排序，这一部分通常需要使用一个复杂度较高的模型来对路线的各种特征进行综合分析并做出决策，如 XGBoost、FFM 和 RNN 等，也可以使用多种模型的组合，如 XGBoost+FM 或 XGB+LR 等。我们在第 7 章已经介绍过这些推荐算法的原理，这里就不再赘述。本节主要介绍业界的一种更前沿的算法——CSSRNN。

CSSRNN（Constrained State Space RNN，约束状态空间 RNN）[47] 最早提出于复旦大学和新加坡管理大学联合发表的论文 *Modeling Trajectories with Recurrent Neural Networks*。在 CSSRNN 出现之前，人们也尝试过很多对轨迹建模的方法，比如隐马尔可夫模型、LSTM 和逆强化学习等，但是这些模型都有各自的缺点，隐马尔可夫模型的拟合效果不够精确；LSTM 和逆强化学习的计算量巨大，对于路线排

序的场景来说成本太高。这些建模方法还有一个更大的问题，那就是轨迹数据受到路网约束，不像文本一样可以灵活地组合。因此，直接采用 RNN 等模型生成的路线就会有很多是没有意义的 [47]。因此，我们需要一种拟合效果好、节约成本而又能高效拟合路线的模型，而 CSSRNN 就是一种不错的选择。

CSSRNN 充分利用 RNN 的优势，捕获长度可变的轨迹序列，同时解决了路网拓扑结构对轨迹建模的约束问题 [47]。它的实现思路大致分为两个部分，下面进行具体的介绍。

（1）数据预处理

路线排序的原始数据是导航路线和司机的实际行驶轨迹（实走路线），无论是导航路线还是实走路线，本质上都是一串有顺序的经纬度坐标的组合。其中实走路线是 CSSRNN 的训练集，导航路线则需要经过打标签处理，作为测试集。具体到网约车的业务场景，训练集和测试集的时间范围是不能有重合区间的，并且测试集的时间范围必须晚于训练集，因为模型是用历史数据训练，然后对未来的数据进行预测的。

数据预处理阶段就是把路线转换成 RNN 能够学习的形式，也就是将路线表示为向量。最简单的做法就是将路线的坐标点映射到经过的 GeoHash 块上，然后将 GeoHash 块随机初始化为嵌入表示。具体做法是，首先找到每个坐标点对应的 GeoHash 块，对于全体 GeoHash 块建立邻接矩阵；然后从 1 开始建立 GeoHash-ID 映射表，也就是按顺序对 GeoHash 块编号，号码为整数；接着将每个坐标点映射为对应的 GeoHash-ID，在将坐标点序列映射为 GeoHash-ID 序列的过程中需要注意保持路线中坐标点的顺序，最终的 GeoHash-ID 序列和坐标点序列保持一致。如图 8.20 所示，路线 1 途经 15 个 GeoHash 块，依次编号为 1~15，路线 2 除了和路线 1 在 11、12 号 GeoHash 块有交叉之外，还新增 4 个 GeoHash 块，依次编号为 16 ～ 19，那么路线 1 的 ID 序列为 {1, 2, 3, ···, 15}，路线 2 的 ID 序列为 {16, 17, 18, 11, 12, 19}。

如果只是单纯用 CSSRNN 进行路线表示，到这里就可以直接将每条路线对应的 GeoHash 序列初始化为固定长度的嵌入表示来进行训练了。但是针对路线排序场景，还需要对待排序的路线打标签，用作测试集。可以通过计算测试集中的路线和相同起 - 终点的实走路线的相似度来判定测试集中路线的标签。比如，10 条导航路线中有 2 条路线和实走轨迹是高度相似的，那么这两条路线就是正样本，其他路线就是负样本。可以用覆盖率和无偏航率等指标进行相似度判定，这些指标的含义将在 8.2.4 小节介绍。

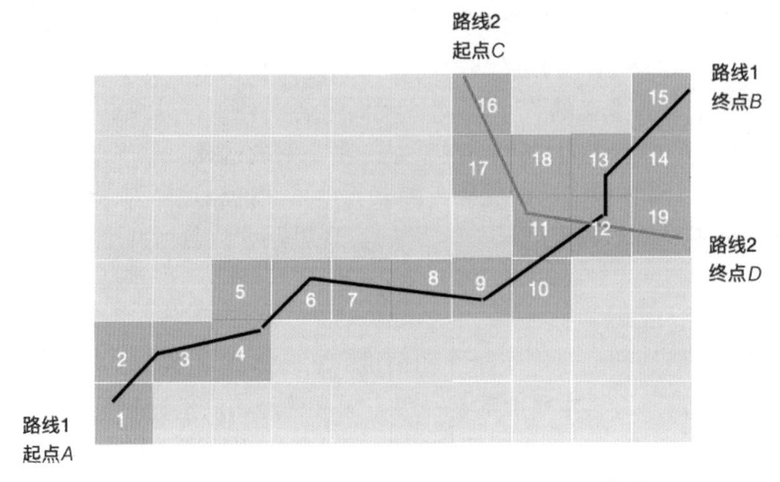

图 8.20　坐标点序列映射为 GeoHash-ID 序列

（2）训练带拓扑约束的 RNN

RNN 训练环节是为了训练一套参数，通过这套参数得到每条路线的向量表示。如果是常规的 RNN 模型，它会拟合每个 GeoHash 块和所有其他 GeoHash 块的转移概率，从而最小化转移概率分布误差[47]。这个过程可以表示为公式（8-4）：

$$\min_{\theta,\mathcal{E}} -\sum_{i=1}^{k-1}\sum_{j=1}^{|E|} 1\{r_{i+1}=j\}\log_2 P(\tilde{r}_{i+1}=j|r_{1:i};\theta,\mathcal{E}) \tag{8-4}$$

其中，θ是 RNN 的参数集合，k 是 GeoHash 序列的长度，E 是全部 GeoHash 块集合，$r_{1:i}$ 表示从第 1 个 GeoHash 块到第 i 个 GeoHash 块的序列，$\tilde{r}_{i+1}$ 表示预测的下一个转移块，r_{i+1} 表示实际的下一个转移块。因此 $1\{r_{i+1}=j\}\log_2 P(\tilde{r}_{i+1}=j|r_{1:i};\theta,\mathcal{E})$ 表示给定序列中的第 1 个～第 i 个 GeoHash 块对于下一个实际转移的 GeoHash 块预测得到的转移概率。$1\{r_{i+1}=j\}$ 表示当下一个真实转移的块为集合中第 j 个 GeoHash 块时此项为 1，否则此项为 0。整个公式表示期望学习算法来最大化下一个实际转移的 GeoHash 块的转移概率。但是我们从图 8.21 中可以看到，路线 2 经过的节点在整个图中占的比例是很小的，路线数据也不可能隔空转移，比如从编号为 1 的 GeoHash块直接转移到编号为5的GeoHash块，因为这两个GeoHash块是不相邻的。因此，带拓扑约束的 RNN 根据这个原理对公式（8-4）所示的损失函数进行了改进。

带拓扑约束的 RNN 只计算相邻 GeoHash 块的转移概率，大大减少了计算量。大致的计算流程如下。

首先，对 GeoHash 块集合 E 中的每个 GeoHash 块建立一个邻接表[47]，建立邻接表的方法见公式（8-5）：

$$M_{ij}=\begin{cases}1, & \text{if } r_i \text{ can reach } r_j \\ 0, & \text{otherwise}\end{cases} \tag{8-5}$$

即如果 GeoHash 块 r_i 与 r_j 是相邻的，则邻接表 $\boldsymbol{M}$ 中的对应位置为 1，否则为 0。然后，模型通过 softmax 函数计算相邻 GeoHash 块的转移概率 [47]：

$$P(\tilde{T}_{t+1}|\ T_{1:t})=C(\boldsymbol{Wh}_t+b,r_t)=\frac{\exp(\boldsymbol{Wh}_t+b)\odot \boldsymbol{M}}{\|\exp(\boldsymbol{Wh}_t+b)\odot \boldsymbol{M}_i\|_1} \tag{8-6}$$

其中，$\boldsymbol{Wh}_t+b$ 中的 $\boldsymbol{h}_t$ 是神经网络的输出。T 是当前状态，也就是第 t 个 GeoHash 块，$\tilde{T}$ 是下一个状态，$\boldsymbol{M}$ 是当前相邻 GeoHash 块的约束条件 [47]。

最后，模型计算目标损失函数，即计算出的转移概率分布和真实的转移概率之差，这里用交叉熵损失表达，如公式（8-7）所示：

$$L=-\sum_{i=1}^{|T|}\sum_{j=1}^{l_i-1}\sum_{k=1}^{|V|}1\{T_{j+1}=T_k\}\log_2 P(\tilde{T}_{j+1}=T_k\mid T_j^P) \tag{8-7}$$

该公式表示所有路线的 GeoHash 块和每个相邻 GeoHash 块的误差累加。训练 RNN 的目标就是最小化这个损失函数 [47]。

针对路线排序的场景，经过 CSSRNN 训练会得到每个 GeoHash 块向 8 个相邻 GeoHash 块的转移概率。如图 8.21 所示，对于给定的起点 A 和终点 B，GeoHash 块 G 和它右侧的相邻 GeoHash 块的概率最大，为 0.824，因此路线从 G 向右单步转移的概率就是 0.824。如果将该路线经过的所有 GeoHash 块沿路线方向的转移概率连乘，就得到了这条推荐路线和实走路线的相似度表达。这个乘积越大，说明这条推荐路线和实走路线相似的概率越大，这条路线排序就越靠前。

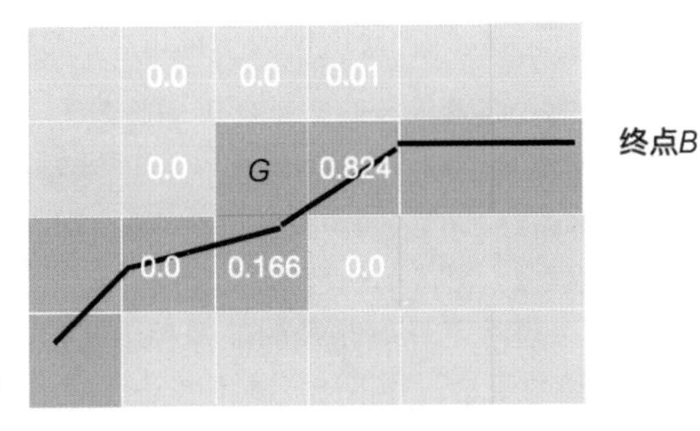

图 8.21　转移概率

CSSRNN 针对路线表示问题，解决了传统深度学习模型面临的路网约束和性能瓶颈的问题，在完美拟合路网的同时大大减少了计算量，是一种非常实用的路线表示算法。在此基础上，该论文的作者还提出了 LIPRNN（Latent Prediction Information RNN）模型，将路线的表示学习改为了多任务并行，即在学习转移概率的时候，为每个邻居单独设定一套参数，也就是说，公式（8-6）中的“$\boldsymbol{W}\boldsymbol{h}_t+b$”的 $\boldsymbol{W}$ 和 b 不再被所有邻居共享，而是每个邻居各自独有一套。这样 LPIRNN 模型可以学习到更多细粒度的特征，学习的效果也更精确[47]。有兴趣的读者可以搜索原论文了解。

8.2.4 路线质量评估

路线质量评估有一些成熟的指标，包括覆盖率和无偏航率等，这些指标可以帮助我们评价导航路线和实走路线的相似程度。另外，在实际业务中我们也需要考虑一些特殊情况，如距离长尾。本小节我们就来了解这些路线质量评估指标。

1．覆盖率

覆盖率是针对单条轨迹精准度的评估指标，需要一个真值作为基准。以网约车司机导航为例，从地址 A 到地址 B 的轨迹真值就是司机历史上实走路线。被评估的路线就是我们推荐的各种导航路线。

覆盖率 cover_rate 的计算方法为：找到实走路线以及对应的某一条导航路线，给导航路线开区间（buffer），区间是指路线两侧拓展的一定距离范围。路线本身只是一条直线，没有面积，但是开区间之后就是一个条形区域，比如对一个长度为 10m 的区间开 1m 的区间，那么路线就变成了一个面积为 $10 \times 1\text{m}^2$ 的条形区域。覆盖率就等于落在区间内的实走轨迹长度除以实走轨迹完整长度，因此覆盖率值域为 [0, 1]。计算公式如下：

$$\text{cover\_rate} = \frac{\text{real\_trace\_length\_in\_buffer}}{\text{real\_trace\_length}} \tag{8-8}$$

如图 8.22 所示，我们有两条推荐路线（红色和蓝色），还有一条实走轨迹（黑色）。假设 3 条路线长度都是 100m，实走路线落在推荐路线 2 的区间内时长度为 50m，实走路线落在推荐路线 1 的区间内时长度为 0m，那么对于推荐路线 2，覆盖率就是 0.5，对于推荐路线 1，覆盖率就是 0。

覆盖率从一定程度上表达了导航路线的准确程度，但是这种评估指标并不完善，它只能反映一条路线的质量，并不能反映推荐路线的整体质量。如果我们要集中评估路线推荐算法，仅靠覆盖率是不够的，因此我们引入了无偏航率。

2．无偏航率

无偏航率是针对一组推荐导航路线的评估指标，它建立在覆盖率的计算基础之

上。计算方法如下：找到实走路线以及对应的若干条导航路线，数量记为 n，给每条导航路线开区间，对每条导航路线计算覆盖率，如果覆盖率≥ 85% 并且所有实走路线的轨迹点都落在这条导航路线的区间内，我们就说这条导航路线无偏航；统计所有无偏航路线的数量并记为 m，那么无偏航率就等于无偏航路线数量 m 除以导航路线总数量 n。

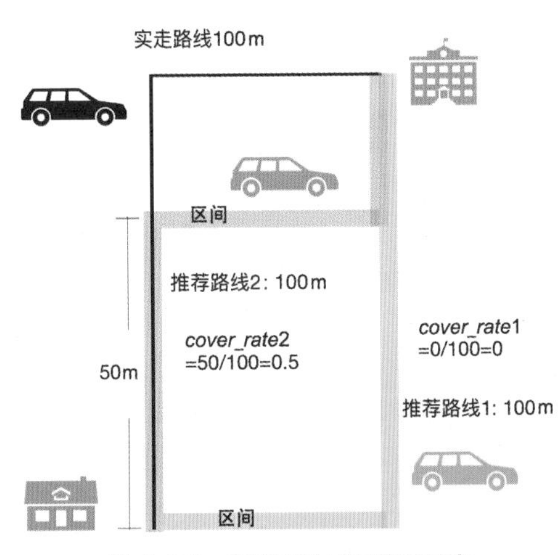

图 8.22　覆盖率计算原理示意

如图 8.23 所示，我们增加一条导航路线 3（绿色），这条路线和实走路线完全匹配，覆盖率为 1。推荐路线 1 的覆盖率仍为 0，推荐路线 2 的覆盖率为 0.5，那么根据无偏航率的定义，整体的无偏航率为 1/3。

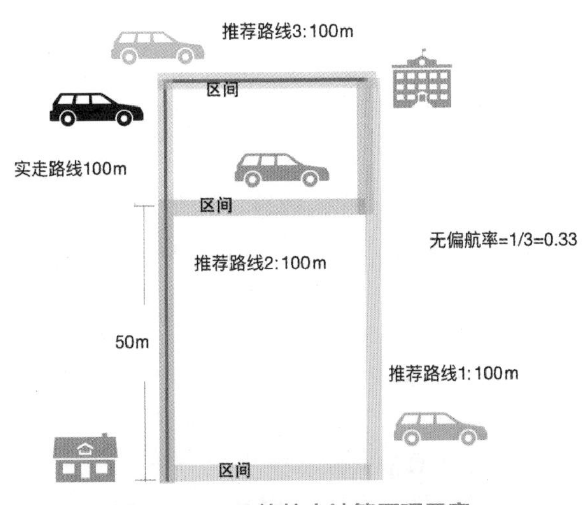

图 8.23　无偏航率计算原理示意

3. 距离长尾

聪明的读者可能发现上文提及的两个指标还存在一个问题，那就是路线冗余。如果我们让路线 3 中间某一段偏离实走路线，但是又绕回偏离点，那么无偏航率和覆盖率的指标都没有变化，如图 8.24 所示。如果网约车司机按这条路线行驶，就会造成成本的增加和顾客体验的下降，所以我们还需要一个长尾值来控制冗余路段。

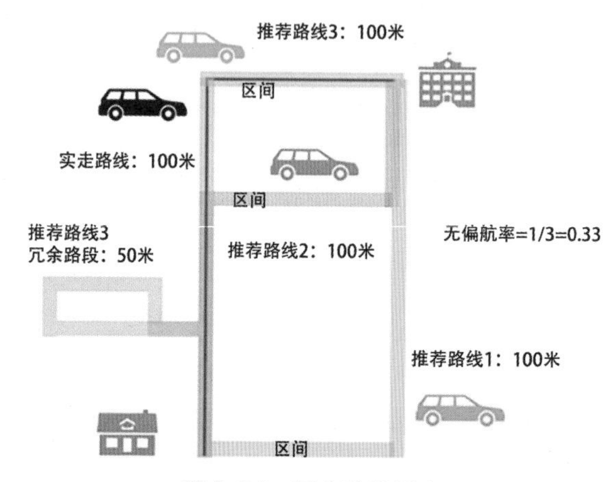

图 8.24 冗余路线示意

在计算完无偏航率之后，我们还需要计算相比实走路线距离，导航路线中路线距离偏长或偏短的比例，这个比例越低，表示我们推荐的路线越准确。在实际业务评估时，覆盖率、无偏航率和距离长尾这 3 个评估指标缺一不可。

8.3 小结

本章主要介绍了基于位置的服务相关的算法和评估方法。

8.1 节重点介绍了基于密度的坐标生成算法和基于 GeoHash 块热度的坐标生成算法。从结果来看，基于 GeoHash 块热度的坐标生成算法更加高效，时间复杂度更低，但是当 GeoHash 块中心不在定位点密度中心时，其效果会比基于密度的坐标生成算法稍显逊色。

8.2 节重点介绍了路线相关的评估方法，包括路线相似度评价算法——动态时间规整（DTW）以及最短路线生成算法——迪杰斯特拉（Dijkstra）。然后我们介绍了路线排序的基本流程和常用算法，路线排序分为两个部分——召回层和排序层。召回层部分介绍了几种常见的热门路线生成算法，其中重点介绍的是基于路线相似

度的热门路线生成算法，这种算法由孤立森林和 DTW 叠加使用，既能减少运算量，还能降低噪声数据影响。排序层重点讲解了 CSSRNN 算法的原理，也介绍了它和 XGBoost、FM 和 RNN 在排序层的优势。最后系统讲解了路线推荐的 3 个重要指标：覆盖率、无偏航率和距离长尾，它们对路线项目中的评估都发挥着不可或缺的作用。

第9章　评估利器——交互式可视化

可视化（Visualization）是利用计算机图形学和图像处理技术，将数据转换成图形或图像，在屏幕上显示出来并进行交互处理的理论、方法和技术。作为算法工程师，操作数据是一项必备技能，如果说对数据的各种转换和计算是数据操作的“灵魂”，可视化则是它不可脱离的“肉体”，如果没有可视化的展现，数据将会变得枯燥不堪。本章我们将通过R语言探索可视化的技术，希望通过本章的学习能让读者成为“集内涵与美貌于一身”的算法工程师。

9.1　R语言简介

9.1.1　为什么要可视化

我们来回顾一下鸢尾花数据集：

```
5.1,3.5,1.4,0.2, Iris-setosa
4.9,3.0,1.4,0.2, Iris-setosa
4.7,3.2,1.3,0.2, Iris-setosa
4.6,3.1,1.5,0.2, Iris-setosa
5.0,3.6,1.4,0.2, Iris-setosa
……
7.0,3.2,4.7,1.4, Iris-versicolor
6.4,3.2,4.5,1.5, Iris-versicolor
6.9,3.1,4.9,1.5, Iris-versicolor
5.5,2.3,4.0,1.3, Iris-versicolor
6.5,2.8,4.6,1.5, Iris-versicolor
……
6.3,3.3,6.0,2.5, Iris-virginica
5.8,2.7,5.1,1.9, Iris-virginica
7.1,3.0,5.9,2.1, Iris-virginica
6.3,2.9,5.6,1.8, Iris-virginica
6.5,3.0,5.8,2.2, Iris-virginica
……
```

数据集中每行的4个数据分别代表萼片长度、萼片宽度、花瓣长度和花瓣宽度。那么你能从这些冷冰冰的数字中看出这3种鸢尾花的区别吗？

不熟悉植物的同学恐怕一头雾水。

但是如果我们以花瓣长度为横坐标轴，以萼片宽度为纵坐标轴，把对应的数据可视化到图上，如图 9.1 所示。

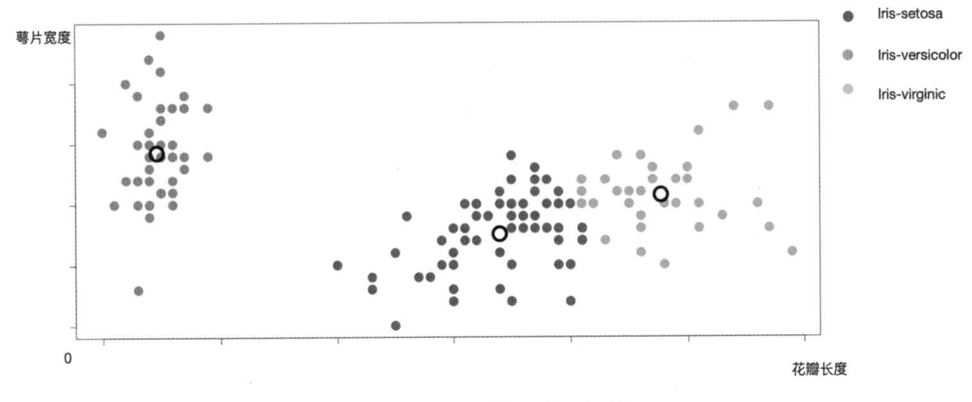

图 9.1 鸢尾花聚类可视化

3 种花的分布就清晰多了。

所以为什么需要可视化？主要原因有以下两个。

（1）可视化能够提高效率

工作场所是追求效率的地方，而展示问题和方案的最高效的方式就是图片，其次是表格。没有一个老板愿意面对干巴巴的文字和数字听取汇报，只有图像才能唤起人的兴趣，从而高效地工作。

（2）可视化能帮助记忆

有人基于这个原理发明了图像记忆法，这种方法相对于文字和声音记忆法的效率要高出 3～10 倍。人的大脑天生就对图像比较敏感，其次是声音，对数字和文字比较冷淡。通过图像展示的信息比用文字或数字展示的信息不仅更能加强人们的记忆，而且更容易让人感同身受。

可视化的方法有很多，不同的行业用的可视化工具也不尽相同，通常算法工程师和数据工程师掌握 R、Python 和 Excel 就能满足日常需求。Excel 属于比较基础的内容，本书不做介绍，这里重点讲解 R 语言的经典可视化工具——Shiny。

9.1.2 R语言介绍

R 语言是一种函数式编程交互语言，底层是 C 语言和 C++ 组件，它的语法结构和功能组件决定了它不适合编写大规模的开发程序，但是适合作为可视化工具。我们直接介绍 R 语言的数据转换和可视化部分。

R 语言的基本数据结构有 5 种：向量、矩阵、数组、列表和数据框。其中向量是一维数据结构，只能存放同类型数据。矩阵是二维数据结构，也只能存放一种类型数据。数组可以是三维数据结构，但是同一个数组内的数据类型也只能有一种。R 语言的列表和 Python 的列表不同，R 语言的列表是专门用来存放数据结构的，也就是说，前三种数据结构可以在同一列表中以键 - 值对的方式存储。数据框是二维数据结构（也可以是一维），但是它的每一列可以是不同类型的数据结构，在 R 语言中数据框是最常用的数据结构 [48]。下面分别举例介绍。

1. 向量

向量的构建如以下代码第一行所示，“<-” 符号代表将右边的值赋给左边的变量，“c” 是向量的前缀标志。向量中的数据类型可以是字符也可以是数值。与 C++、Java 和 Python 等编程语言不同，R 语言中的向量下标从 1 开始，而且它的负下标也不像 Python 那样表示从后往前数，而是表示删除该元素 [48]。

```
a <- c(1,2,3,4,5,6)
a[2] # 第二个元素，注意 R 语言的向量下标从 1 开始
a[-2] # 删除第二个元素
```

2. 矩阵

矩阵是在向量基础上构建的数据结构，创建标志为 “matrix”。构建过程中要先生成一个向量，然后指明行数和列数，并且要说明向量中的数据是按行排序还是按列排序。获取矩阵中的数值要通过行列两个下标来实现，行列的下标同样也是从 “1” 开始。两个下标如果其中一个为空，就表示取该行或该列的所有值 [48]。

```
a <- matrix(c(1:10), nrow=2, ncol=5, byrow=TRUE)
a[1,2] # 第一行第二列
a[1,] # 第一行
a[,1] # 第一列
```

3. 数组

数组的创建标志是 “array”，创建过程中要通过参数 “dim” 来设定数组的形状，dim=c(2,3,4) 表示该数组由 4 个 2 行 3 列的矩阵组成。取值时 a[1, 2, 3] 表示第三个矩阵的第一行第二列。同样，3 个参数有一个为空，就表示取该位置的所有值 [48]。

```
a <- array(c(1:24),dim=c(2,3,4))
a[1, 2, 3] # 第三个矩阵的第一行第二列
```

我们输入代码之后，输出变量 a，得到 4 个 2 行 3 列的矩阵，如图 9.2 所示。

4．列表

列表能包含不同类型的元素，在列表中以键－值对的方式存储，每一种元素可以通过键来访问，也可以通过列表的位置下标来访问[48]。

```
a <- list(name='fred', wife='mary',
no.children=3,
child.ages=c(4,7,9))
a$wife # 列表组件名
a[[2]] # 列表位置访问
```

5．数据框

数据框本质上由元素为向量的列表横向拼接而成，所以它的创建方式也稍微复杂一点，通常需要先创建 *n* 个向量，然后用 data.frame（向量名 1,…，向量名 *n*）的方式来创建。数据框的操作方式有很多，它既可以像矩阵一样通过下标来访问，也可以通过列名来获取整列，str(df) 可以帮助我们查看数据框的基本结构，rownames(df) 和 columnnames(df) 可以帮助我们查看行列的名称[48]。

```
> a <- array(c(1:24),dim=c(2,3,4))
> print(a)
, , 1

     [,1] [,2] [,3]
[1,]    1    3    5
[2,]    2    4    6

, , 2

     [,1] [,2] [,3]
[1,]    7    9   11
[2,]    8   10   12

, , 3

     [,1] [,2] [,3]
[1,]   13   15   17
[2,]   14   16   18

, , 4

     [,1] [,2] [,3]
[1,]   19   21   23
[2,]   20   22   24

> a[1, 2, 1]
[1] 3
> a[1, , 1]
[1] 1 3 5
```

图 9.2　R 语言的数组

```
kids <- c("Wang", "Li")
age <- c("18", "16")
df <- data.frame(kids, age)
df[1,] # 第一行
df[,2] # 第二列
df[1:2,1:2] # 前两行，前两列
df$kids # 根据列名称选择
str(df) # 数据框的结构
rownames(df) # 行名称
columnnames(df) # 列名称
```

上文介绍了 R 语言的 5 种基本数据结构，其实 R 语言的数据类型也比较特殊，它的数据类型比其他编程语言要少，基本类型只有 4 种：数值型、字符型、逻辑型和因子型。数值型就是我们通常说的整数、小数等数值类型，包含了 double、float、int 等类型；字符型包括字符和字符串；逻辑型只有两个值 True 和 False。需要特殊解释的是因子型数据，因子型是用来存储类别的数据类型，如下例：

```
size <- c('small', 'middle', 'middle', 'large', 'small')
```

```
size<-factor(size, ordered=TRUE, levels= c("small","middle", "large"),
labels=c("S","M","L"))
size[1] < size[2]
```

在上例中第一行，我们往向量 size 中存入了 5 个值；第二行设置 size 中值的大小顺序为“small” < “middle” < “large”；第三行，我们给每一类值设定一个标签，分别为“S”“M”和“L”；最后我们测试第一个值和第二个值比较的结果（size[1] < size[2]），返回值为“True”。

9.1.3 数据生态

R 语言有着丰富的数据生态，可以帮助我们实现各种复杂的可视化操作，这里我们简单介绍一下常用的集中操作数据的包。R 语言数据生态如图 9.3 所示。

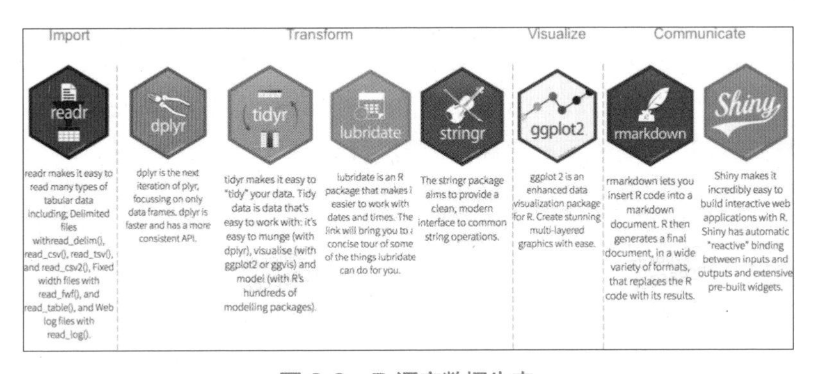

图 9.3　R 语言数据生态

1. readr 数据提取

readr 包的主要作用是导入数据，无论是 txt 还是 xsl 格式都有对应的处理方法，引入数据之后会默认放入数据框中进行存储，这也是数据框使用频率极高的原因之一。

```
df <- read_tsv(“sample.txt”)
```

2. dplyr 数据框数据处理

注意 dplyr 包的处理对象是数据框，它的返回结果也是数据框，常用的操作有以下几种。

选择：select()，从数据框中选择特定的列。

筛选：filter()，对某一列进行筛选，符合条件的值将会保留。

变形：mutate()，对某一列进行统一数据转换，例如每个值都除以 2 或每个值都

加 1。

排列：arrage()，对某一列进行排序。

分组：group_by()，对某一列按照某一个特定值进行分组。

汇总：summarise()，统计描述函数，通常和 sum()、mean() 和 group_by() 等聚合函数结合使用。

```
df <- data.frame(grade=c("A","B","C","D","E"), female=c(5, 4, 1, 2, 3),
male=c(1, 2, 3, 4, 5), age=c(20, 21, 20, 21, 22))
select(df, grade, female, male)
filter(df, female > 2)
mutate(df, total=female+male)
arrange(df, desc(female))
summarise(group_by(df, age), avg=mean(female))
```

3．tidyr 数据框格式处理

gather()：宽数据转为长数据。

spread()：长数据转为宽数据。

unite()：多列合并为一列。

separate()：将一列分离为多列。

```
df <- data.frame(grade=c("A","B","C","D","E"), female=c(5, 4, 1, 2, 3),
male=c(1, 2, 3, 4, 5)) df <- gather(df, 'gender', 'count', -grade)
#-grade 的意思就是合并除 grade 以外的列
df <- spread(df, key = "gender", value ="count")
df <- unite(df, female, male, col = 'unite', sep = ',')
df <- separate(df, unite, c('female', 'male'), sep = ',')
```

除了以上几种数据转换的函数模块，R 语言还引入了一种操作数据的方式——管道。

4．管道

管道的操作符是“%>%”，可以直接把数据传递给下一个函数调用或表达式。传入的数据默认作为下一个函数的输入数据，也就是第一个参数，因为 R 语言的函数的第一个参数往往都是输入数据。

```
route <- read_tsv('./pipe_data.txt') %>%
separate_rows(points, sep = ';') %>%
separate(points, c('column1', 'column2'), sep = ',', convert = T)
%>% mutate(column1=column1/1e6, column2=column2/1e6)
```

上面的例子中，我们将 txt 文件中的数据读入并将其作为第一个参数通过管道传入 separate_rows()，数据将按照“;”进行切分，并将切分的每个数据作为一行。然后管道将切分后的数据再次传入下一个函数 separate()，这个函数对数据再按照“,”进行切分，得到的前两列分别命名为“column1”“column2”。最后一行，管道将数据再次传入 mutate()，对 column1 和 column2 中的数据都除以 10^6，最终结果将返回给 route 变量。

这些预处理方法都是可视化过程中最常用的，另外还有 stringr——处理字符串类型数据的包；ggplot——静态可视化的包等。这些都相对简单，读者有兴趣可以自行到 R 语言官网上查阅相关文档。

9.2 Shiny可视化

本章重点介绍的是交互式可视化工具——Shiny。顾名思义，Shiny 不是一种静态展示图像的工具，它可以在生成图像之后，允许用户通过页面上的控件动态调整图片的显示方式，而且这种显示方法是实时更新的，对算法工程中需要动态展示的数据极其高效。

Shiny 由两部分组成：用户交互（User Interaction，UI）脚本和服务器（Server）脚本。用户交互脚本就是我们看到的可视化界面，类似于安卓开发的控件配置；服务器脚本是部署在服务器上的响应模块，类似于网站的后台。整体上看 Shiny 本质上是一个交互式 Web 应用。

9.2.1 UI布局

像手机应用布局（Layout）一样，Shiny 布局也有很多种类型，如 fluidPage 流动布局、sidebarLayout 边栏布局。每一种布局都有一个共同的组件，就是 titlePanel 标题栏，标题栏主要用于展示本页面的主题。

fluidPage 流动布局按照从上到下、从左到右的顺序自然排列，可以指定每个控件的大小。

sidebarLayout 是比较常用的边栏布局，接受边栏函数和主体部分函数的输入：sidebarPanel() 和 mainPanel()。

```
ui <- fluidPage( titlePanel("title Panel"),
        sidebarLayout(sidebarPanel("sidebar"),mainPanel("main panel") )
  )
```

效果如图 9.4 所示。

http://127.0.0.1:4297　Open in Browser

title Panel

sidebar

main panel

图 9.4　sidebarLayout

同时，Shiny 提供 HTML 标签函数，等价于 HTML5 的标签函数，如表 9.1 所示。

表 9.1　Shiny 的 HTML 标签函数

Shiny 的HTML标签函数	等价的HTML5 标签函数	结果
p()	<p>	段落
h1()	<h1>	第一级标题
h2()	<h2>	第二级标题
h3()	<h3>	第三级标题
h4()	<h4>	第四级标题
h5()	<h5>	第五级标题
h6()	<h6>	第六级标题
a()	<a>	超链接
br()	 	空白行
div()	<div>	分隔文本
span()	<span>	行内分割
pre()	<pre>	等宽文本
code()	<code>	代码
img()	<img>	图片

续表

Shiny 的HTML标签函数	等价的HTML5 标签函数	结果
strong()	<strong>	加粗
em()	<em>	强调
HTML()	无	原生HTML代码

官网上 UI 布局的示例代码如下：

```
ui <- fluidPage(
  titlePanel("title Panel"),
  sidebarLayout(
    sidebarPanel(
      tags$hgroup(h1("Side Bar"), h2("Panel"))
    ),
    mainPanel(
       HTML("<p>You can add content to your Shiny app by placing
it inside a <code>*Panel</code> function. For example, the apps
above display a character string in each of their panels. The
words "sidebar panel" appear in the sidebar panel, because we
added the string to the <code>sidebarPanel</code> function, e.g.
<code>sidebarPanel(\"sidebar panel\")</code>. The same is true for
the text in the title panel and the main panel.</p>"),
      div()
    )
  )
)
```

另外，Shiny 有着与移动客户端一样丰富的控件，如表 9.2 所示。

表 9.2　Shiny 的控件

控件	控件功能
actionButton	操作按钮
submitButton	提交按钮
checkboxInput	单个复选框
checkboxGroupInput	一组复选框
dateInput	单个日期选择
dateRangeInput	一组日期选择
fileInput	文件上传
helpText	可添加到输入窗体的帮助文本

续表

控件	控件功能
numericInput	数字输入
radioButtons	单选按钮
selectInput	一个可供选择的框
sliderInput	滑动条
textInput	输入文本的字段

官网给出的展示所有控件的代码如下：

```
library(shiny)

# 定义 UI
ui <- fluidPage(
  titlePanel("Basic widgets"),
  fluidRow(
    column(3,
           h3("Buttons"),
           actionButton("action", "Action"),
           br(),
           br(),
           submitButton("Submit")),
    column(3,
           h3("Single checkbox"),
           checkboxInput("checkbox", "Choice A", value = TRUE)),
    column(3,
           checkboxGroupInput("checkGroup",
                              h3("Checkbox group"),
                              choices = list("Choice 1" = 1,
                                             "Choice 2" = 2,
                                             "Choice 3" = 3),
                              selected = 1)),
    column(3,
           dateInput("date",
                     h3("Date input"),
                     value = "2014-01-01"))
  ),
  fluidRow(
    column(3,
           dateRangeInput("dates", h3("Date range"))),
    column(3,
```

```
            fileInput("file", h3("File input"))),
    column(3,
            h3("Help text"),
            helpText("Note: help text isn' t a true widget,",
                     "but it provides an easy way to add text to",
                     "accompany other widgets.")),
    column(3,
            numericInput("num",
                         h3("Numeric input"),
                         value = 1))
  ),
  fluidRow(
    column(3,
            radioButtons("radio", h3("Radio buttons"),
                          choices = list("Choice 1" = 1, "Choice 2" = 2,
                                         "Choice 3" = 3),selected = 1)),
    column(3,
            selectInput("select", h3("Select box"),
                         choices = list("Choice 1" = 1, "Choice 2" = 2,
                                        "Choice 3" = 3), selected = 1)),
    column(3,
            sliderInput("slider1", h3("Sliders"),
                         min = 0, max = 100, value = 50),
            sliderInput("slider2", "",
                         min = 0, max = 100, value = c(25, 75))
    ),
    column(3,
            textInput("text", h3("Text input"),
                       value = "Enter text..."))
  )
)

# 定义服务器逻辑
server <- function(input, output) {
}

# 运行应用 (App)
shinyApp(ui = ui, server = server)
```

展示效果如图 9.5 所示。

Basic widgets

Buttons
Action
Submit

Single checkbox
Choice A

Checkbox group
Choice 1
Choice 2
Choice 3

Date input
2014-01-01

Date range
2020-03-05 to 2020-03-05

File input
Browse... No file selecte

Help text
Note: help text isn't a true widget, but it provides an easy way to add text to accompany other widgets.

Numeric input
1

Radio buttons
Choice 1
Choice 2
Choice 3

Select box
Choice 1

Sliders
0 50 100
0 25 75 100

Text input
Enter text...

图 9.5　Shiny 的控件

9.2.2　服务器

创建一个交互式输出，只需要以下两步：

1）在 UI 中增加输出内容项（R Object）；

2）在服务器中告知 Shiny 如何响应输入生成输出。

第一步，在 UI 中增加 R Object。Shiny 提供了一组函数，能够在 UI 中返回 R Object。不同函数创建不同类型的输出，如表 9.3 所示。

表 9.3　UI 函数

函数	输出	函数	输出
dataTableOutput()	数据表	tableOutput()	表格
htmlOutput()	原始HTML	textOutput()	文本
imageOutput()	图片	uiOutput()	原始HTML
plotOutput()	作图结果	verbatimTextOutput()	文本

选择 textOutput 作为输出项，修改 mainPanel 部分，代码如下：

```
ui <- fluidPage( titlePanel("Color Vis"),
                  sidebarLayout(
                    sidebarPanel(
                      helpText("Choose best color"),
```

```
                    selectInput("var",
                                label = "Choose a color to display",
                                 choices = c("White",
                                          "Black", "Red", "Green"),
                                 selected = "White")),
                  mainPanel( # 输出内容项
                    textOutput(outputId = "selectVar")
                  )
                )
                                          )
```

注意最后一行，所有的 Output 系列函数都需要有 outputId 参数，Shiny 根据这个参数确定输出内容的位置。UI 控件 selectInput 示例如图 9.6 所示。

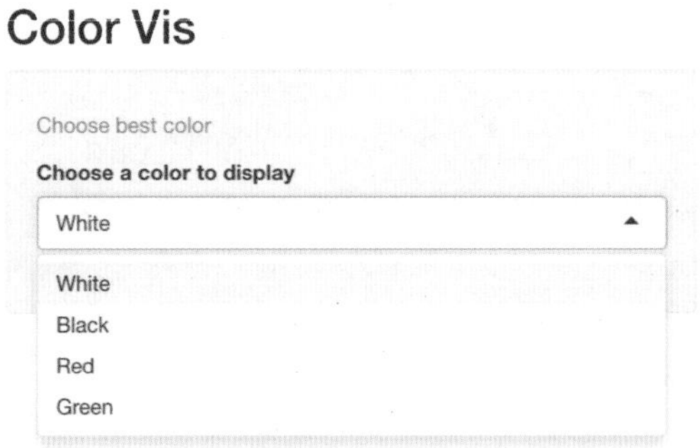

图 9.6　UI 控件 selectInput 示例

第二步，编写构建输出的代码。

UI 只是确定了网页中哪个部分用于展示输出信息，具体如何展现输出则需要一类渲染函数。Shiny 可用的渲染函数如表 9.4 所示。

表 9.4　渲染函数

渲染函数	输出
renderDataTable()	数据表
renderImage()	图片（本地的静态文件）
renderPlot()	作图结果
renderPrint()	任何可打印的输出
renderTable()	数据框、矩阵或其他类表格结构
renderText()	字符串
renderUI()	Shiny Tag 对象或HTML

这类函数需要放在服务器的函数中，例如我们希望能够在 mainPanel 部分输出用户在 sidebar 选择的内容，代码如下：

```
server <- function(input, output) { output$selectVar <- renderText({
sprintf("Your selection is %s\n", input$var) })
}
```

注意 input 后的“$”跟着 Input 类函数的参数值，而 output 后的“$”跟着 Output 类函数的参数值。结合上面的 UI 部分代码，可视化效果如图 9.7 所示。

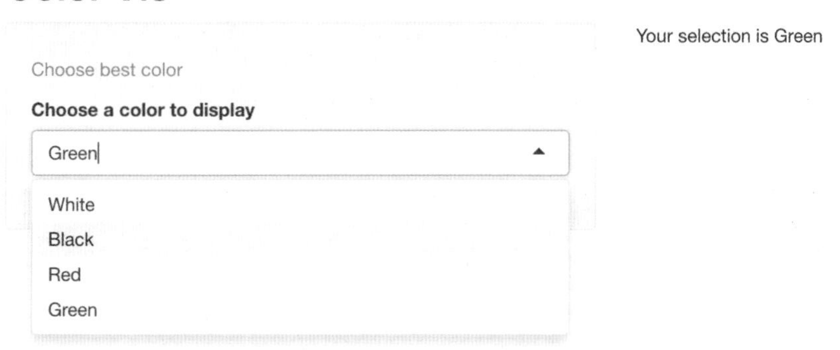

图 9.7 增加服务器响应的可视化效果

在 Shiny 应用中，不同部分的代码的运行次数不同，规律如下：

- 启动应用时，Shiny会将所有的代码运行一次；
- 每当有一个新的用户运行你的Shiny应用，就会运行一次服务器中的函数，保证每个用户有不同的响应式对象（Reactivate Object）；
- 每次用户进行交互时，渲染部分的代码都会运行一次，其他代码不会运行。

Reactive 部分是交互式部分，每次用户发生交互时，渲染部分的代码就会重新运行一次。

Shiny 提供了 reactive()，类似于渲染函数，接受 R 的表达式作为输入，但是它只会在原始的控件发生变化之后才会更新结果。

reactive() 运行步骤如下：

- 第一次运行reactive()后，它会在内存中存储结果；
- 下一次运行时，它会检查保存的值是否过期（也就是该数据依赖的输入是否发生变化）；
- 如果数据过期，那么重新计算，然后更新内存中保存的结果；
- 如果数据未过期，那么直接返回保存的结果，不做任何计算。

9.2.3 可视化评估示例

本小节我们通过对鸢尾花数据集进行聚类，来展示可视化的评估效果。

UI 部分的代码如下：

```
ui<-pageWithSidebar(
  headerPanel('鸢尾花 K-means 类簇'),
  sidebarPanel(
    selectInput('xcol', 'X Variable', names(iris)),
    selectInput('ycol', 'Y Variable', names(iris),
                selected=names(iris)[[2]]),
    numericInput('clusters', 'Cluster count', 3,
                 min = 1, max = 9)
  ),
  mainPanel(
    plotOutput('plot1')
  )
)
```

这里采用 sidebarLayout，标题显示“鸢尾花 K-means 类簇”；在左边的 sidebarPanel 中，代码设置了 3 个控件，分别表示 x 维度变量、y 维度变量和数字输入框（用来设置类簇的数量），显示结果如图 9.8 所示。

鸢尾花 K-means类簇

X Variable

Sepal.Length

Y Variable

Sepal.Width

Cluster count

3

图 9.8　鸢尾花类簇的 UI 布局

变量 x 和 y 用来选择聚类的特征，因为是二维显示，所以只设置两个变量。类簇数量默认值显示 3，也就是第一次显示 3 个类簇的形式。右边空白是展示图像的画板，服务器端响应之后就可以显示出图像。

服务器端代码如下：

```
server<-function(input, output) {

  # Combine the selected variables into a new data frame
  selectedData <- reactive({
    iris[, c(input$xcol, input$ycol)]
  })

  clusters <- reactive({
    kmeans(selectedData(), input$clusters)
  })

  output$plot1 <- renderPlot({
    palette(c("#E41A1C", "#377EB8", "#4DAF4A", "#984EA3",
              "#FF7F00", "#FFFF33", "#A65628", "#F781BF", "#999999"))
    par(mar = c(1, 1, 1, 1))
    plot(selectedData(),
         col = clusters()$cluster,
         pch = 20, cex = 3)
    points(clusters()$centers, pch = 1, cex = 3, lwd = 5)
  })
}
```

服务器端代码接收两个输入：input 和 output。selectedData 变量接收的是两个 selectInput 控件传来的特征，并根据这两个特征从 iris 数据集中选择结果；clusters 变量接收的是 K-mcans 算法的处理结果，K-mcans 算法接收两个参数， 个是上 步得到的特征，一个是 numericInput 控件传进来的类簇数量。

输出部分第一个函数设置了不同类别显示的颜色，这里总共设置了 9 种颜色，最多可以表示 9 个类。par(mar = c(1, 1, 1, 1)) 设置图像距离上下左右边缘的距离。plot() 可画出每个样本，pch 表示样本点的类型，20 表示实心圆点，cex 设置样本大小。最后一个函数 points() 绘制聚类中心，pch=1 表示圆圈，cex 设置样本大小，lwd 设置圆圈的线条粗细。

上面代码的显示效果如图 9.9 所示。

图 9.10 是我们从控件中选择不同的类簇数量的对比（3 ～ 6 个类簇），从图中我们可以看到 3 种鸢尾花在不同类簇数量下的结果。对比第 1 章的鸢尾花数字格式的展示方式，图像明显更能让人看到数据分布的真实情况。

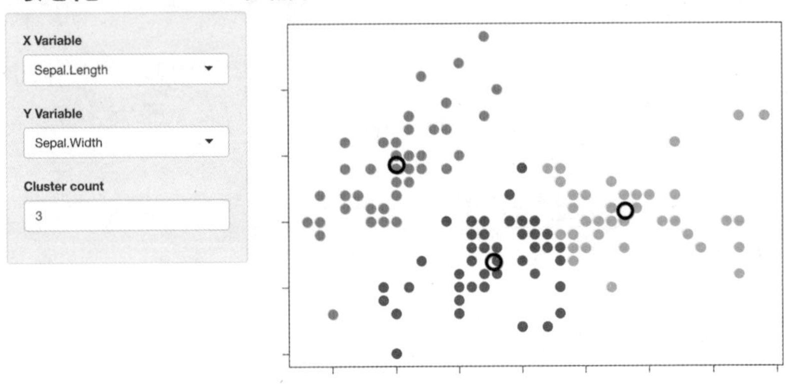

图 9.9　鸢尾花类簇的可视化效果

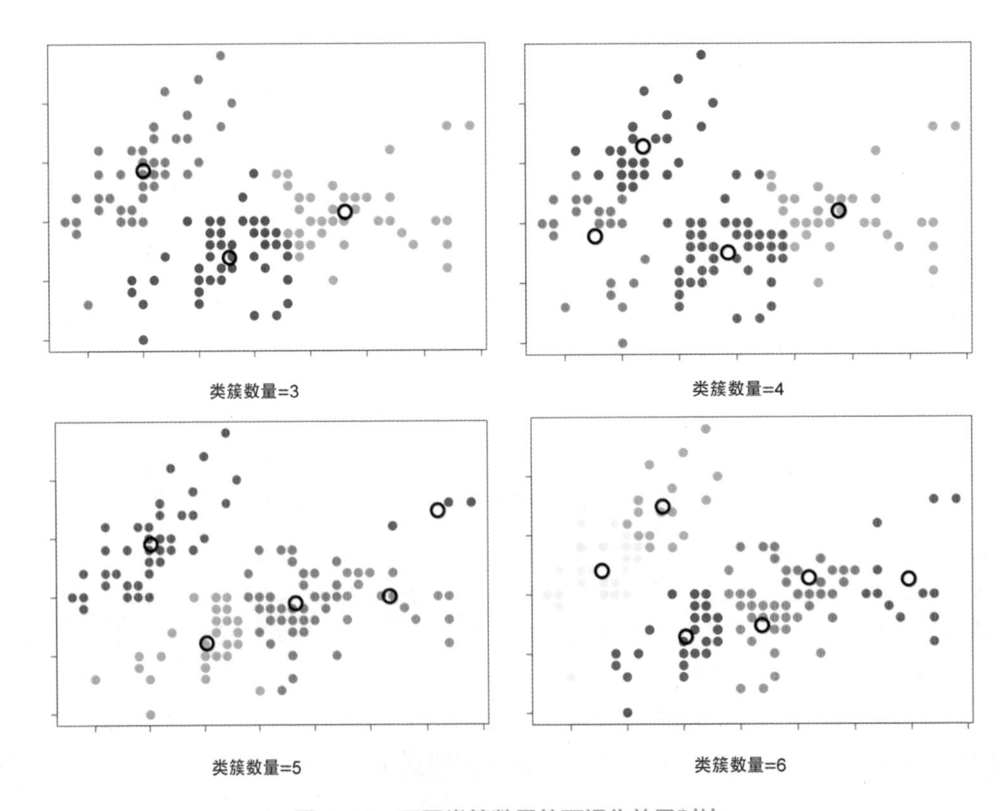

图 9.10　不同类簇数量的可视化效果对比

9.3 小结

本章主要介绍可视化的语言和工具。可视化有两个最重要的作用，第一个作用是能提高工作效率，第二个作用是方便记忆。可视化最有力的语言之一是 R 语言，它的基本数据结构有 5 种：向量、矩阵、数组、列表和数据框。R 语言作为数据分析和可视化利器，有着丰富的数据处理函数包（如 dplyr 和 tidyr 等），也有多样化的绘图工具（如 ggplot 2），它主要用来绘制静态图像，但更常用的是动态交互式 Web 应用 Shiny。Shiny 作为交互式 Web 应用，包括 UI 和服务器两个部分，UI 是展示给用户的界面，它的布局有很多种，我们主要介绍了 sidebarLayout 的布局方式。服务器主要是实现一种动态响应的函数，需要从 UI 中获取输入内容，然后根据用户设置的代码去响应输入生成输出。页面的输出并不是全部重新显示，而是会根据用户的选择，动态更新更改的部分，实时性很好，能够大大满足用户交互需求，因此 Shiny 更适合作为算法实验和评估的工具。

第 10 章　像哲学家一样思考——因果推断

让我们陷入困境的不是无知，而是看似正确的谬误论断。

——马克·吐温（Mark Twain）

为什么一个销售策略对男顾客和女顾客都有效，却对顾客总体无效？为什么警察越多犯罪案件数量越多？肺癌与吸烟无关？

这些命题似乎和人的常识恰恰相反，那么为什么用算法对数据集的分析得出了与人的常识相反的结论呢？

人工智能飞速发展的今天，我们用机器学习预测了股票的涨跌，模拟了大气的变化，甚至围棋机器人 AlphaGo 还战胜了人类的顶尖棋手。然而，这些智能化的算法真的达到了人类的智能水平吗？

或许人工智能并没有走向一个正确的方向，而是陷入了"鹦鹉学舌"的怪圈。那么高级人工智能是什么样子？人工智能的未来又在何方？

本章我们就从宏观上对机器学习算法进行一次评估，并介绍算法领域的"高级智能"——因果推断。

10.1　机器学习之殇

鹦鹉学舌 vs. 乌鸦喝水

人类与动物最大的区别之一就是人会使用语言。有人也许会反驳：鹦鹉也会学习说话，而且如果只是个别词语的话，鹦鹉说出来的话能以假乱真，那么这能说明鹦鹉有着"高等"的智能吗？

小时候我们都听过乌鸦喝水的故事，当一个瓶子里的水不够多时，乌鸦知道向瓶子里投石子能够让水面上升，从而喝到水。乌鸦的这种行为是不是也是一种智能的体现？那么"鹦鹉学舌"和"乌鸦喝水"哪个更"智能"一些呢？

如果用机器学习算法来做比喻，"鹦鹉"就像一个训练完备的语音生成模型，而"乌鸦"则是一个懂得创造条件来达到主观目的的机器人。鹦鹉需要人反复地教

学，相当于需要大量的数据进行训练，而乌鸦喝水只是一种简单的因果推断，不需要大量的数据训练。有人说鹦鹉学舌能够做到以假乱真，肯定是鹦鹉学舌更智能一些，那么鹦鹉真的明白它说的话是什么意思吗？

鹦鹉说的话虽然和人类一模一样，但是这只是一种模仿，它本身并不懂得这句话是什么意思；而乌鸦喝水的故事中乌鸦明确地明白“投石子→水面上升”的因果关系。从这个角度来看，乌鸦喝水才是一种高级的智能。

鹦鹉学舌像极了我们普遍使用的机器学习算法，我们可以用这些算法从大数据中提炼出精确完备的拟合函数，例如通过鸡打鸣预测日出，通过燕子低飞预测下雨，但是算法并不知道鸡鸣和日出的因果关系，也不知道为什么燕子低飞就会下雨。如果不加规则进行约束，模型甚至会做出鸡不打鸣，太阳就不会升起的奇怪结论。

再拿乌鸦喝水为例，机器学习算法可以告诉我们乌鸦能不能喝到水，但是不能告诉我们乌鸦为什么喝不到水，更不会告诉我们乌鸦怎样才能喝到水。

贝叶斯网络之父朱迪亚•珀尔（Judea Pearl）在他的著作《为什么——关于因果关系的新科学》一书中写道：“与 30 年前一样，当前的机器学习程序（包括那些应用深度学习网络的程序）几乎仍然完全是在关联模式下运行的，它们由一系列观察结果驱动，致力于拟合出一个函数，就像统计学家试图用点集拟合出一条直线一样，深度神经网络为拟合函数的复杂性提供了更多的隐藏层次，但它拟合的过程仍然由原始数据驱动。被拟合的数据越来越多，拟合的精度不断提高，但是该过程始终没有从我们先前提到的‘超进化加速’中获益。例如，无人驾驶汽车的程序设计者想让汽车在新情况下做出不同的反应，那么他就必须明确在程序中添加这些新反应的描述代码，机器是不会自己弄明白手里拿着一瓶威士忌的行人可能对鸣笛做出的不同反应的……”[49]

珀尔提到的“超进化加速”指的是人类在获得智慧以后，文明飞速发展的近几千年文明史，按照人类的发展经验，高级智能是有飞速发展的能力的，而且这种能力来自智能体本身，而不是通过外界的设定和输入。显然我们的机器学习还不具备这种能力。这也是无人驾驶汽车迟迟不能普及的重要原因之一[49]。

那么“智能”的程度到底应该如何划分？为什么“鹦鹉学舌”的机器学习不如会喝水的“乌鸦”呢？这些细节我们在 10.4 节进行讨论。在此之前我们需要明确的是，缺乏因果推断能力的低级的智能是不一定可靠的，对于一份清晰的数据集，可能会出现算法拟合得越好，越会得出错误结论的情况，甚至落入悖论的怪圈。我们在 10.2 节就通过例子来看一下统计学和机器学习的陷阱——辛普森悖论。

10.2 辛普森悖论

在工作中我们经常遇到一种奇怪的现象，不同算法对同一份数据集的分析竟然出现了两种相反的结论。在排除了所有计算错误的可能之后，你发现矛盾依然存在，这时候你或许就陷入了辛普森悖论。

我们先来看一个例子，如表 10.1 所示。

表 10.1 总体录取信息

男生申请数量	男生录取数量	男生录取比例	女生申请数量	女生录取数量	女生录取比例
2691	1184	44%	1835	577	31%

以上是某个学校男生和女生的录取比例情况，我们对比第三列男生录取比例和第六列女生录取比例可以看到，男生的录取比例比女生的录取比例高，差值为 9%，从数据的整体结果来看，男生相对女生来说更容易被该校录取。

我们再来看表 10.2 所示的分院系录取信息，你会惊讶地发现，除了 C 系和 E 系男生录取比例比女生高出 3% ～ 4% 之外，其他 5 个院系都是女生录取比例高于男生，甚至在 A 系，女生录取比例比男生高出 20%！原来女生才是更容易被录取的？！

为什么同一份数据集，总体统计的结论和分院系统计的结论恰恰相反呢？

表 10.2 分院系录取信息

院系	男生申请数量	男生录取数量	男生录取比例	女生申请数量	女生录取数量	女生录取比例
A	825	511	62%	108	89	82%
B	560	342	61%	25	17	68%
C	325	119	37%	593	202	34%
D	417	137	33%	375	151	40%
E	191	53	28%	393	94	24%
F	373	22	6%	341	24	7%

我们再来看一个广告投放的例子。

男士被推送广告之后，购买比例比未被推送广告要高，如表 10.3 所示。

表 10.3 男士购买信息表

分组	未购买	购买	总数量	购买比例
被推送广告	6	81	87	93%
未被推送广告	36	234	270	87%

对女士而言，如表 10.4 所示，被推送广告之后，购买比例也比未被推送广告要高。

表 10.4 女士购买信息表

分组	未购买	购买	总数量	购买比例
被推送广告	71	192	263	73%
未被推送广告	25	55	80	69%

但是，我们再来看男女士总体购买信息表，如表 10.5 所示，就会惊奇地发现，被推送广告的购买比例反而比未被推送广告低？

表 10.5 男女总体购买信息表

分组	未购买	购买	总数量	购买比例
被推送广告	77	273	350	78%
未被推送广告	61	289	350	83%

那么这到底是怎么回事呢？

这其实是概率分析的一个误区，下面我们尝试来解释这种现象。

设是否被推送广告事件为 Z，性别事件为 X，是否购买事件为 Y，那么我们用 0、1 来表示每个事件的发生情况，如表 10.6 所示。

表 10.6 事件统计结果表

事件发生状况	X	Y	Z
0	女	未购买	未被推送广告
1	男	购买	被推送广告

对于男士，被推送广告之后购买商品的条件概率为

$$P(Y=1|Z=1,X=1)=93\% \tag{10-1}$$

对于男士，未被推送广告购买商品的条件概率为

$$P(Y=1|Z=0,X=1)=87\% \tag{10-2}$$

对于女士，被推送广告之后购买商品的条件概率为

$$P(Y=1|Z=1,X=0)=73\% \tag{10-3}$$

对于女士，未被推送广告购买商品的条件概率为

$$P(Y=1|Z=0,X=0)=69\% \tag{10-4}$$

我们设男女顾客总体被推送广告之后购买商品的事件为 A，那么有：

$$P(A)=P(Y=1|Z=1)=P(Y=1|Z=1,X=1)\times P(X=1|Z=1)+P(Y=1|Z=1,X=0)\times P(X=0|Z=1) \quad (10\text{-}5)$$

其中 $P(X=1|Z=1)$ 是被推送广告的顾客是男士的概率，我们设为 q，那么 $P(X=0|Z=1)$ 就是被推送广告的顾客是女士的概率，也就是 $1-q$。

设公式（10-1）为 E_1，公式（10-3）为 E_3，公式（10-5）可以简化为

$$P(A)=P(Y=1|Z=1)=E_1q+E_3(1-q),q\in(0,1) \quad (10\text{-}6)$$

同理，设顾客总体未被推送广告但购买商品事件为 B，那么：

$$P(B)=P(Y=1|Z=0)=P(Y=1|Z=0,X=1)\times P(X=1|Z=0)+P(Y=1|Z=0,X=0)\times P(X=0|Z=0) \quad (10\text{-}7)$$

其中 $P(X=1|Z=0)$ 是未被推送广告的顾客是男士的概率，我们设为 q'，那么 $P(X=0|Z=0)$ 就是未被推送广告的顾客是女士的概率，也就是 $1-q'$。

设公式（10-2）为 E_2，公式（10-4）为 E_4，公式（10-7）可以简化为

$$P(B)=P(Y=1|Z=0)=E_2q'+E_4(1-q'),q'\in(0,1) \quad (10\text{-}8)$$

根据公式（10-1）～公式（10-4），我们知道 $E_1>E_2$、$E_3>E_4$，那么是否说明 $P(A)>P(B)$ 呢，如公式（10-9）所示。

$$\begin{aligned}&P(A)=E_1q+E_3(1-q)\\&P(B)=E_2q'+E_4(1-q')\\&(E_1>E_2,E_3>E_4)\rightarrow P(A)>P(B)?\end{aligned} \quad (10\text{-}9)$$

答案是否定的！因为公式（10-6）和公式（10-8）中还有两个变量——q 和 q'。

如图 10.1 所示，q 其实是调节 $P(A)$ 值在区间 $[E_3, E_1]$ 变化的因子，同样，q' 是调节 $P(B)$ 值在区间 $[E_4, E_2]$ 变化的因子。

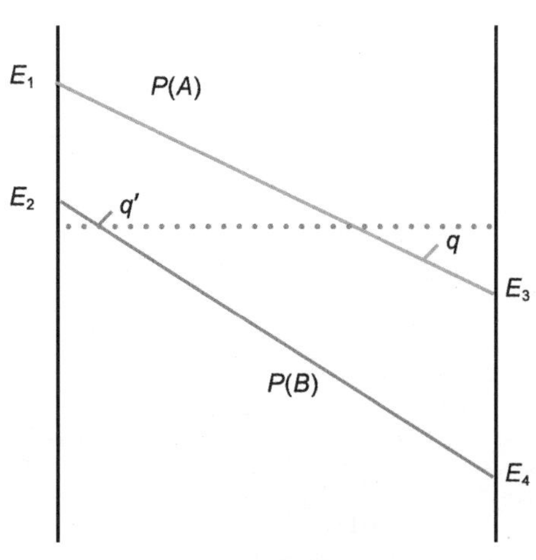

图 10.1　多变量原理

在本例中，有 $E_2>E_3$，如果 $q'>q$，$P(B)$ 就有可能大于 $P(A)$！最极端的情况，假设 $q'=1$、$q=0$，那么此时 $P(B)=E_2$、$P(A)=E_3$，即 $P(B)>P(A)$。

这里出现辛普森悖论的原因是，只把全部样本中被推送广告和未被推送广告的人数保持了一致，却没有将每种性别中是

否被推送广告的人数保持一致。男士中被推送广告的人数远小于未被推送广告的人数（0.24：0.76），女士中被推送广告的人数远大于未被推送人数（0.77：0.23），因此整体的结果就等于：

$$P(A)=0.24\times0.93+0.77\times0.73=0.79<P(B)=0.76\times0.87+0.23\times0.69=0.82$$

显然是不合理的。假如我们把 q 和 q' 都设为 0.5，那么

$$P(A)=0.5\times0.93+0.5\times0.73=0.83>P(B)=0.5\times0.87+0.5\times0.69=0.78$$

这样，整体统计的结论和分性别统计的结论就完全一致了，推送广告对购买率是有正向影响的。

那么“警察越多犯罪案件数量越多”这个奇怪的结论又从何而来呢？

一份数据集统计了不同城市的警察数量和犯罪案件数量，如图 10.2 所示，每个点代表一个城市。我们用回归算法进行拟合之后发现，随着警察数量增多，犯罪案件数量也在同步增长，“警察数量”与“犯罪案件数量”看起来呈正相关。

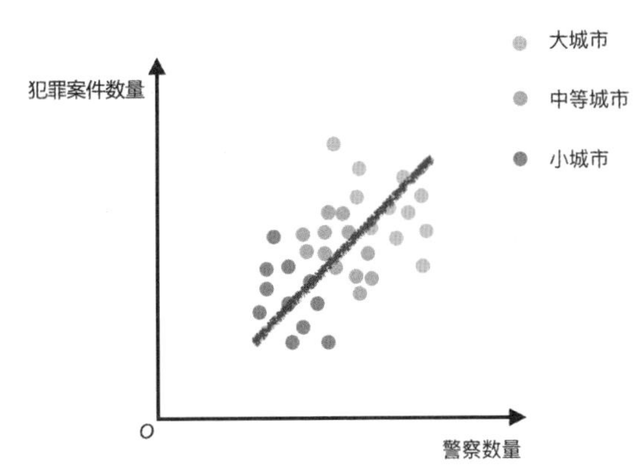

图 10.2 警察数量与犯罪案件数量趋势 1

但是当我们对不同规模的城市再次进行拟合，如图 10.3 所示，就会发现，警察数量越多，犯罪案件数量反而越少，两者呈负相关。

究竟哪个结论才是正确的呢？

聪明的你可能已经发现，城市规模会同时影响警察数量和犯罪案件数量。随着城市规模的增大，警察和犯罪案件数量都会随之增加，所以如果想了解犯罪案件数量和警察数量的关系，必须把城市规模这个变量固定下来。当城市规模固定后，才能看出随着警察数量的增加，犯罪案件数量会随之减少的趋势，它们的因果关系如图 10.4 所示。

其中，城市规模是警察数量和犯罪案件数量的公共决定因子，城市规模增大，犯罪案件数量和警察数量都会增大。同时，警察数量和犯罪案件数量成反比，警察

数量越多，犯罪案件越不容易发生。

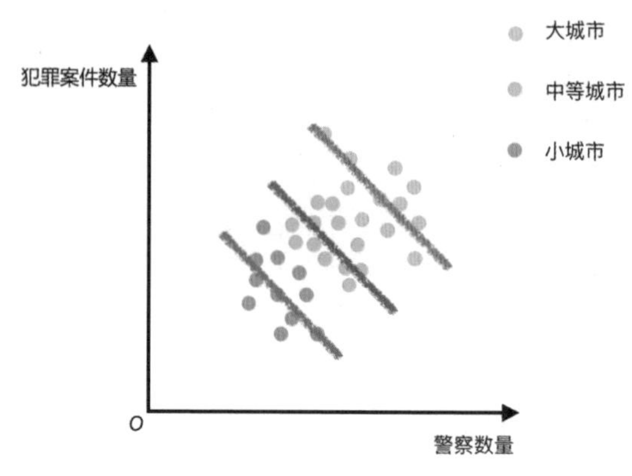

图 10.3　警察数量与犯罪案件数量趋势 2

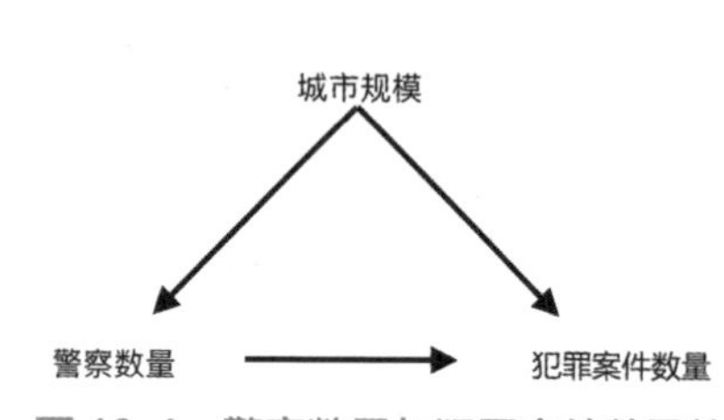

图 10.4　警察数量与犯罪案件数量的因果关系

再回到推送广告的例子，我们发现影响结果的因素不只是是否推送广告，另一个影响因素是实验分组的比例，如果这个分组比例失衡，也会影响最终的实验结果。

上面两个例子并不是想说所有的对照实验都必须按照细粒度的分组才能得到正确的结果或者整体统计的结果一定不对，而是说在每一次统计和拟合背后，我们有必要首先搞清楚这些影响因子的因果关系，从而固定中间的共同影响因子，才能得到正确的结论。为了说明这一点，我们再来看一个分组统计结论错误而整体统计结论正确的例子。

表 10.7 所示是某地方政府颁布新交通政策前后，装修价格降低与未降低的装修公司的数量情况。

表 10.7　交通政策影响对比

分组	新交通政策		旧交通政策	
	装修价格未降低公司数量	装修价格降低公司数量	装修价格未降低公司数量	装修价格降低公司数量
廉价材料	6	74	2	38
高价材料	16	24	24	56
整体	22	98	26	94

我们先来看最后一行的整体结果，新交通政策让装修价格下调的公司数量的比例是 82%，而旧交通政策使装修价格下调的公司数量的比例是 78%，这样看来，新交通政策能够对降价起到正面作用。但是再来看分材料价格的统计方式，对于廉

价材料，新交通政策对应降价公司数量的比例是 93%，旧交通政策对应的是 95%；对于高价材料，新交通政策对应降价公司数量的比例是 60%，旧交通政策对应的是 70%，新交通政策反而让降价公司的数量变少了！？

这次应该相信哪个结论呢，整体还是分类？

经过分析可以发现，新交通政策是通过影响材料的运输成本来影响装修价格的。当我们把材料价格固定之后，交通政策的影响因素也随之被固定了，所以在分类统计中，我们就看不出新政策对装修价格的影响。

我们来看新交通政策和装修价格的因果关系，如图 10.5 所示。由于新交通政策的实施，让一部分高价材料变成了廉价材料，装修价格下降，新交通政策和装修价格之间是一种间接因果关系，因此不能够固定材料价格来观察新交通政策对装修价格的影响。这与警察数量和犯罪案件数量的例子恰恰相反，警察数量与犯罪案件数量例子中的城市规模是其他两个因子的共同成因，而本例中材料价格是新交通政策的结果和装修价格的成因。因此，因果关系变化了，统计的方式也要随之改变，才能得到正确的结论。

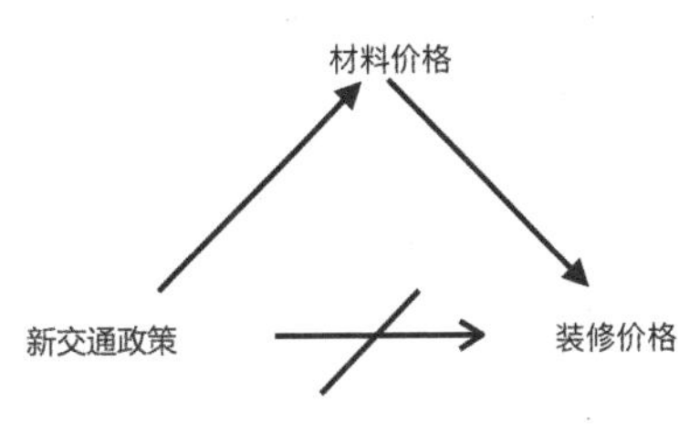

图 10.5　新交通政策和装修价格的因果关系

通过这些例子我们能够清晰地看到，机器学习拟合出的函数和统计学统计的结果如果没有因果关系的推导，那么很可能得出错误的结论。那么因果关系和机器学习之间是一种什么样的关系？人工智能如何才能获取因果推断的能力？这些问题我们在后文介绍。10.3 节我们先来看另一种悖论——伯克森悖论。

10.3　伯克森悖论

伯克森悖论是基于这样一种情况：两种本来毫不相关的事物，在某些特殊场景下看起来相关性极强，甚至会给人一种两者存在因果关系的错觉[49]。

为什么会出现这样的情况？

我们再来看一个简单的例子，大家可能都有过这种经历，周末早上七点你起床去上自习，室友还没起床，下午一点钟，你吃完饭回到宿舍，发现室友还在睡觉，你顿时觉得室友仿佛睡了一上午。但是事实是，室友在你离开宿舍之后就起床了，在宿舍学习了一上午，一点钟吃完午饭刚刚开始午休。从你的角度看室友就是在一直睡觉。为什么会有这种错觉？

这是因为你对室友的观测样本是你在宿舍的时间段，而你在宿舍的这段时间恰恰都是室友的睡觉时间，所以你就会把一直睡觉和室友联系到了一起，造成了一种错觉。也就是说你观测的时间区间是有偏的，或者说样本受到了你人为的干预（因为你主动外出自习），如图 10.6 所示。

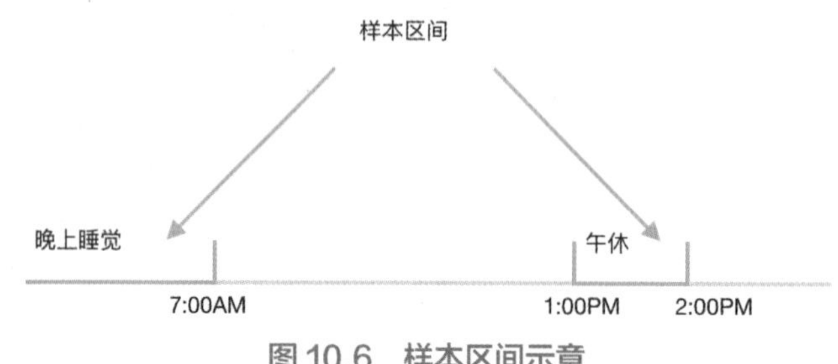

图 10.6 样本区间示意

机器学习算法也会经常陷入伯克森悖论中。就像前文所说，现在的算法对大数据的依赖性很高，即便排除了过拟合的风险，算法得到的结论依然是根据有限的数据和特征得到的，它们不懂“干预”在得出结论之前发挥的重要作用，因此往往会给出错误的结论。

10.4 智能之梯

智能不是一个抽象的概念，人工智能发展到今天，已经有很多可以支撑的理论告诉我们“智能”从低到高的不同阶段以及对应的特征。本节我们从因果推断角度介绍“智能之梯”[49]。

10.4.1 因果推断的起源

第 2 章我们提到了高尔顿关于人身高的回归实验。高尔顿除了对身高进行研究之外，还做过著名的“高尔顿板”，如图 10.7 所示，也称为“梅花机”实验。他将许多钢珠从板的顶端放入，最后落到平行排列的格子中间，他发现虽然小球遇到钉子之后向左和向右落下的概率都是一样的，但是每次实验的结果都是呈正态分布的。

这个分布和人的身高分布、一个球队比赛结果的分布都是类似的。后来高尔顿在回归的基础上发现了父子两代人身高的规律，即儿子的身高相对于父亲会向人类的平均身高移动。高尔顿致力于研究这其中的因果关系，却无意中发现了事物之间存在的相关性。相关性的丰富性和趣味性让高尔顿着迷不已，于是现代统计学的研究从此展开，却与因果关系的研究失之交臂。

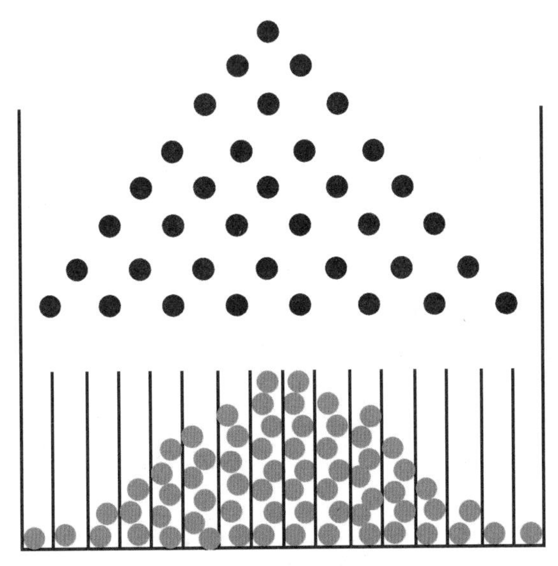

图 10.7 高尔顿板

紧接着，一位伟大的统计学家的出现彻底改变了统计学和因果学的格局，他就是卡尔·皮尔逊（Karl Pearson），正是他在统计学上杰出的贡献和对因果关系的“偏见”，让因果学被遗忘在人们的视野中，皮尔逊认为因果关系只不过是相关性的一种特例。然而现代的研究证明这一点是不合理的，鸡打鸣和太阳升起存在很强的相关性，但是不存在严格的因果关系。皮尔逊的观点仍然影响了统计学和因果学长达一个多世纪，甚至到今天仍然极具影响力。

珀尔认为统计学抛弃因果学的深层原因是“对客观数据优于主观认知的过分坚持”。正是由于这一点，历史上的伟大先知才会为了躲避“伪相关”的暗礁而错失了“因果学”的大陆[49]。

现在因果学重新走入科学界的视野，美国的许多企业几乎都有一个从事因果关系分析的决策部门，他们专门负责在实施机器学习方案之后分析不同决策的长远结果。不过，在人工智能领域，因果学仍然因为“主观性”的阴影而备受争议。

10.4.2 智能之梯

珀尔在他的《为什么——关于因果关系的新科学》中提到：“因果关系的学习者必须熟练掌握至少 3 种不同层级的认知能力——观察或发现（observation or seeing）能力、行动或干预（action or intervention）能力、想象或反事实（imaging or anti_factual）能力[49]。”

1. 关联——what

珀尔把智能的第一阶梯称为“关联”，也就是“通过观察寻找规律”。“如果观察到某一事件改变了观察到另一事件的可能性，我们便说这一事件与另一事件相关联”。这个层级的智能包括 3 个阶段：观察、学习和模拟 [49]。

观察能力是对世界的认知能力，大多数物种都有自己独特的世界观，例如幼年猎豹会观察母豹如何捕猎，鹦鹉能够观察人如何发声，RNN 模型对文本提取特征。这一阶段，观察者都需要大量的被观察样本，即便是简单的样本，至少也需要出现一次。也就是说，这个层面的被观察者都是客观存在的实体，被观察者所表现的能力也是已经客观存在的。

当观察者完成了观察阶段，就开始将观察到的事物进行关联和学习，例如 RNN 通过对特征进行参数优化，不断拟合文本的规律。这一阶段，观察者就变成了学习者，它开始试着将观察到的客观实体和自己关联起来，也试着将除自己以外的不同的实体相关联，从而总结出一套规则，正如回归算法最终拟合出一条曲线。

第三个阶段便是将学习到的规则通过模拟转化为应用。这时候，鹦鹉已经能够说出主人每天教它的固定词汇；猎豹能够像它的母亲一样敏捷地捕食羚羊，甚至年轻的猎豹比它的母亲的捕猎效率更高，但是这并不代表它智能的升级，而可能是由客观条件（年轻的猎豹身体素质可能更好）决定的。

它们都有一个学习的对象和要实现的客观的实体或者能力，并且它们实现的目标或能力是之前就存在的，这种“智能”的表现更像是一种继承或者模仿。

这种“智能”正是对现代统计学和机器学习表现的智能的一种总结，智能算法在模仿和关联方面突飞猛进，甚至一度超越人类。但是遗憾的是，它们仍然不能做任何自主的改进，例如，自动驾驶程序如何识别这个环境特殊而且还被涂鸦过的“STOP”指示牌呢，如图 10.8 所示。如果训练集中没有包含类似的样本，那么没有人能知道自动驾驶程序会做出什么样的决定。

图 10.8 因干扰而无法识别的“STOP”指示牌

2. 干预——how

智能的第二个阶梯称为“干预”，也就是通过采取干预的行为来改变客观现

实，甚至创造间接条件去逐渐改变现实。这种级别的智能只有少数物种才具备，例如乌鸦能够通过观察发现瓶子里的水在哪个位置可以喝到，如果喝不到，可以往水中扔石子让水面上升（并且实验证明，它不仅知道向水中放东西，而且还能明确地知道要放比水密度大的物体，如石子、铁块，泡沫、木块则会被它抛弃）。再如猩猩无法咬开坚果，它会寻找一块适手的石头把它砸开；人类知道通过劳动挣钱，挣钱可以满足自己的需求。这都是通过自身的行动去干预现实，从而改变客观现实的例子。

那么机器学习的算法能不能从大量的训练集中找到改变现实的方法呢？

以人找工作为例，人可以在筛选工作岗位时综合考虑交通、收入、工作强度和工作环境这些因素，当然我们的算法也可以提取这些特征，但是它是否能考虑到新公司未来发展的风险呢？这时候就需要把每一家备选公司的未来发展趋势放到训练集里才能实现，但是这显然已经变成了另外一个机器学习预估问题，最终需要人为干预将它们整合起来才能解决。这就是关联和干预的差距。

作为高等智能的生物，我们人类每天都在通过干预来改变我们的生活，例如我们会不定期买新衣服，这样才能满足自己追求时尚的需求，我们也会经常通过复杂的处理最终做一顿美食来一饱口福，这些都是其他生物所不具备的智慧行为。但是仅仅依靠这种级别的智慧是不可能创造出我们这个高度文明的世界的，这个奇妙的文明之所以存在，还依赖于第三级智能：想象，或者说是对立事实。

3．对立事实——why

我们时常对李白天马行空的诗文拍手称赞，也惊叹于莱昂纳多·达·芬奇（Leonardo da Vinci）绘画技艺的精湛，我们还发明了火药、指南针等。这些发明在出现之前，只存在于人们的想象之中。也就是和事实相反的对立事实，这是人类思考和想象的结晶。

这种高级智慧能够创造出前所未有的事物，它最大的优势在于它能够回答“为什么”这个根本问题。有了这种智慧，我们知道鹦鹉学舌是因为它有类似于人类的声道；乌鸦放石子能喝到水是因为石子的密度比水大，因此能沉到水底；我们还知道为什么鸡叫之后太阳就会升起，为什么会有春夏秋冬。这一切因果关系的探索都来源于第三级智能——对立事实。

整体来看，智能的3个阶梯是在回答不同的问题，关联层回答的问题是“what”——“是什么”，干预层能够回答“how”——“怎么做”，而对立事实层还能够去思考“why”——“为什么”。这3个层次就组成了因果学的智能之梯。

10.5 因果推断的方法

因果推断的研究方向有很多，应用最为广泛的是经济学和计量学。西方很多大型公司的经济学家通过因果推断，基于业务目标和经济学模型来分析用户数据，设计平台上的经济学机制，例如定价和赏罚规则等。从宏观来讲，因果推断也可以帮助经济学家们发掘市场规律，分析平台的发展情况，从而制定和改善平台的长期竞争策略。

因果推断在统计学和机器学习领域是一支新起之秀，目前的应用还不是很多，但是很多学者已经发现了它潜在的、巨大的发展空间。机器学习和因果推断并不是相互排斥的矛盾关系，相反，它们可以相互补充和相互借鉴。因果推断需要机器学习的模型来做分析，机器学习也需要因果推断来判断它的结果的合理性。

本节我们简单介绍因果推断的一些方法，这些方法经常会和业务指标的评估相关。主要目的是抛砖引玉，更多详细的内容希望读者能够在本书基础上进一步探索和学习，相信因果推断的翅膀能够让机器学习的研究有一个质的飞跃。

10.5.1 双重差分模型

无论是机器学习算法还是统计学、计量学，最终都会应用到某一个具体业务中，那么在应用这些算法前后，业务指标发生了哪些变化？这些变化是否是我们的算法造成的？为了解决这些问题，人们引入了双重差分（Difference-In-Differences，DID）模型。

双重差分模型是一种被广泛使用的对比实验方法，也是对 AB 实验的升级。它的主要思想是在加入干预前后，分别计算对照组和实验组的差异，并统计干预前后的差异变化趋势，从而得到干预是否对实验组造成影响的结论[50]。

举例来说，假设有一家网购公司在购物平台上升级了智能推荐算法，想通过实验验证这次升级是否提升了用户的消费金额。一般 AB 实验的做法是，先将用户分为两组，一组是实验组 A，也就是使用了升级后的智能推荐算法的用户，另一组是对照组 B，也就是仍然使用旧版推荐算法的用户，从新算法应用到 A 组开始进行对比实验。实验的结果可能发现 A 组消费金额明显比 B 组的高，然后给出算法有效的结论。

这种做法有一个问题，就是在新算法上线之前，A 组是不是就已经比 B 组的消费金额高呢？所以，DID 模型的做法是——计算两次差分（Difference）。第一次差分先统计 A、B 两组在新算法上线前后的变化趋势，计算公式如下：

$$\Delta Y_i = \frac{1}{N}\sum(Y_{i1} - Y_{i0}), i \in \{A, B\} \tag{10-10}$$

第二次差分，计算 A、B 的差分的变化：

$$\Delta^2 Y_{AB} = \Delta Y_A - \Delta Y_B \tag{10-11}$$

经过第二次差分，就可以得到算法升级前后实验组和对照组的变化的差异。双重差分模型的整个流程如图 10.9 所示。

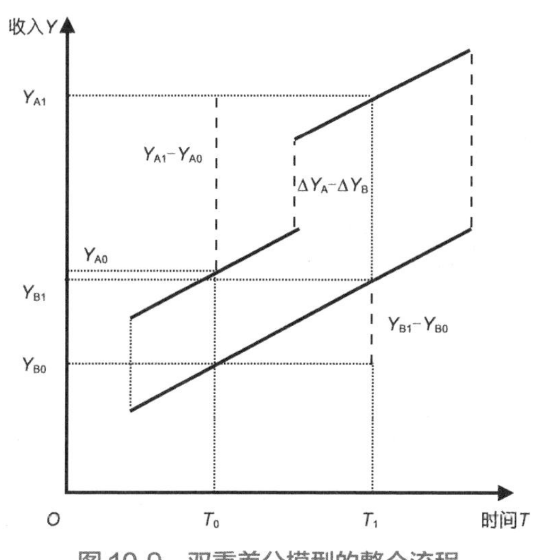

图 10.9 双重差分模型的整个流程

但是 DID 模型有一个重要的假设前提，那就是实验组和对照组在算法改变前后变化趋势稳定，没有其他因子的干扰，分析过程中需要控制其他变量一致 [50]。

10.5.2 工具变量

工具变量的目的是将双向因果关系因子和内在的隐藏决定因子进行抽离。我们先来看一个案例。

如果说吃蔬菜容易变瘦，那么变瘦的原因是吃蔬菜，还是瘦的人本来就有易瘦的基因？

这种问题被称为内生性问题，内生性问题是说在判断一个因子 X 对另一个因子 Y 起的作用时：

$$Y = \beta_0 + \beta_1 X + \eta \tag{10-12}$$

存在一个和X相关的变量U也会影响Y，或者X和Y之间存在某种互为因果的关系，这样在估计X变量的参数β_1时就会出现偏差，因为此时U也会暗中影响Y。这种情况在回归问题中很常见，如果存在内生性问题，那么求出来的X的参数就可能是不准确的。工具变量就是为了解决这种内生性问题[50,51]，如图 10.10 所示。

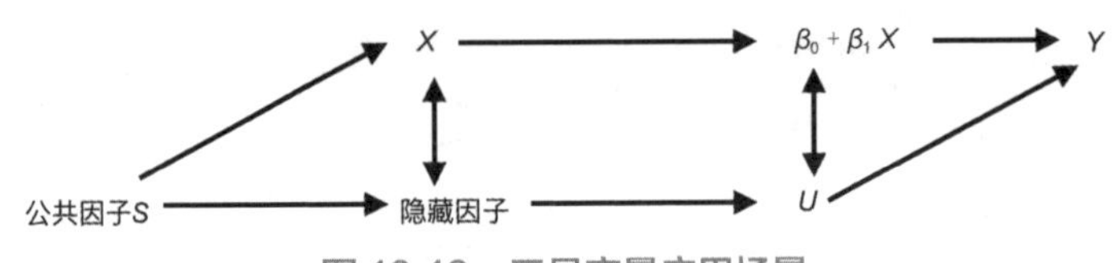

图 10.10　工具变量应用场景

工具变量可在X、U、Y之外再增加一个变量Z作为工具，这个变量Z只能通过X决定Y，不会影响U。例如，“变瘦”是变量Y，“吃蔬菜”是变量X，“有易瘦基因”是变量U，我们选择的变量Z可以是“不吃蔬菜”。因为这个因素只能影响变量X，也就是能不能吃蔬菜，并不会影响易瘦基因（变量U），那么我们发现，即使他们不吃蔬菜也很瘦，也就是说，其实是易瘦基因U对变瘦Y起到了更重要的作用。工具变量Z和其他变量关系如图 10.11 所示。

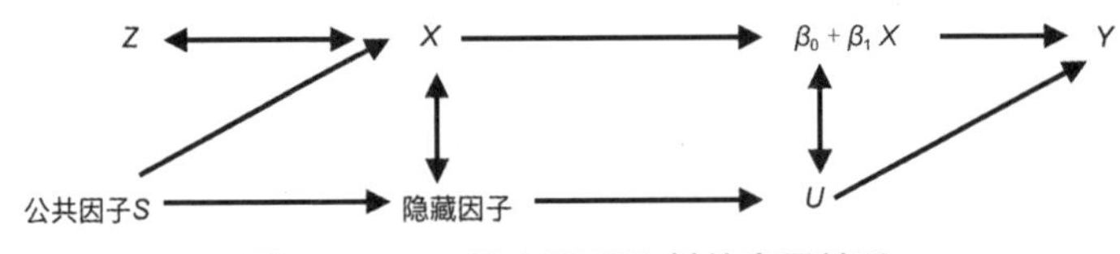

图 10.11　工具变量Z和其他变量关系

工具变量的使用方法是两阶段最小二乘法。

第一阶段，确定工具变量的有效性。主观选择的工具变量Z并不一定真的是工具变量，因此这一步需要验证工具变量Z和因子X的相关性，Z和X应该是强相关的。我们需要用最小二乘法或者回归算法来验证工具变量Z和因子X之间的相关关系[50,51]，计算公式如下：

$$X=\alpha_0+\alpha_1 Z+\eta' \tag{10-13}$$

第二阶段，第一阶段已经确定了工具变量对因子X的影响程度，在第二阶段我们可以“用Z表示X”，这样就排除了变量U对Y的影响，只观察由$Z\to X\to Y$间接的影响，从而能够判断出X和Y之间的因果关系[50,51]，计算公式如下：

$$Y=\beta_0+\beta_1(\alpha_0+\alpha_1 Z+\eta')+\eta \tag{10-14}$$

整体来看，使用工具变量有两个前提，第一个前提是一定存在内生性问题，在

进行因果分析之前需要用假设检验的方法来确定内生性问题是否存在，如果不存在内生性问题，工具变量的使用就是没有必要的。第二个前提是工具变量 Z 和解释变量 X 一定强相关，并且 Z 和隐藏变量 U 一定不相关，只有这样才能确定一条清晰的 $X \rightarrow Y$ 的因果路径[50,51]。

10.5.3　中介模型

中介模型（Mediation Model）主要用来分析自变量对因变量的影响步骤和深层机制，目的是挖掘深层的相关性因子。举例来说，吃水果可以预防败血症，但是真正预防败血症的却是维生素 C，当我们把水果加工之后（如油炸），失去了维生素 C，其便不再具备预防败血症的能力。

设自变量为 X，因变量为 Y，如果 X 通过影响变量 M 来影响 Y，那么 M 就是中介变量。以上例来说，Y 是败血症，X 是吃水果，M 则是维生素 C，“吃水果通过摄入维生素 C 来预防败血症”就是中介模型的典型实例。

中介模型的应用有很多，但是通俗来说检验中介效应是否存在，其实就是检验 X 到 M、M 到 Y 的路径是否同时具有显著性意义，如图 10.12 所示。

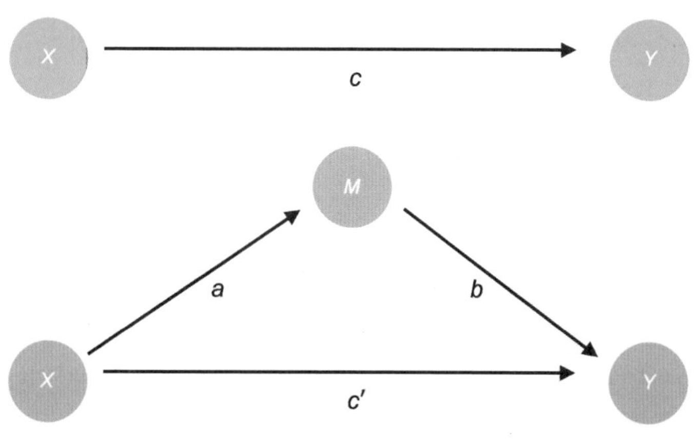

图 10.12　中介模型

常用的方法就是逐步回归法。这种方法的主要思想是：分别检验 $[a, b]$、$[c']$ 和 $[c]$ 是否显著，如果 $[a, b]$、$[c]$ 同时显著，那么中介效应存在；如果 c' 也显著，那么就是弱中介；如果 c' 不显著，那么就是强中介[50,52,53]。

逐步回归法简单易懂，容易操作，理论基础强。但是这种方法也存在一定缺陷，例如 $[a, b]$ 路径中的两部分相乘之后显著性会衰减，假设 a=0.9、b=0.9，那么两者相乘就是 0.81。另外有些情况下逐步回归法会无法识别中介效应。例如，学生的智力（X）按理说应该和考试成绩（Y）正向相关，但是数据呈现两者之间可能并不相关，也就是 c 不显著。经过分析，发现是学生在学习中的好奇程度（M）在起作用。在所有其他条件相同的情况下，越聪明的学生相对其他人对未知事物的好奇心越强，也就是 X 和 M 正相关，a 路线符号为正；而好奇心也会造成学生更多关注其他事物，造成学习不专心，导致成绩下降，也就是 M 和 Y 负相关，b 路径的符号为负。也就是说越聪明的学生成绩不一定越好，即 X 和 Y 负相关。但是单独调查智力对考试成绩的影响又会得到结论 X 和 Y 正相关，即 c' 路径符号为正。我们可以看到，虽然这里中介变量是存在的，但是总效应 $c=(ab+c')$ 却因为直接效应 c' 和间接效应 ab 的相互抵消而不再显著。这种情况虽然比较巧合，可是一旦出现就极容易导致算法失效或者减弱，因此这也是逐步回归法需要注意的问题[50,53]。

以上介绍的几种方法在“智能之梯”中都属于干预层，它们通过适当的干预手段能够发掘出各个因子背后深层的关联，甚至得到它们之间本质的因果关系。除了这些模型以外，还有其他和统计学、计量学相关的模型，例如 marginal structural models[50]、Propensity Scores[50]、Heterogeneous Treatment Effect[50] 等，这些模型被广泛地应用于发掘市场规律、分析平台的发展情况以及制定和改善经营策略等。遗憾的是对立事实层的算法研究目前还没有足够多的模型来应用于实践，研究中也还存在较多的争议。因果学在法律因果、气候变化等方面已经有初步的探索，相信在以后的研究中会有更多的成果。

10.6 小结

我在本章将自己在学习过程中认为最有发展前景和潜在价值的方向分享出来，因果推断的理论虽然没有像机器学习那样有名，但是它的发展历史告诉我们：它的未来前景是无限的。因果推断的理论不仅能够帮助我们从宏观的角度去观察和研究事物之间关系的本质，而且在实际工作中也能帮助我们避免各种悖论造成的错误结论。无论是从理论研究还是从具体实践来讲，因果推断都是充满现实意义的研究方向。

本章从机器学习的本质开始讲起，目前的机器学习方法还是智能的初级阶段，虽然能够在某些领域超越人类，但是始终难以逃开“鹦鹉学舌”的阴影，并且现实中还存在像辛普森悖论和伯克森悖论这样的逻辑陷阱，稍不注意就会出现“一份数据得到两个对立结论”的奇怪现象。10.4 节简单介绍了智能之梯：观察、干预和对立事实，机器学习显然处在第一个层级，未来的发展方向不仅是在最低层级不断扩大影响，也应该尝试向智能的高层级迈进，例如用干预和对立事实的方法来处理实

际问题。10.5 节介绍了 3 种常见的因果推断方法，这些方法已经被广泛地应用在商业领域，帮助人们分析市场规律和制定经营策略。事实证明，这些理论确实起到了不可或缺的作用，西方很多的实体公司从这些理论中受益。我们的未来也需要更多的经济学家和计量学家来帮助我们将机器学习算法和因果推断相结合，人工智能的发展或许将在因果推断的推动下走向另一个巅峰。

第 11 章　基础评估方法——假设检验

科学只能证明某种事物的存在，而不能证明某种事物不存在。

——爱因斯坦

假设检验（Hypothesis Test）是利用样本信息判断总体参数的假设值是否成立的检验方法。

在实际的科学研究过程中，存在很多无法证明的问题，因此，科学家们尝试去证明它们的逆否命题，从而间接证明这些命题的合理性。例如，我们要证明一种假设是错误的，只要举出一个反例即可。假设检验基于这种思想，通过设定原假设 H0 和备择假设 H1，经过一系列的数据分析来决定是否选择备择假设，从而证明原假设的合理性。经典的假设检验方法有卡方检验、T 检验和 Z 检验，其中 T 检验和 Z 检验又是符合 F 分布的假设检验方法。下面我们通过具体的例子来介绍这些检验方法。

11.1　卡方检验

卡方检验主要解决两种问题：第一种问题是我们观察到的单总体的数据是否符合我们预期的分配；第二种问题是多总体的数据之间是否存在独立性，或者比例是否一致。卡方检验是应用比较广泛的一种检验方法，在机器学习中也可以作为一种评估方法来检验回归算法拟合函数的质量。

下面通过例子分别讲解。

1．符合预期判定

先来看第一个例子，某会议投票决定是否通过一项方案，如表 11.1 所示，会议需要根据表中数据确定支持人数和反对人数是否存在显著差异，从而决定是否采用这次投票的结果。

表 11.1　投票结果

数据项	支持人数	反对人数	弃权人数
实际人数	420	380	400
期望	400	400	400

原假设 H0：支持人数和反对人数没有明显差异，投票无效。

备择假设 H1：支持人数和反对人数存在明显差异，投票有效。

卡方检验的计算方法比较简单，计算公式如下：

$$\chi^2 = \sum\frac{(O-E)^2}{E} \tag{11-1}$$

其中 O 是实际数据，E 是期望。对于上面的例子，总体存在 3 个分组，因此自由度为 2，我们预期显著性水平 $\alpha = 0.1$，计算过程如下：

$$\chi^2 = \frac{(420-400)^2}{400} + \frac{(380-400)^2}{400} + \frac{(400-400)^2}{400} = 2$$

查显著水平表得到自由度为 2 的卡方分布在显著性水平 $\alpha = 0.1$ 时的临界值是 4.605，也就是说，χ^2 超过这个值就说明实际数据和预期数据存在明显差异，小于这个值说明没有明显差异，如图 11.1 所示。

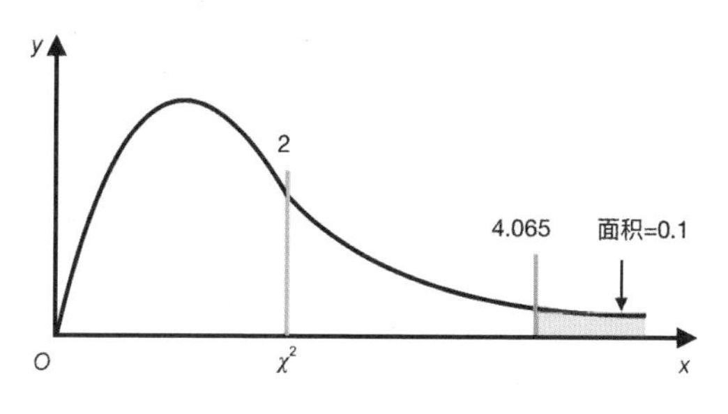

图 11.1　卡方值示例

由于 2<4.605，那么得到结论，保留原假设，此次投票支持人数和反对人数没有明显差异，本次投票无效。

2．独立性判定和比例一致性判定

独立性判定和比例一致性判定都是针对多个总体的差异检验方法，两者的计算方法是一样的，因此我们一起介绍。我们来看下面的例子。

某辅导机构想招募一些学生周末上辅导课，但是广告资源有限，需要重点对某部分学生投放广告，因此该辅导机构对不同成绩的学生参加辅导班情况做了一个统计，想分析学生成绩和是否参加辅导班是否存在显著关联，统计结果如表 11.2 所示。

表 11.2　参加辅导班统计示例

类别	60分以下	60～80分	80分以上	总和	期望
会参加辅导班人数	76	64	55	195	65
不参加辅导班人数	24	36	45	105	35

原假设 H0：学生成绩和是否参加辅导班没有相关性。

备择假设 H1：学生成绩和是否参加辅导班有显著相关性。

显著性水平 $\alpha = 0.05$。

根据公式（11-1）计算 χ^2，得到：

$$\chi^2 = \frac{(76-64)^2}{64} + \frac{(64-64)^2}{64} + \frac{(55-64)^2}{64} + \frac{(24-35)^2}{64} + \frac{(36-35)^2}{64} + \frac{(45-35)^2}{64} \approx 6.9844$$

我们这里样本容量是 3，因此自由度为 2，查表得：在显著性水平 $\alpha = 0.05$ 的情况下，自由度为 2 的卡方分布临界值是 5.991，说明两者相关的概率大于 95%，因此拒绝原假设，备择假设成立。

11.2 T检验

T 检验主要用于验证两个总体的均值是否存在显著差异。主要分为 3 种情况：第一种情况是单总体 T 检验，主要是验证当前集合的数据和均值是否有明显差异；第二种情况是双总体 T 检验，用来对比两个集合的均值是否存在显著差异；第三种也是双总体，但是称为配对 T 检验，主要是采取单个样本配对的方式[54]。

1．单总体 T 检验

T 检验计算公式如下：

$$t = \frac{\bar{x} - \mu}{S / \sqrt{n}} \sim t(n-1) \tag{11-2}$$

其中 $\bar{x}$ 是样本均值；μ 是总体均值；S 是样本标准差；n 是样本容量。该 t 统计量是服从 n–1 的 T 分布。

我们来看具体实例。假设某学校要求的达标学分是 3.0，为了验证该校学生是否整体达标，随机选取 8 个学生的成绩进行 T 检验，学生学分如集合 A 所示：

$$A = \{4.5, 4.8, 5.2, 5.5, 2.4, 2.7, 3.3, 3.6\}$$

要求在显著性水平 $\alpha = 0.1$ 的前提下通过 T 检验来对假设进行验证。

第一步，建立原假设与备择假设。

原假设 H0：学生学分和达标学分没有显著差异。

备择假设 H1：学生学分和达标学分有显著差异，整体达到毕业水平。

第二步，计算整体均值 $\bar{x}$，计算公式如下：

$$\bar{x} = \frac{4.5 + 4.8 + 5.2 + 5.5 + 2.4 + 2.7 + 3.3 + 3.6}{8} = 4$$

第三步，计算样本标准差，计算公式如下：

$$S=\sqrt{\frac{\sum_{k=1}^{n}(x_k-\bar{x})^2}{n-1}} \tag{11-3}$$

对于集合 A：

$$S=\sqrt{\frac{(4.5-4)^2+(4.8-4)^2+\cdots+(3.3-4)^2+(3.6-4)^2}{8-1}}\approx 1.164$$

第四步，根据公式（11-4）计算 t 值：

$$t=\frac{\bar{x}-\mu}{S/\sqrt{n}}=\frac{4-3.0}{1.164/\sqrt{8}}\approx 2.43 \tag{11-4}$$

第五步，根据预设显著性水平 α 查表，确定假设是否成立。这里 $\alpha=0.1$ 表示 P 值（即显著水平）需要小于 0.1，且此时 t=1.895，即只要大于 1.895，就可以拒绝原假设。这里 t=2.43>1.895，因此，可以拒绝原假设，也就是说学生学分和达标学分有显著差异，整体达到毕业水平。

2．双总体 T 检验

（1）独立样本 T 检验

第一种双总体检验称为独立样本 T 检验，顾名思义，检验对象是两个总体集合的两个独立样本集合。这种检验方法有几个前提：

第一，两个样本集合所属的总体集合需要服从正态分布，样本的分布符合 T 分布；

第二，两个样本集合相互独立；

第三，两个样本集合所属总体集合的方差相等。

其中 T 分布的分布曲线近似正态分布曲线，曲线的形状与自由度密切相关，自由度越大，曲线越接近正态分布[54]。

t 值的计算公式如下：

$$t=\frac{\bar{x}-\bar{y}}{S\sqrt{\frac{1}{m}+\frac{1}{n}}} \tag{11-5}$$

其中 $\bar{x}$ 是样本集合 1 的均值；$\bar{y}$ 是样本集合 2 的均值；m、n 分别是两个样本集合的容量，也就是样本数量，这个 T 检验的自由度为 $m+n-2$；S 是样本集合的整体方差，可通过两个样本集合的方差 S_1 和 S_2 计算得到。S 的计算公式如下：

$$S = \frac{1}{m+n+1}[(m-1)S_1^2 + (n-1)S_2^2] \tag{11-6}$$

（2）配对 T 检验

第二种双总体检验是配对样本检验，这种检验方式的两个样本集合其实来自同一个总体集合，只是在时间上或者空间上进行分组[54]。例如我们可以将同一组用户的消费水平在加价前和加价后做一个假设检验，也可以将同一个班分成两组，分别用两种教学方法对比学习效果。配对样本检验的 t 值的计算公式如下：

$$t = \frac{\overline{d} - \mu_0}{S_d / \sqrt{n}}$$

其中 $\overline{d}$ 是配对后的样本之差的平均值，S_d 是差值的标准差，n 是样本集合的容量，μ_0 是假设总体的差值，该分布的自由度为 $n–1$。进行配对样本检验的前提是样本配对求差得到的新样本服从正态分布。

11.3 Z检验和F检验

Z 检验和 F 检验都是 T 检验的拓展检验方法，其中 Z 检验是针对大样本（样本容量大于 30）的检验方法。当样本容量大于 30 时，样本标准差与总体标准差的误差非常小，可以认为能够充分代表总体分布，也就是样本也服从正态分布。而 F 检验适用于样本所属总体大于 2 的情况。

1．Z 检验

Z 检验（也称为 U 检验）的步骤和 T 检验基本一致，解决问题的分类也是一样的，区别在于，Z 检验的样本容量要足够大，并且要求总体标准差已知。

第一步，建立假设 H0：$\mu_1 = \mu_2$，即先假定两个均值之间没有显著差异。

第二步，计算 z 值。

对于单总体检验，即判断样本均值 $\overline{x}$ 与已知的总体均值 μ_0 的差异是否显著。其 z 值的计算公式为：

$$z = \frac{\overline{x} - \mu_0}{\sigma / \sqrt{n}}$$

其中 $\overline{x}$ 是样本均值；μ_0 是总体均值；σ 是样本的标准差，需要注意的是这个标准差和总体标准差是基本一致的，因为样本和总体都服从正态分布；n 是样本容量。

对于双总体检验，要判断它们各自代表的总体的差异是否显著。其 z 值的计算公式如下：

$$z = \frac{\bar{x} - \bar{y}}{\sqrt{\frac{S_x}{m} + \frac{S_y}{n}}} \tag{11-7}$$

其中 $\bar{x}$、$\bar{y}$ 是样本 1、样本 2 的均值；S_x、S_y 是样本 1、样本 2 的标准差；m、n 是样本 1、样本 2 的容量。

第三步，根据 z 值和差异显著性关系表做出判断。

2. F 检验

F 检验本质上不是一种单一的假设检验方法，而是一系列假设检验方法的集合。F 检验要求检验统计量符合 F 分布，符合 F 分布的检验统计量都可以认为是 F 检验，如方差分析、回归模型的检验等，统称为 F 检验。T 检验和 Z 检验也可以理解为 F 检验在样本所属总体小于 2 时的一种特殊情况。具体来说 F 检验和 T 检验有以下区别。

1）F 检验针对多个样本集合（n>2）进行验证，判断它们是否服从同一个正态分布。例如验证男女在身高上的差异，用 T 检验；如果验证投票结果为“支持”“反对”“弃权”的样本的差异，就要用 F 检验。

2）F 统计量是组间方差或组内方差，T 统计量是样本均值；

3）F 检验可以在假设一个回归模型很好地拟合其数据集的分布的情况下，检验多元线性回归模型中被解释变量与解释变量之间的线性关系在总体上是否显著。

4）T 检验是有条件的，其中之一就是要符合方差齐次性，这需要 F 检验来验证。从研究总体中随机抽取样本，要对这两个样本进行比较的时候，首先通过 F 检验判断两总体方差是否相同，即方差齐次性。若两总体方差相等，则直接用 T 检验；若不相等，可采用变量变换或秩和检验等方法。

F 检验最经典的一种实现就是方差分析（Analysis of Variance，ANOVA），它用来验证多个样本集合之间是否存在显著差异。

ANOVA 的原假设 H0：$\mu_0 = \mu_1 = \mu_2 = \cdots = \mu_n$，都不存在显著差异，备择假设 H1：至少有一组的均值存在显著差异。它的原理是计算组间方差和组内方差的比值，如果组间方差大于组内方差，那么就认为这些样本的分布是有差异的 [55,56]。

ANOVA 原理如图 11.2 所示，如果 3 个分布的形态一样，那么组内方差就会非常接近，但是如果它们不是服从同一个总体分布，那么组间方差就会非常大，也就是组间方差远大于组内方差 [56]。如公式（11-8）所示，*MSTR* 是组间方差，*MSE* 是组内方差。

$$F = \frac{MSTR}{MSE} \tag{11-8}$$

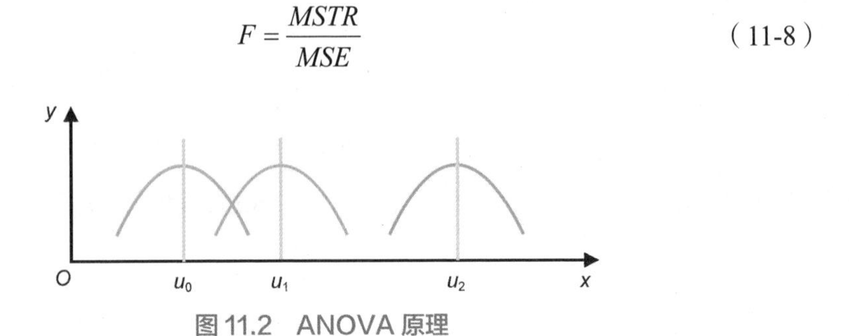

图 11.2 ANOVA 原理

给定显著性水平α，F 分布对应的临界值为F_α，当$F > F_\alpha$时，拒绝原假设，如图 11.3 所示。

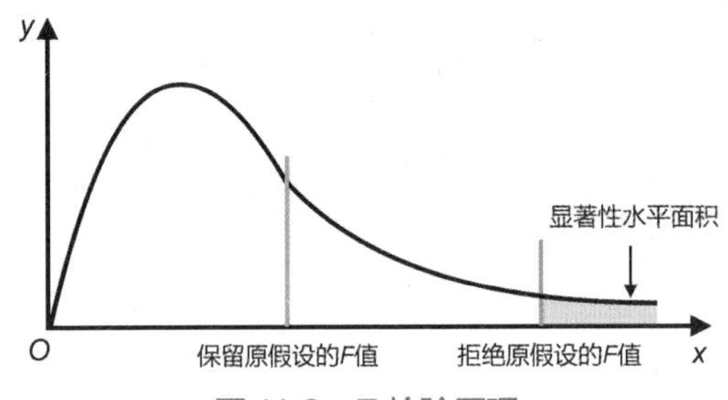

图 11.3 F 检验原理

组间方差的计算公式为：

$$MSTR = \left[\sum_{j=1}^{k}(\overline{x}_j - \mu)^2 n\right] / (k-1) \tag{11-9}$$

其中k表示有k组样本；n是样本容量，j表示第j个样本组；$\overline{x}_j$是每个样本组的均值，计算公式如下：

$$\overline{x}_j = \sum_{i=1}^{n_j} x_{ij} / n_j \tag{11-10}$$

μ 是样本均值的均值，计算公式如下：

$$\mu = \sum_{j=1}^{k} \overline{x}_j / k \tag{11-11}$$

总体样本的组内方差的计算公式如下：

$$MSE = \left[\sum_{j=1}^{k}(n_j - 1)S_j^2\right] / (n_t - k) \qquad (11\text{-}12)$$

其中S_j^2是每组方差，计算公式如下：

$$S_j^2 = \left[\sum_{i=1}^{n_j}(x_{ij} - \overline{x}_j)^2\right] / (n_j - 1) \qquad (11\text{-}13)$$

如果原假设为真，那么总体样本的组间方差和组内方差的比值服从分子自由度为 k–1、分母自由度为$n_t - k$的 F 分布，n_t 是总体样本容量。

ANOVA 完美地解决了多个样本组之间差异性的检验问题，但在使用过程中需要满足以下 3 个假设：

1）方差的同质性（Homogeneity of Variance），即每个样本组的总体方差相同；

2）样本总体服从正态分布；

3）样本组中每个样本都是相互独立的。

总体来看，F 检验指的是构造出来的统计量符合 F 分布。方差分析的统计量符合F分布，因此可以算作F检验的一种，而T检验和Z检验也是F检验的具体实现。

11.4　小结

假设检验由来已久，在统计学、经济计量学和机器学习评估中都有着广泛的应用。本章系统地介绍了经典的假设检验方法，其中卡方检验主要用来解决数据是否符合我们预期或数据之间是否存在独立性和一致性的问题，还能够验证回归算法拟合函数的质量。T 检验最经典的应用场景是验证当前集合的数据和标准数值是否有明显差异，T 检验有两种检验方法，分别检验单总体和双总体的差异是否显著。Z 检验是 T 检验在多样本情况下的一种衍生方法，和 T 检验的主要区别在于样本集合的数量和总体的标准差是否已知。F 检验本质上不是一种具体的检验方法，而是一系列符合 F 分布的假设检验的方法集合。ANOVA 是一种比较经典的实现，相比于 T 检验，ANOVA 可以对多个总体的样本组之间的差异性进行分析，是 T 检验在总体空间的一种拓展。

参考文献

[1] 余凯，贾磊，陈雨强，等．深度学习的昨天、今天和明天 [J]. 计算机研究与发展，2013, 050(9): 1799-1804.

[2] Narkhede S. Understanding AUC-ROC Curve. Towards Data Science, 2018:26.

[3] Fawcett T. An Introduction to ROC Analysis[J]. Pattern Recognition Letters, 2006, 27(8): 861-874.

[4] He H, Garcia E A. Learning from Imbalanced Data. IEEE Transactions on knowledge and data engineering, 2009,21.9: 1263-1284.

[5] Hawkins D M. The Problem of Overfitting. Journal of chemical information and computer sciences, 2004,44.1: 1-12.

[6] Park M Y, Trevor H. L1-Regularization Path Algorithm for Generalized Linear Models. Journal of the Royal Statistical Society: Series B (Statistical Methodology), 2007, 69.4: 659-677.

[7] Cortes C, Mehryar M, Afshin R. L2 Regularization for Learning Kernels, 2012,arXiv preprint arXiv:1205.2653.

[8] Baldi P, Sadowski P J. Understanding Dropout. Advances in neural information processing systems, 2013.

[9] Wager S, Wang S, Liang P S. Dropout Training as Adaptive Regularization. Advances in neural information processing systems, 2013.

[10] Harrington P. 机器学习实战 [M]. 李锐，李鹏，曲亚东，译．北京：人民邮电出版社，2013.

[11] 贝塔．【机器学习】确定最佳聚类数目的 10 种方法，[Z].[s.l.]: 知乎，2017.

[12] Ted Zyzsdy. 如何评估聚类有效性，[Z].[s.l.]: 知乎，2018.

[13] 李如．如何评价聚类结果的好坏 ?, [Z].[s.l.]: 知乎，2017.

[14] Luxburg U V. Clustering stability: an overview. Foundations and Trends in Machine Learning, 2010, No.3:235-274.

[15] htfenght. 聚类评估，[Z].[s.l.]: CSDN, 2018.

[16] Wikipedia contributors. (2019, June 3). K-means Clustering. InWikipedia, The Free Encyclopedia. Retrieved 07:00, June 5, 2019.

[17] Zhang L H. 高斯混合模型与 EM 算法的数学原理及应用实例，[Z].[s.l.]: 知乎，2020.

[18] LeCun Y, Bengio Y, Hinton G. Deep Learning[J]. Nature, 2015, 521(7553): 436-444.

[19] Schmidhuber J. Deep Learning in Neural Networks: An Overview[J]. Neural Network, 61:85-117.

[20] Schuster M, Paliwal K K. Bidirectional Recurrent Neural Networks. IEEE transactions on Signal Processing, 1997, 45.11: 2673-2681.

[21] Hochreiter S, Schmidhuber J. Long Short-Term Memory. Neural computation, 1997, 9.8: 1735-1780.

[22] Sutskever I, Vinyals O, Le Q V. Sequence to Sequence Learning with Neural Networks. Advances in neural information processing systems, 2014.

[23] Xu K Ba J L, Kiros R, et al. Show Attend and Tell: Neural Image Caption Generation with Visual Attention, 2015, arXiv Pre-Print 23.

[24] Tomas M, Chen K, Corrado G, et al. Efficient Estimation of Word Representations in Vector Space, 2013, arXiv preprint arXiv:1301.3781.

[25] Yang Z C, Yang D Y, Dyer C, et al. Hierarchical Attention Networks for Document Classification. Proceedings of the 2016 conference of the North American chapter of the association for computational linguistics: human language technologies, 2016.

[26] Papineni K, Roukos S, Ward T, et al. BLEU: a Method for Automatic Evaluation of Machine Translation.

Proceedings of the 40th annual meeting of the Association for Computational Linguistics, 2002.

[27] Lin C Y. Rouge: A Package for Automatic Evaluation of Summaries. Text summarization branches out, 2004.

[28] Freund Y, Schapire R E. A Desicion-Theoretic Generalization of On-Line Learning and an Application to Boosting. European conference on computational learning theory. Springer, Berlin, Heidelberg, 1995.

[29] Liaw A, Wiener M. Classification and Regression by RandomForest. R news, 2002, 2.3: 18-22.

[30] Friedman J H. Greedy Function Approximation: a Gradient Boosting Machine. Annals of statistics, 2001: 1189-1232.

[31] Chen T Q, Guestrin C. Xgboost: A Scalable Tree Boosting System. Proceedings of the 22nd acm sigkdd international conference on knowledge discovery and data mining, 2016.

[32] Covington P, Adams J, Sargin E. Deep Neural Networks for Youtube Recommendations. Proceedings of the 10th ACM conference on recommender systems, 2016.

[33] Zhang L H. 推荐系统点击率预估之经典模型回顾 , [Z].[s.l.]: 知乎 , 2019.

[34] Rendle S. Factorization Machines. 2010 IEEE International Conference on Data Mining. IEEE, 2010.

[35] He X. R, Pan J. F, Jin Q, et al. Practical Lessons From Predicting Clicks on Ads at Facebook. Proceedings of the Eighth International Workshop on Data Mining for Online Advertising, 2014.

[36] Cheng H T, Koc L, Harmsen J, et al. Wide & Deep Learning for Recommender Systems. Proceedings of the 1st workshop on deep learning for recommender systems, 2016.

[37] Vaswani A, Shazeer N, Parmar N, et al. Attention is All You Need, 2017, arXiv preprint arXiv: 1706.03762.

[38] AI 科技大本营 . 推荐系统遇上深度学习，9 篇阿里推荐论文汇总 !, [Z].[s.l.]:CSDN, 2019.

[39] 文哥的学习日记 . 推荐系统遇上深度学习 (六十一)-[阿里] 使用 Bert 来进行序列推荐 , [Z].[s.l.]: 简书 , 2019.

[40] Feng Y F, Lv F Y, Shen W C, et al. Deep Session Interest Network for Click-Through rate prediction, 2019, arXiv Preprint arXiv: 1905.06482.

[41] Chen Q W, Zhao H, Li W, et al. Behavior sequence transformer for e-commerce recommendation in alibaba. Proceedings of the 1st international Workshop on Deep Learning Practice for High-Dimensional Sparse Data, 2019.

[42] Sun F, Liu J, Wu J, et al. BERT4Rec: Sequential recommendation with bidirectional encoder representations from transformer. Proceeding of the 28th ACM international conference on information and knowledge management, 2019.

[43] 项亮 . 推荐系统实践 [M]. 北京：人民邮电出版社 , 2012.

[44] 胖喵 ~. 搜索评价指标——NDCG, [Z].[s.l.]: 博客园 , 2018.

[45] Rakthanmanon T , Campana B , Mueen A , et al. Searching and Mining Trillions of Time Series Subsequences under Dynamic Time Warping[C].Acm Sigkdd International Conference on Knowledge Discovery & Data Mining. ACM, 2012.

[46] Colbert.DTW (Dynamic Time Warping) 动态时间规整论文阅读 , [Z].[s.l.]: 知乎 , 2019.

[47] Wu H, Chen Z, Sun W, et al. Modeling Trajectories with Recurrent Neural Networks[C]. IJCAI, 2017.

[48] Kabacoff R L. R 语言实战 [M]. 高涛，肖楠，陈钢，译 . 北京：人民邮电出版社，2013.

[49] 朱迪亚 · 珀尔 , 达纳麦 · 肯齐 . 为什么——关于因果关系的新科学 [M]. 江生 , 于华 , 译 . 北京 : 中信出版社 , 2019.

[50] 学术苑 . 耿直 | 关于“因果推断”(Causal Inference), [Z].[s.l.]: 知乎 , 2019.

[51] economics-lover. 计量经济学第四次笔记 (工具变量), [Z].[s.l.]: 知乎 , 2019.

[52] 胡保强 . 如何理解和使用中介效应及其检验方法 ?, [Z].[s.l.]: 知乎 , 2018.
[53] 连玉君 . Stata+R: 一文读懂中介效应分析 , [Z].[s.l.]: 知乎 , 2020.
[54] SPSSAU.T 检验分析思路完整总结 , 让你条理清晰完成分析 , [Z].[s.l.]: 知乎 , 2019.
[55] 林橘子 . 方差分析——概念和原理 , [Z].[s.l.]: 知乎 , 2017.
[56] 还想养只小短腿 . 对方差分析 (ANOVA) 的直观解释及计算 , [Z].[s.l.]: 知乎 , 2020.